U0058365

旗 標 FLAG

好書能增進知識　提高學習效率　卓越的品質是旗標的信念與堅持

旗 標 FLAG

http://www.flag.com.tw

新觀念

PHP8

+MySQL+AJAX

網頁程式範例教本

第六版

感謝您購買旗標書,
記得到旗標網站
www.flag.com.tw
更多的加值內容等著您…

● FB 官方粉絲專頁:旗標知識講堂

● 旗標「線上購買」專區:您不用出門就可選購旗標書!

● 如您對本書內容有不明瞭或建議改進之處,請連上旗標網站,點選首頁的 聯絡我們 專區。

若需線上即時詢問問題,可點選旗標官方粉絲專頁留言詢問,小編客服隨時待命,盡速回覆。

若是寄信聯絡旗標客服email,我們收到您的訊息後,將由專業客服人員為您解答。

我們所提供的售後服務範圍僅限於書籍本身或內容表達不清楚的地方,至於軟硬體的問題,請直接連絡廠商。

學生團體　訂購專線:(02)2396-3257 轉 362
　　　　　傳真專線:(02)2321-2545

經銷商　　服務專線:(02)2396-3257 轉 331
　　　　　將派專人拜訪
　　　　　傳真專線:(02)2321-2545

國家圖書館出版品預行編目資料

新觀念PHP8+MySQL+AJAX網頁程式範例教本/

陳會安作. -- 第六版. -- 臺北市:旗標科技股份有限公司,

2021.10　面;　公分

ISBN 978-986-312-685-0 (平裝)

1.PHP(電腦程式語言) 2.SQL(電腦程式語言) 3.網頁設計
4.網路資料庫 5.資料庫管理系統

312.754　　　　　　　　　　　110014097

作　　者/陳會安

發行所/旗標科技股份有限公司

台北市杭州南路一段15-1號19樓

電　　話/(02)2396-3257(代表號)

傳　　真/(02)2321-2545

劃撥帳號/1332727-9

帳　　戶/旗標科技股份有限公司

監　　督/陳彥發

執行企劃/林宛萱

執行編輯/林宛萱

美術編輯/陳慧如

封面設計/陳慧如

校　　對/林宛萱

新台幣售價:630 元

西元 2023 年 9 月初版 4 刷

行政院新聞局核准登記-局版台業字第 4512 號

ISBN　978-986-312-685-0

六版序

PHP（PHP: Hypertext Preprocessor）是通用和開放原始碼（Open Source）的腳本語言，一種在 Web 伺服器執行的伺服端網頁技術，使用者不只需要安裝瀏覽器，還需要安裝支援 PHP 的 Web 伺服器才能執行 PHP 程式。在本書是使用 XAMPP 整合安裝套件來安裝 PHP 開發環境，可以大幅簡化 PHP 開發環境的安裝與建立，一次就可以輕鬆安裝和設定好 Apache、PHP、MySQL 和 phpMyAdmin。

PHP 語法源於 Perl 語言，很多語法也和 C 語言十分相似，如果讀者學過 C 或 Java 語言，進入 PHP 將更加容易；就算讀者沒有任何網頁製作或程式設計基礎，也沒有關係，因為本書提供完整網頁製作技術的背景資料，不只說明 HTML5 和 CSS3，同時針對沒有程式語言基礎的使用者，提供眾多程式範例來詳細說明 PHP 語法，在書附範例檔更提供一本完整內容的 HTML+CSS 圖書的電子版。

在網頁資料庫方面是搭配 MySQL 資料庫系統，這是一套支援 SQL 語言、功能強大和免費的關聯式資料庫系統，因為 Oracle 公司對開放原始碼的支援不佳，MySQL 原開發團隊成立新公司，開發出另一套完全相容 MySQL 的 MariaDB 資料庫系統來延續 MySQL 開放原始碼的精神，在 XAMPP 安裝套件的 MySQL 是 MariaDB，因為完全相容 MySQL，存取資料庫的 PHP 程式碼完全相同，並不用任何修改。

本書是使用 MySQL 擴充程式 ext/mysqli 存取 MySQL 資料庫來建立網頁資料庫，不只說明傳統 PHP 函數的寫法，更詳細說明物件導向的資料庫存取、使用 Prepared Statement 執行 SQL 指令和 SQL 結構化查詢語言。

因為網頁程式設計通常不是單純使用 PHP 技術就可完成，在客戶端或不同裝置都需要搭配相關網頁技術，所以，本書不只完整說明 PHP+MySQL，更進一步說明 HTML5+CSS3、jQuery 函式庫的 AJAX 功能、PHP 與 JSON、REST API 和當紅的 MVC 框架 Laravel，幫助讀者進一步深入了解 Web 應用程式開發。

在網站範例部分，為了方便讀者馬上應用所學，應用實例是位在各章之中或最後，讓讀者學習到一個段落，就可以馬上使用目前所學來建立實際的網站應用，不只如此，筆者更在本書最後提供二個完整的專案實例，第一個是類似 WordPress 的簡化版 CMS 內容管理系統，第二個是一套廉價航空公司的訂票系統，最後說明如何使用 MVC 框架 Laravel 來快速建立 Web 應用程式。

如何閱讀本書

本書內容架構上分成六篇，循序漸進從建立 PHP 程式開發環境開始，在第一篇的第 1 章使用 XAMPP 整合套件在 Windows 作業系統快速建立 PHP 執行與測試環境，開發工具是使用微軟 Visual Studio Code 程式碼編輯器，在第 2 章說明如何使用 Visual Studio Code 建立和執行讀者的第一個 PHP 程式，第 3 章說明 HTML5 與 CSS3，以便讀者擁有網頁設計所需的背景知識。

第二篇說明 PHP 程式設計，在第 4 章詳細解說 PHP 基本語法的變數、資料型態和運算子後，第 5 章是流程控制結構的條件與迴圈，在第 6 章說明自訂函數和錯誤處理，第 7 章是 PHP 字串與陣列。

第三篇說明如何使用 PHP 建立網站，在第 8 章說明表單處理、Cookie、Session 等狀態管理的使用，第 9 章是伺服端檔案處理、檔案上傳和寄送電子郵件。

第四篇是建立 PHP 與 MySQL 網頁資料庫，在第 10 章說明如何使用 phpMyAdmin 的 MySQL 管理工具建立資料庫和匯入所需測試記錄，第 11 章使用 ext/mysqli 擴充程式配合 MySQL 建立網頁資料庫，在第 12 章詳細說明 SQL 語言的基本語法。

第五篇是 PHP 進階功能，在第 13 章說明物件導向程式設計和例外處理，第 14 章是 AJAX、JSON 和 REST API，詳細說明如何使用 AJAX 技術來增強網站使用介面。

第六篇是 PHP 網站的專案開發，筆者使用第 15 章的 CMS 內容管理系統和第 16 章的廉價航空公司訂票系統專案為例，詳細說明系統架構、資料庫和 PHP 程式，以便讀者能夠擁有實力來開發 PHP 技術的 Web 應用程式，最後第 17 章是 MVC 框架 Laravel。

編著本書雖力求完美，但學識與經驗不足，謬誤難免，尚祈讀者不吝指正。

陳會安於台北 hueyan@ms2.hinet.net

2021.7.30

書附範例檔說明

　　為了方便讀者實際操作本書的內容，筆者已經將本書使用的相關軟體工具、範例網頁、PHP 程式檔案都收錄在書附範例檔，如下表所示：

資料夾	說明
htdocs	本書各章節 HTML5 網頁和 PHP 程式範例
fChartPHP6	Flow Chart 流程圖教學工具，支援 PHP 程式碼編輯
HTMLeBook	「HTML 與 CSS 網頁設計範例教本」電子書

目錄

電子書

01

PHP 基礎與開發
環境的建立

1-1 Web 應用程式的基礎

PHP 網頁技術可以幫助網頁設計或程式設計者快速建立「Web 應用程式」（Web Applications），一種使用 HTTP 通訊協定作為溝通橋樑，在 Web 建立的主從架構應用程式。

1-1-1 Web 網站和 Web 應用程式

Web 網站（Website）是一組網頁和相關檔案的集合，包含圖片、文字、音效和影片等資源。Web 應用程式（Web Applications）就是一種透過瀏覽器執行的應用程式（對比 Windows 視窗應用程式），這是可以提供特定功能和互動元素的 Web 網站。請注意！ Web 應用程式是在 Web 伺服器執行，並不是在客戶端的瀏覽器執行。

基本上，Web 應用程式就是一種「Web 基礎」（Web-Based）的資訊處理系統（Information Processing Systems），如下圖所示：

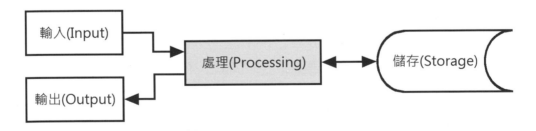

在上述圖例的輸入部分，以 PHP 來說，就是 HTML 表單欄位，例如：輸入書號的欄位，在儲存部分最常使用的是資料庫，例如：網路商店的圖書資料庫。

PHP 網頁可以使用書號從 MySQL 資料庫找出圖書的詳細資料，然後產生輸出結果，即圖書詳細內容的 HTML 網頁。例如：在 Amazon 網路書店查詢指定圖書時，可以看到查詢結果此圖書詳細內容的網頁。

很明顯的！PHP 網頁內容並不是靜態 HTML 網頁，而是動態使用 PHP 技術產生的內容，整個架構是一種從資料庫取得資料所驅動的 Web 應用程式，稱為「網頁資料庫」（Web Databases），詳細說明請參閱第 10~12 章。

1-1-2　HTTP 通訊協定

瀏覽器是使用「HTTP 通訊協定」（Hypertext Transfer Protocol）送出 HTTP 的 GET/POST 等請求（目標是 URL 網址的網站），可以向 Web 伺服器請求所需的 HTML 網頁資源。

HTTP 通訊協定（Hypertext Transfer Protocol）

HTTP 通訊協定是一種在伺服端（Server）和客戶端（Client）之間傳送資料的通訊協定，如下圖所示：

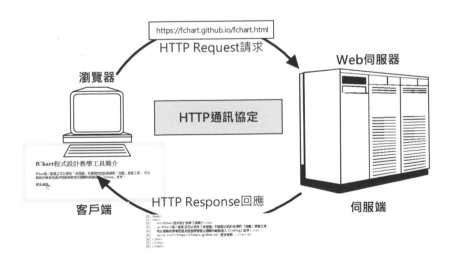

上述 HTTP 通訊協定的 Web 應用程式是一種主從架構（Client-Server Architecture）應用程式，在客戶端使用 URL（Uniform Resource Locations）萬用資源定位器指定連線的伺服端資源，和傳送 HTTP 訊息（HTTP Message）進行溝通，其過程如下所示：

HTTP 通訊協定的特性

HTTP 通訊協定的特性十分重要，因為這會影響 Web 應用程式執行時的資料分享，其主要特性如下所示：

● HTTP 通訊協定不會持續保持連線：只有當瀏覽器提出請求時才建立連線，在請求後就斷線等待回應，每一次請求和回應都需事先建立連線。

● HTTP 通訊協定不會保留狀態：因為 HTTP 通訊協定不會保持連線，所以連線時，伺服端和客戶端互相知道對方，一旦請求結束，就互不相干，使用者狀態並不會保留，每一次連線都如同是一位新使用者。

Web 應用程式因為 HTTP 通訊協定非持續連線且不保留狀態的特性，所以我們需要使用「狀態管理」（State Management）來追蹤和保留使用者資訊，詳細說明請參閱第 8 章。

1-1-3 網頁設計技術

網頁設計本質上就是一種程式設計，不同於桌上型應用程式，網頁設計建立的程式是一份 HTML 網頁，我們需要在瀏覽器顯示其執行結果，而不是在 Windows 作業系統的視窗，或命令提示字元視窗。

因為 HTML 語言建立的網頁是靜態內容，並沒有任何互動效果，我們可以搭配網頁設計技術來建立互動的動態網頁內容，依執行位置分為：客戶端和伺服端網頁技術。

客戶端網頁技術

　　客戶端網頁技術是指程式碼或網頁是在使用者客戶端電腦的瀏覽器執行，因為瀏覽器支援直譯器，可以執行客戶端網頁技術，如下圖所示：

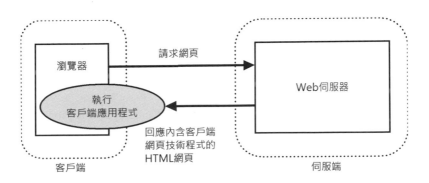

　　上述圖例的瀏覽器向 Web 伺服器請求網頁後，Web 伺服器會將 HTML 網頁和相關客戶端網頁技術的檔案下載至瀏覽器電腦，然後在瀏覽器執行應用程式。常用客戶端網頁技術有：Java Applet、JavaScript、ActionScript、DHTML 和 AJAX 等。

伺服端網頁技術

　　伺服端網頁技術是在 Web 伺服器的電腦上執行的應用程式，並不是在客戶端電腦的瀏覽器執行，如下圖所示：

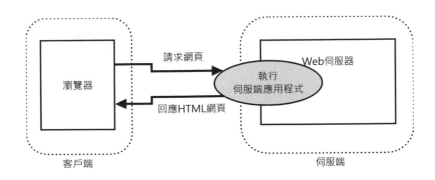

　　上述圖例的網頁程式是在伺服端執行，傳回客戶端的執行結果是 HTML 網頁。常用伺服端網頁技術有：ASP、ASP.NET、PHP 和 JSP 等。

1-2 PHP 伺服端網頁技術

PHP（PHP: Hypertext Preprocessor）是伺服端、跨平台和內嵌於 HTML 網頁的腳本語言（Scripting Language），一種開放原始碼（Open Source）的伺服端網頁技術。

認識 PHP

PHP 是目前市面上廣泛應用的一種通用腳本語言，特別適用在 Web 網站的應用程式開發。PHP 最初只是一套使用 Perl 語言撰寫的工具程式，主要是用來追蹤線上履歷表的存取，如今 PHP 在伺服端網頁技術已經成為主要的網頁腳本語言之一，最新版本是 PHP 8。

PHP 是一種在 Web 伺服器執行的腳本語言，只需在 Web 伺服器安裝 PHP 直譯器，再加上瀏覽器的開發環境，就可以透過瀏覽器執行 PHP 程式，並且顯示 PHP 執行結果的網頁內容。不只如此，PHP 還可以配合伺服端的資料庫系統建立網頁資料庫（Web Database），直接連接和存取資料庫記錄資料在瀏覽器顯示。

PHP 的開發環境

PHP 是一種跨平台的伺服端網頁技術，支援 Linux/UNIX、Windows 和 Mac OS 等多種作業系統，本書是在 Windows 10 作業系統下建立 PHP 開發環境，使用的 Web 伺服器、資料庫系統和瀏覽器，如下表所示：

作業系統	Web 伺服器	資料庫系統	瀏覽器
Windows	Apache	MySQL	Google Chrome

上表 Windows 作業系統的 PHP 是搭配 Apache，網頁資料庫部分使用 MySQL，在瀏覽器是使用 Google Chrome。因為 PHP 是伺服端網頁

技術，瀏覽器的顯示結果是 HTML 網頁，各種瀏覽器的顯示結果並不會有太大差異，只在內容編排上可能有細微上的不同。

「工欲善其事，必先利其器」，關於 PHP 程式開發方面，本書是使用微軟 Visual Studio Code 來編輯 PHP 程式碼。

1-3 PHP 開發環境：XAMPP 整合套件

PHP 是一種伺服端網頁技術，因為 Web 網站大都搭配資料庫系統，所以在 Windows 作業系統建立的 PHP 開發環境（正確的說是執行環境），我們需要一併安裝 Web 伺服器、PHP 直譯器和資料庫系統。

為了方便讀者快速建立 PHP 開發環境，本書是使用現成 AMP（Apache, MySQL, PHP）套件來安裝與設定 Apache、PHP 和 MySQL，如此就不需自行一一安裝各種應用程式。

1-3-1 安裝 XAMPP 的 PHP 整合套件

AMP 套件是一種整合 PHP 安裝套件，可以自動安裝與設定 PHP、MySQL 和 Apache 伺服器來建立 PHP 開發環境。常用 AMP 套件有 XAMPP、WampServer 和 AppServ 等，在本書是使用 XAMPP。

XAMPP 安裝套件是 Apache Friends 開發專案，也是目前最流行的 PHP 開發環境之一，安裝套件包含 MariaDB、PHP 和 Perl。在 XAMPP 安裝套件中的 MySQL 是 MariaDB，這是 MySQL 原開發團隊所開發，完全相容 MySQL 的免費關聯式資料庫系統。XAMPP 套件的下載網址，如下所示：

```
https://www.apachefriends.org/zh_tw/download.html
```

請下載 Windows 版 PHP 8 的 XAMPP 套件，在下載後即可安裝 XAMPP 套件，其步驟如下所示：

Step 1：請雙擊執行下載的 **xampp-windows-x64-8.?.?-0-VS16-installer. exe** 檔案，如果看到使用者帳戶控制，請按是鈕。

Step 2：如果 Windows 電腦的防毒軟體在執行中，就會看到一個「Question」問題對話方塊，不用理會，請按 **Yes** 鈕。

Step 3：然後看到「Warning」警告訊息視窗，指出因權限問題，請不要將 XAMPP 安裝在「C:\Program Files」目錄，按 **OK** 鈕。

Step 4：在歡迎安裝的精靈畫面，按 **Next >** 鈕。

Step 5：預設選擇全部的安裝元件，不用更改，按 **Next >** 鈕。

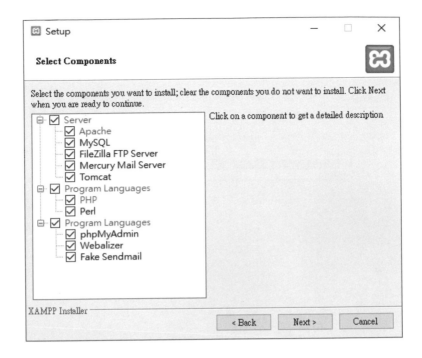

Step 6：預設安裝路徑是「C:\xampp」，如需更改，請按之後鈕選擇其他
路徑（不可以選「C:\Program Files」目錄），按 **Next >** 鈕。

Step 7：選擇控制面板的語言，預設是英文，不用更改，按 **Next >** 鈕。

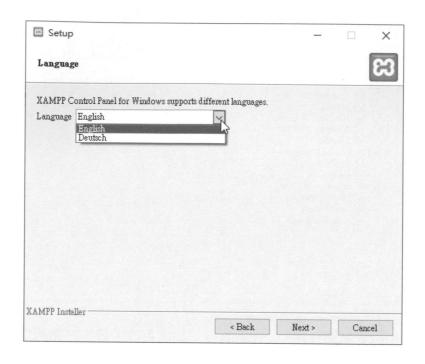

Step 8：勾選是否想進一步了解 Bitnami for XAMPP，預設勾選，請自行決定後，按 **Next >** 鈕。

Step 9：如有勾選，在開啟官方網頁後，請按 **Next >** 鈕，開始複製檔案和安裝 XAMPP，可以看到目前的安裝進度，如果看到「Windows 安全性警訊」視窗，請按**允許存取**鈕。

Step 10：稍等一下，等到安裝完成，在安裝完成的精靈畫面預設勾選 **Do you want to start the Control Panel now?**，可以馬上啟動 XAMPP 控制面板，請取消勾選，按 **Finish** 鈕完成 XAMPP 套件的安裝。

1-3-2　設定 XAMPP 的 Apache 伺服器埠號

　　XAMPP 套件是使用 XAMPP 控制面板來管理 Apache 和 MySQL 伺服器的啟動和停止，為了避免和其他 Web 伺服器或服務的埠號相衝突，在本書是改用 8080 埠號（或 8000），設定埠號的步驟如下所示：

Step 1：如果安裝後已經啟動 XAMPP 控制面板，請先關閉，因為需要使用系統管理員權限來啟動，請在「開始 /XAMPP/XAMPP Control Panel」命令上，執行**右鍵**「更多 / 以系統管理員身份執行」命令啟動 XAMPP 控制面板。

Step 2：因為預設埠號 80 常常可能被佔用，所以本書改用 8080，請在第 1 列 Apache 按 **Config** 鈕，執行 **Apache (httpd.conf)** 命令。

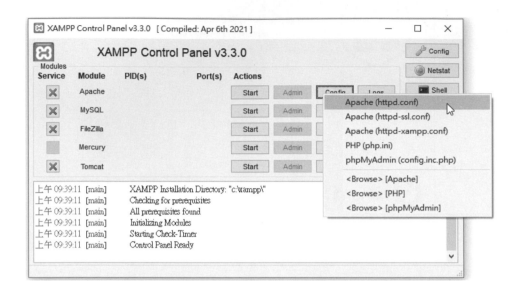

Step 3：可以看到**記事本**開啟的 httpd.conf 檔案，請捲動視窗找到 Listen 80，將此列改為 Listen 8080，如下圖所示：

Step 4：執行「檔案 / 儲存檔案」命令儲存 Apache 伺服器的設定檔。

Step 5：接著需要設定 XAMPP 控制面板也使用 8080 埠號，請按控制面板右上角 **Config** 鈕後，在「Configuration of Control Panel」對話方塊，按 **Service and Port Settings** 鈕。

Step 6：在「Service Settings」對話方塊，將 **Apache** 標籤的 **Main Port** 欄改為 **8080** 後，按二次 **Save** 鈕儲存設定（如果看到錯誤訊息，請確認是以系統管理員身份執行）。

1-3-3 啟動與停止 Apache 和 MySQL 伺服器

在設定好 Apache 伺服器的埠號後，我們就可以分別啟動 Apache 和 MySQL 伺服器，並且進入預設首頁，其步驟如下所示：

Step 1：請使用系統管理員權限執行「開始/XAMPP/XAMPP Control Panel」命令來啟動 XAMPP 控制面板，如果沒有看到控制面板，請在工具列 XAMPP 圖示上執行「Show/Hide」命令切換顯示控制面板。

Step 2：按 Apache 哪一列的 **Start** 鈕啟動 Apache 伺服器，如果看到「Windows 安全性警訊」對話方塊，請按**允許存取**鈕。

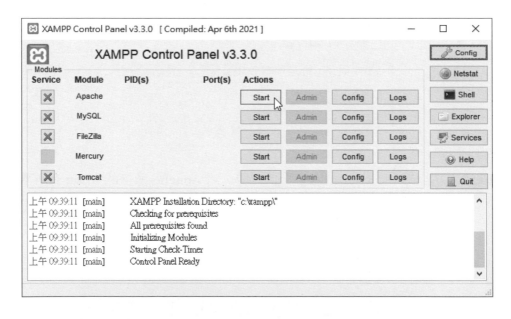

Step 3：接著按第二列的 **Start** 鈕啟動 MySQL 伺服器，如果看到「Windows 安全性警訊」對話方塊，請按**允許存取**鈕。

Step 4：成功啟動可以看到 Apache 和 MySQL 顯示淡綠色的底色，和顯示埠號 443, 8080 和 3306，如下圖所示：

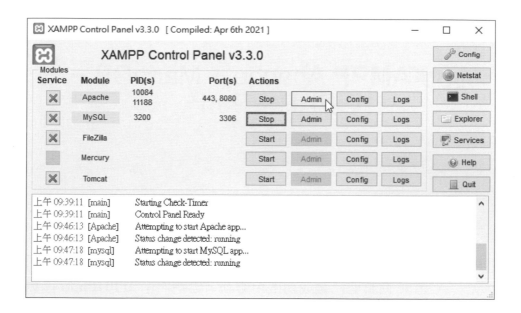

　　點選這 2 列前方 **X** 圖示，可以「安裝 / 取消」安裝成 Windows 服務，按 **Stop** 鈕，可以分別停止 Apache 和 MySQL 伺服器。

> **說明**
>
> 如果 XAMPP 控制台無法成功啟動 Apache 或 MySQL，請啟動 Windows 工作管理員，確認 Apache HTTP Server 和 mysqld.exe 是否已經在執行中，如果是，請先結束工作後，再重新啟動 Apache 或 MySQL。
>
> 請注意！如果 MySQL 仍然無法成功啟動，經筆者測試，可能需要重新安裝 XAMPP 才能解決 MySQL 無法啟動的問題。

Step 5：請按 Apache 這一列的 **Admin** 鈕，可以啟動預設瀏覽器進入預設首頁。

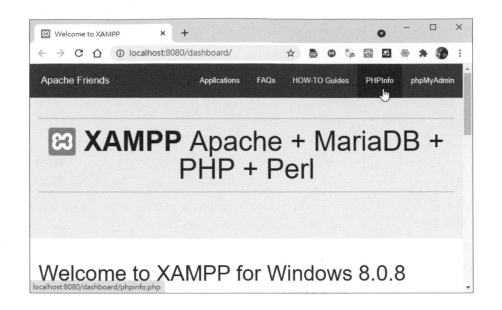

Step 6：上述首頁可以看到套件說明，如果成功看到網頁內容，表示
Apache 伺服器已經成功啟用服務，點選右上角 **PHPInfo** 標籤，
可以執行 PHP 函數 phpinfo() 來顯示 PHP 相關資訊，如下圖所
示：

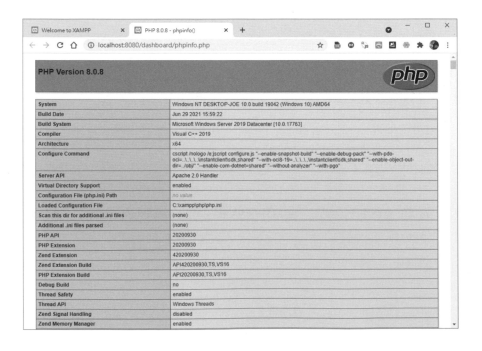

上述網頁顯示 PHP 版本和相關系統資訊，如果成功檢視此網頁的內容，就表示已經成功在 Windows 作業系統建立 PHP 測試執行環境。結束 XAMPP 控制面板，請按 **Quit** 鈕。

1-3-4 XAMPP 管理圖示的功能表指令

除了在 XAMPP 控制面板管理 Apache 和 MySQL 伺服器的啟動和停止外，在工作列圖示的功能表也有對應的啟動和停止的命令，如下圖所示：

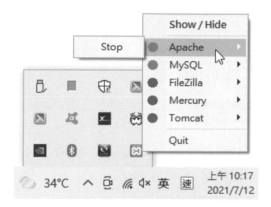

上述 Apache 和 MySQL 前的小圓形是綠色，表示目前正在執行中，執行「Apache/Stop」命令可以停止 Apache 伺服器；執行「MySQL/Stop」命令停止 MySQL 伺服器，**Quit** 命令是結束 XAMPP 控制面板。

反之，如果 Apache 和 MySQL 前的小圓形是紅色，表示尚未啟動伺服器，我們可以執行「Apache/Start」命令啟動 Apache 伺服器；執行「MySQL/Start」命令啟動 MySQL 伺服器。

1-4 PHP 程式碼編輯器：Visual Studio Code

在建立 PHP 執行與測試環境後，我們還需要編輯 PHP 程式碼的工具程式，Windows 作業系統可以使用**記事本**撰寫 PHP 程式碼，在本書是使用微軟的 Visual Studio Code。

1-4-1 下載與安裝 Visual Studio Code

Visual Studio Code 是微軟公司開發，一套輕量級、功能強大的程式碼編輯器，跨平台支援 Windows、macOS 和 Linux 作業系統，可以幫助我們編輯 PHP 程式碼。

下載 Visual Studio Code

Visual Studio Code 是開放原始碼（Open Source）的免費軟體，可以從網路上免費下載，其下載網址如下所示：

```
https://code.visualstudio.com/
```

在進入上述網頁後，請點選下載按鈕下載最新版 Visual Studio Code，在本書的下載檔名是 **VSCodeUserSetup-x64-1.58.0.exe**。

安裝 Visual Studio Code

在成功下載 Visual Studio Code 後，以 Windows 10 作業系統為例的安裝步驟，如下所示：

Step 1：請雙擊執行下載的 **VSCodeUserSetup-x64-1.58.0.exe** 檔案，可以看到授權合約，請選**我同意**後，按**下一步**鈕。

Step 2：預設安裝路徑是使用者的「AppData\Local\Programs\Microsoft VS Code」目錄，如需更改，請按**瀏覽**鈕選擇其他路徑後，按**下一步**鈕。

Step 3：預設建立功能表命令 **Visual Studio Code**，不用更改，按**下一步鈕**。

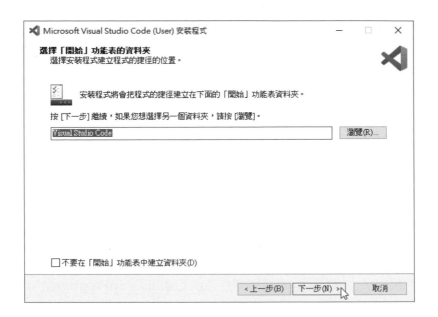

Step 4：勾選附加工作，例如：建立桌面圖示，請自行勾選後，按**下一步鈕**。

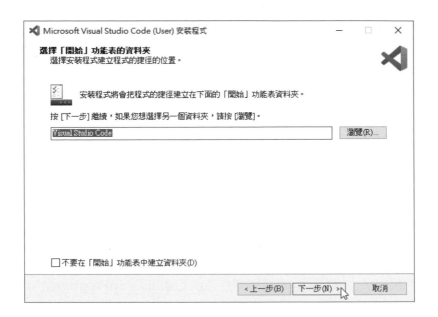

Step 5：然後可以看到準備安裝畫面，請按**安裝**鈕開始安裝，可以看到目前的安裝進度。

Step 6：稍等一下，等到安裝完成，在安裝完成的精靈畫面預設勾選**啟動 Visual Studio Code**，可以馬上啟動 Visual Studio Code，請按**完成**鈕完成安裝。

1-4-2　Visual Studio Code 的基本使用

當成功下載安裝 Visual Studio Code 程式碼編輯器後，我們就可以馬上在 Windows 作業系統啟動 Visual Studio Code。

啟動 Visual Studio Code 和安裝中文語言包

如果已經啟動，請結束後，雙擊桌面 **Visual Studio Code** 捷徑（或執行「開始 /Visual Studio Code/Visual Studio Code」命令），啟動 Visual Studio Code，可以看到執行畫面的 Welcome 歡迎標籤頁，預設是英文使用介面，在右下方訊息是中文語言包，請按右下方訊息視窗**安裝和重新啟動**鈕安裝中文語言包。

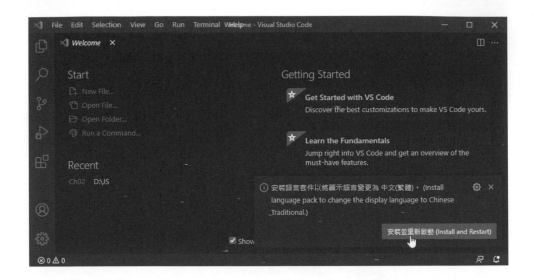

　　等到成功重新啟動 Visual Studio Code 後，可以看到使用介面已經改為中文使用介面，如下圖所示：

Visual Studio Code 的側邊欄圖示

Visual Studio Code 的使用介面非常
簡潔，在上方是功能表，位在最左邊垂直
的側邊欄共有 5 個圖示，可以用來切換
和顯示常用功能，第 1 個圖示是檔案總
管，點選可以開啟目錄，和顯示最近曾開
啟過的檔案清單，如右圖所示：

上述圖例因為尚未開啟資料夾，請
按**開啟資料夾**鈕（或「檔案 / 開啟資料夾」
命令），選「\PHP8\htdocs\ch02」資料夾，
按**是**鈕確認信任作者後，就可以載入此
資料夾下的所有程式檔案，點選檔名，
即可開啟檔案來進行編輯，如右圖所示：

 說明 因為 Visual Studio Code 並沒有安裝 PHP 語言功能的延伸模組（在本書是使用
XAMPP），所以當開啟 PHP 程式的資料夾，就會在右下角看到一個警告訊息視窗，
請不用理會此訊息，如下圖所示：

> ⓘ 無法驗證，因為找不到 PHP 安裝。使用設定
> 'php.validate.executablePath' 來設定 PHP 可執行檔。
>
> 來源: php 語言功能 (延伸模組)　　　　　　　　　　　　開啟設定

第 2 個是搜尋圖示，在輸入關鍵字後，就可以搜尋目前開啟的程式檔案內容，和搜尋 / 取代開啟資料夾所有檔案的內容，如下圖所示：

接著依序是版本控制、偵錯和延伸模組圖示，可以在程式開發時執行版本控制，除錯，和使用延伸模組來擴充 Visual Studio Code 的功能。

結束 Visual Studio Code

結束 Visual Studio Code 請執行「檔案 / 結束」命令。

1-4-3　安裝與管理延伸模組

Visual Studio Code 是一套功能強大的通用用途程式碼編輯器，同時支援多種程式語言，也因如此，有很多功能並非內建，我們需要自行安裝延伸模組來擴充所需的功能，例如：第 1-4-2 節的中文語言包。

安裝 Open PHP/HTML/JS In Browser 延伸模組

我們準備在 Visual Studio Code 安裝 Open PHP/HTML/JS In Browser 延伸模組，可以讓我們輕鬆啟動瀏覽器在 XAMPP 套件來測試執行 PHP 程式碼，其安裝步驟如下所示：

Step 1：請啟動 Visual Studio Code，執行「檢視 / 延伸模組」命令，或按左邊側邊欄的最後一個圖示後，在上方欄位輸入 **XAMP**，可以在下方顯示找到的延伸模組清單。

Step 2：選 Open PHP/HTML/JS In Browser 延伸模組，然後在右邊按此延伸模組下方的**安裝**鈕進行安裝。

Step 3：在成功安裝後，可以看到安裝的延伸模組（請刪除搜尋關鍵字），如下圖所示：

<u>**Step 4**</u>：選延伸模組，可以在右邊看到延伸模組的版本和使用說明，**按停用鈕可以停用延伸模組；解除安裝鈕是解除安裝延伸模組。**

> 說明
>
> Visual Studio Code 提供很多 PHP 好用的延伸模組，有需要可以自行安裝這些延伸模組，如下所示：
>
> ▶ PHP Formatter：可以自動格式化編輯的 PHP 程式碼，例如：phpfmt - PHP formatter 延伸模組。
>
> ▶ PHP Debug：PHP 除錯工具，例如：PHP Debug 延伸模組是使用 xdebug 來進行 PHP 程式偵錯。
>
> ▶ PHP Code Intelligence：PHP 自動程式碼完成等智慧程式碼輸入功能，例如：PHP Intelephense 延伸模組。

設定 Open PHP/HTML/JS In Browser 延伸模組

當成功安裝 Open PHP/HTML/JS In Browser 延伸模組後，因為我們已經修改 Apache 伺服器的埠號，所以，需要設定延伸模組也是使用 8080 埠號，其步驟如下所示：

<u>**Step 1**</u>：請切換至延伸模組，在延伸模組點選右下方的設定圖示後，執行**擴充設定**命令。

Step 2：請找到 Custom Host 欄位，輸入 **localhost:8080**，即可完成使用
　　　　　者設定。

　　　　關於 **Open PHP/HTML/JS In Browser** 延伸模組的使用，請參閱第 2
章。

學習評量

選擇題

(　　) 1.　請問下列哪一個關於 Web 應用程式和 HTTP 通訊協定的說明
　　　　　是不正確的？

　　　　A. Web 網站是一組網頁和相關檔案的集合

　　　　B. Web 應用程式是一種透過瀏覽器執行的應用程式

　　　　C. HTTP 通訊協定會持續保持連線

　　　　D. HTTP 通訊協定不會保留狀態

(　　) 2.　請問下列哪一種網頁技術不是一種客戶端網頁技術？

　　　　A. PHP　　　B. DHTML　　　C. JavaScript　　　D. ActionScript

(　　) 3. 請問下列哪一種技術不是一種伺服端網頁技術？

　　　　A. JSP　　　　B. PHP　　　　C. ASP　　　D. AJAX

(　　) 4. 請問 PHP 的全名是下列哪一個？

　　　　A. Personal Hot Personal　　B. PHP: Hypertext Protocol

　　　　C. Party Hot Property　　　　D. Personal Home Pages

(　　) 5. 請問 PHP 到底是什麼東西？

　　　　A. Web 伺服器　　　　　　B. 通訊協定

　　　　C. 伺服端網頁技術　　　　D. 資料庫系統

(　　) 6. 請問下列哪一個不是 PHP 開發環境所需的工具程式？

　　　　A. Apache　　B. MySQL　　C. 瀏覽器　　D. 小畫家

簡答題

1. 請說明什麼是 Web 網站？什麼是 Web 應用程式？

2. 請比較客戶端和伺服端網頁技術的差異？

3. 請說明什麼是 PHP？何謂 AMP 套件？

4. 請問在 Windows 作業系統建立 PHP 開發環境需有安裝哪些應用程式？

實作題

1. 請在讀者 Windows 作業系統的電腦安裝 XAMPP 來建立 PHP 開發環境。

2. 在成功安裝建立 PHP 開發環境後，請在 Windows 電腦安裝與設定 PHP 開發環境，並且使用 Chrome 瀏覽器載入預設首頁。

02

建立第一個 PHP 程式

2-1 建立第一個 PHP 程式

在第一章成功安裝 PHP 開發環境後，我們就可以開始建立 PHP 程式，筆者準備使用 Visual Studio Code 撰寫第一個 PHP 程式。

本節 PHP 程式範例主要是說明如何使用 Visual Studio Code 建立 PHP 程式，詳細 PHP 程式結構請參閱第 2-2-1 節；執行過程請參閱第 2-2-2 節，PHP 程式語法說明請參閱本章後各章節的說明。

程式範例：ch2-1.php

在 PHP 程式 HTML 標籤 <p> 的 CSS 樣式 font-size 加上內嵌 PHP 程式碼，可以動態改變樣式值來顯示不同的字型尺寸。我們是在「<?php」和「?>」符號之間撰寫 PHP 程式碼，如下所示：

```
<?php
   ...
?>
```

請啟動和使用 Visual Studio Code 建立第 1 個 PHP 程式，其副檔名是 .php。

步驟一：開啟資料夾和新增 PHP 程式檔案

因為 XAMPP 預設 Web 網站主目錄位在「C:\xampp\htdocs」目錄（「C:\xamp」是 XAMPP 套件的安裝目錄），請先在此目錄新增 ch02 目錄，如下圖所示：

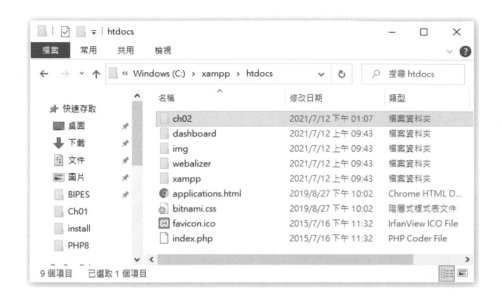

在 Visual Studio Code 開啟上述資料夾後，我們就可以新增 PHP 檔案，其步驟如下所示：

Step 1：請啟動 Visual Studio Code，執行「檔案 / 開啟資料夾」命令。

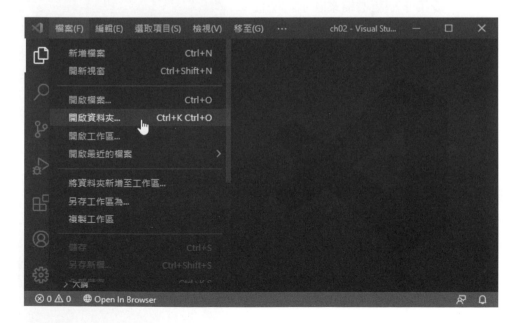

Step 2：在「選擇資料夾」對話方塊選「C:\xampp\htdocs\ch02」資料夾，
按**選擇資料夾**鈕，再按**是**鈕信任作者，即可開啟 CH02 資料夾
（關閉資料夾請執行「檔案 / 關閉資料夾」命令），如下圖所示：

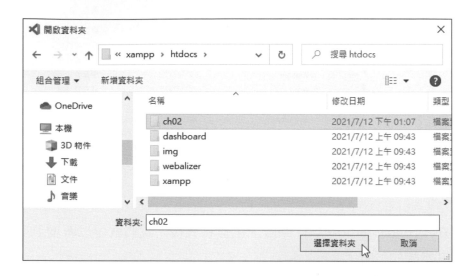

Step 3：請將游標移至 CH02 資料夾，
按第 1 個**新增檔案**圖示新增程
式檔案，如右圖所示：

Step 4：然後在下方欄位輸入檔案名稱
ch2-1.php，按 Enter 鍵新增檔
案。

Step 5：可以在右邊標籤頁看到 ch2-1.php 的程式碼編輯區域（因為 Visual Studio 並沒有安裝 PHP，所以無法驗證程式碼），如下圖所示：

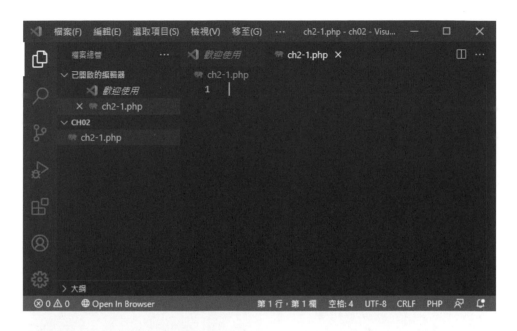

步驟二：編輯和儲存 PHP 程式碼

在新增 PHP 程式碼檔案後，我們可以開始編輯 PHP 程式碼，其步驟如下所示：

Step 1：如果沒有開啟，請在右邊檔案總管選 **ch2-1.php** 檔案開啟檔案來進行編輯。

Step 2：請在標籤頁輸入 HTML 標籤和 PHP 程式碼，如下所示：

```
<!DOCTYPE html>
<html>
<head>
<meta charset="utf-8"/>
<title>ch2-1.php</title>
</head>
```
→ 接下頁

```
<body>
<?php
$begin = 12;
$end = 18;
for ($i = $begin; $i <= $end; $i += 3) {
?>
<p style="font-size:<?php echo $i;?>pt">
我的第一個PHP程式
<?php
print "</p>";
} ?>
</body>
</html>
```

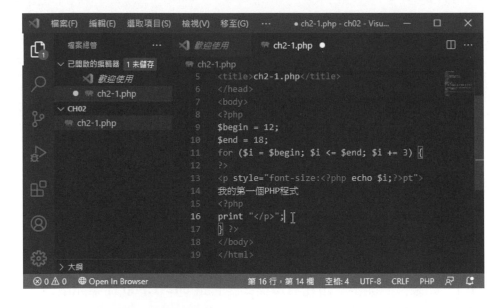

Step 3：在完成輸入後，請執行「檔案 / 儲存」命令儲存檔案（Visual
Studio Code 會自動儲存檔案）。

步驟三：使用瀏覽器執行 PHP 程式

在本書是使用 Google Chrome 瀏覽器執行 PHP 程式，例如：ch2-1.
php（請確認已經在第 1-4-3 節修改 Open PHP/HTML/JS In Browser 延
伸功能的埠號是 8080），其步驟如下所示：

Step 1：在 **ch2-1.php** 檔案編輯標籤頁上，執行**右鍵快顯功能表**的 **Open PHP/HTML/JS in browser** 命令（或點選左下方狀態列的 **Open In Browser**），可以使用預設瀏覽器執行 PHP 程式，如下圖所示：

Step 2：稍等一下，可以啟動預設瀏覽器來執行 PHP 程式（在筆者電腦的預設瀏覽器是 Google Chrome），如下圖所示：

　　如果電腦安裝有多種瀏覽器，第一次執行會看到可用的瀏覽器清單，請自行選擇使用的瀏覽器。

　　因為執行 PHP 程式就是在瀏覽器輸入 URL 網址，我們一樣可以自行啟動瀏覽器，在 URL 欄輸入 URL 網址來執行 PHP 程式，如下所示：

```
http://localhost:8080/ch02/ch2-1.php
```

　　如果 PHP 程式有錯誤，執行 PHP 就會在 Chrome 瀏覽器顯示錯誤訊息，例如：請開啟 PHP 程式 ch2-1error.php，這是一個內含錯誤的 PHP 程式，如下圖所示：

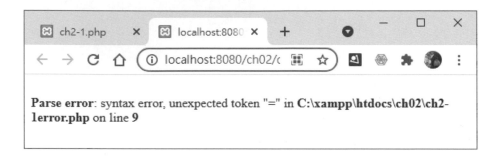

　　上述訊息指出有剖析錯誤，指出在第 9 列的變數名稱剖析錯誤。

2-2 PHP 程式的基本結構

　　PHP 程式的副檔名以本書為例是使用 .php，事實上，PHP 程式沒有固定的副檔名，需視 Apache 伺服器 AddType 指令的設定。

2-2-1 PHP 程式的結構

　　PHP 程式碼是直接內嵌在 HTML 標籤，這是使用特殊符號在 HTML 網頁的標籤碼區分哪一部分是 PHP 程式碼，如下所示：

```
<?php … ?>
```

　　上述符號可以在 HTML 標籤標示 PHP 程式碼，所以，PHP 程式碼是位在上述符號之間。例如：上一節建立的 ch2-1php，其程式碼如下所示：

PHP 程式內容

```
01: <!DOCTYPE html>
02: <html>
03: <head>
04: <meta charset="utf-8" />
05: <title>ch2-1.php</title>
06: </head>
07: <body>
08: <?php
09: $begin = 12;
10: $end = 18;
11: for ($i = $begin; $i <= $end; $i += 3) {
12: ?>
13: <p style="font-size:<?php echo $i;?>pt">
14: 歡迎使用PHP網頁程式設計
15: <?php
16: print "</p>";
17: } ?>
18: </body>
19: </html>
```

PHP 程式結構的說明

　　PHP 程式在 <body> 標籤區塊的 HTML 標籤共有三個部分有內嵌 PHP 程式碼，其說明如下所示：

● 指定變數值和 for 迴圈開始：第 8~12 列的 PHP 程式區塊指定變數值和 for 迴圈的開始，整段程式碼並沒有任何 HTML 標籤，所以在開始和 結束加上 <?php 和 ?> 符號，如下所示：

```
08: <?php
09: $begin = 12;
10: $end = 18;
11: for ($i = $begin; $i <= $end; $i += 3) {
12: ?>
```

● 內嵌在 HTML 標籤：第 13 列的 `<p>` 標籤使用 style 屬性指定字型尺寸的 font-size 樣式值，此值是使用 PHP 程式碼產生，隨著 for 迴圈產生不同的字型尺寸，同樣是位在 `<?php` 和 `?>` 符號之間，echo() 可以輸出變數 $i 的值，如下所示：

```
13: <p style="font-size:<?php echo $i;?>pt">
```

● for 迴圈結束：最後第 15~17 列是 for 迴圈結束的程式碼，因為前後擁有 HTML 標籤和文字內容，所以此列程式碼需要使用 `<?php` 和 `?>` 符號括起，如下所示：

```
15: <?php
16: print "</p>";
17: } ?>
```

上述程式碼使用 print() 輸出字串（字串是一種使用「"」號括起一組字元集合），也就是 HTML 結尾標籤 `</p>`。PHP 程式的標準輸出是使用 echo 和 print 輸出網頁內容，詳細說明請參閱＜第 4-2-5 節：echo() 和 print() 輸出網頁內容＞。

2-2-2 PHP 程式的執行過程

PHP 是一種伺服端網頁技術，程式不是在客戶端瀏覽器執行，而是在 Web 伺服器電腦的伺服端執行 PHP 程式，其執行過程如下圖所示：

上述圖例可以看出當瀏覽器向 Web 伺服器請求內含 PHP 程式碼的網頁時，因為是 PHP 程式，所以在 Web 伺服器直譯執行 PHP 程式碼，可以輸出成一頁不含任何 PHP 程式碼的純 HTML 網頁，最後瀏覽器收到的就是執行後的網頁內容。

自行啟動瀏覽器執行 PHP 程式

我們可以自行啟動瀏覽器來執行 PHP 程式，例如：執行上一節 PHP 程式檔案 ch2-1.php 是位在 XAMPP 主目錄「C:\xampp\htdocs」的子目錄「ch02」資料夾，在啟動 XAMPP 後，就可以啟動 Chrome 瀏覽器輸入 URL 網址，如下所示：

```
http://domain_name:8080/ch02/ch2-1.php
```

上述 domain_name 是網域名稱，例如：fchart.github.io 等，8080 是埠號。若 Web 伺服器與瀏覽器在同台電腦，就是 localhost，如下所示：

```
http://localhost:8080/ch02/ch2-1.php
```

上述 localhost 是本機電腦，ch02 是程式檔案所在子目錄，在輸入後按 Enter 鍵，一樣可以看到三段不同尺寸的文字內容，如下圖所示：

請在 Chrome 瀏覽器的網頁上，執行**右鍵快顯功能表的檢視網頁原始檔**命令，可以檢視 HTML 原始檔，如下圖所示：

上述 HTML 標籤是傳到客戶端瀏覽器顯示的 HTML 網頁，可以看到已經不含任何 PHP 程式碼。

因為支援 PHP 的 Web 伺服器會將 PHP 程式碼直譯成 HTML 標籤後送到瀏覽器，所以，變數值 $begin 和 $end 已經成為 <p> 標籤 style 屬性值的 CSS 屬性值，即 font-size 屬性值 12、15 和 18pt。

2-3 安裝與執行本書的程式範例

本書是在 XAMPP 的 Apache 伺服器執行 PHP 程式，我們只需將 PHP 程式檔案發佈到 Web 伺服器的主目錄，即可測試執行 PHP 程式，XAMPP 預設主目錄是在「C:\xampp\htdocs」資料夾。

2-3-1 安裝本書的程式範例

請將書附範例檔的 PHP 程式目錄「htdocs」下的子目錄整個複製到網站主目錄的資料夾「C:\xampp\htdocs」，如下圖所示：

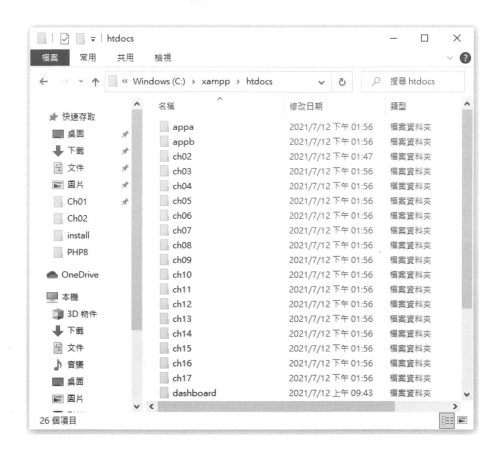

現在，我們可以啟動 XAMPP 執行本書的 PHP 範例程式。

2-3-2 測試執行本書 PHP 程式範例

在啟動 XAMPP 後，我們可以在 Apache 伺服器執行第 2 章的 PHP 程式範例 ch2-3.php。

使用瀏覽器執行 PHP 程式

PHP 程式檔案是位在「C:\xampp\htdocs\ch02」資料夾，其 URL 網址如下所示：

```
http://localhost:8080/ch02/ch2-3.php
```

上述 localhost 是本機電腦，8080 是埠號，ch02 是第 2 章的網站子目錄，請自行啟動 Chrome 瀏覽器輸入上述 URL 網址來執行 PHP 程式，如下圖所示：

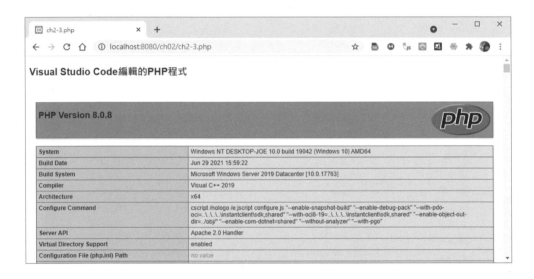

上述圖例的 PHP 程式是呼叫 phpinfo() 函數顯示 PHP 版本等相關資訊（關於函數的進一步說明請參閱＜第 6 章：函數與錯誤處理＞）。

使用 Visual Studio Code 執行 PHP 程式

請啟動 Visual Studio Code，開啟 XAMPP 主目錄的「C:\xampp\htdocs\ch02」資料夾，就可以開啟 PHP 程式 ch2-3.php，如下圖所示：

請點選左下方 **Open In Browser**，或執行**右**鍵快顯功能表的 **Open PHP/HTML/JS in browser** 命令，就可以開啟預設瀏覽器來執行 PHP 程式 ch2-3.php。

學習評量

選擇題

(　　) 1. 請問下列哪一個是 PHP 程式常用的副檔名？

      A. .html   B. .jsp

      C. .asp   D. .php

(　　) 2. 在 HTML 網頁內嵌 PHP 程式碼是使用下列哪一種符號？

      A. <% %>   B. < >

      C. <?php ?>   D. /* */

1. 請說明使用 Visual Studio Code 建立 PHP 程式的基本步驟？

2. 請舉例說明 PHP 程式的基本架構？

3. 請簡單說明 PHP 程式的執行過程？

1. 請使用 Visual Studio Code 建立 PHP 程式，在網頁顯示一段文字內容，
   即讀者的姓名。

2. 請在第 1 章建立的 PHP 開發環境和安裝本書範例程式後，分別使用
   Google Chrome 和 Visual Studio Code 執行書附第 4 章的 PHP 範例
   程式。

03

HTML5 與 CSS3 實務

3-1 HTML5 的頁面結構

HTML5 的頁面結構和舊版並沒有什麼不同，為了保證與舊版瀏覽器相容，提供更靈活的錯誤語法處理，可以讓 HTML5 網頁也可以在舊版瀏覽器上正確的顯示。

3-1-1 建立 HTML5 網頁

在 Visual Studio Code 執行「檔案 / 開啟資料夾」命令，開啟「C:\xampp\ch03」資料夾後，就可以開啟和編輯存在的 HTML 檔案（副檔名：.html），如下圖所示：

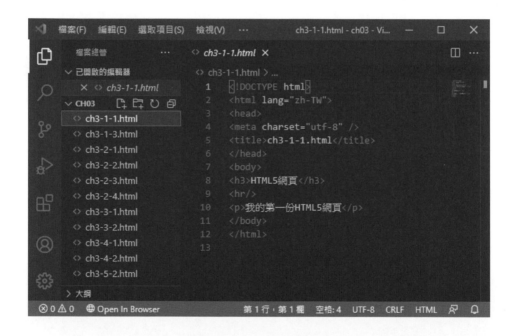

HTML5 網頁的基本標籤結構，如下所示：

```
<!DOCTYPE html>
<html lang="zh-TW">
<head>
<meta charset="utf-8">
```

→ 接下頁

```
<title>網頁標題文字</title>
</head>
<body>
網頁內容
</body>
</html>
```

上述 HTML 網頁結構可以分成數個部分，如下所示：

<!DOCTYPE>

<!DOCTYPE> 不是 HTML 標籤，其位置是在 <html> 標籤之前，可以告訴瀏覽器使用的 HTML 版本，以便瀏覽器使用正確引擎來產生 HTML 網頁內容。HTML5 使用的 DOCTYPE 非常簡單，如下所示：

```
<!DOCTYPE html>
```

<html> 標籤

<html> 標籤是 HTML 網頁的根元素，一個擁有 <head> 和 <body> 兩個子標籤的容器元素。在 <html> 標籤可以使用 lang 屬性指定網頁使用的語言，如下所示：

```
<html lang="zh-TW">
```

上述 lang 屬性值常用的 2 碼值有：zh（中文）、en（英文）、fr（法文）、de（德文）、it（義大利文）和 ja（日文）等。如果需要可以加上次 2 碼的國家或地區，例如：en-US 是美式英文、zh-TW 是台灣的正體中文等。

<head> 標籤

<head> 標籤內容是標題元素，包含 <title>、<meta>、<script> 和 <style> 標籤。例如：使用 <meta> 標籤指定網頁編碼為 utf-8，如下所示：

```
<meta charset="utf-8">
```

關於 <head> 標籤的進一步說明，請參閱第 3-1-3 節。

<body> 標籤

<body> 標籤是網頁文件內容，包含文字、超連結、圖片、表格、清單和表單等網頁內容，詳見第 3-2~3-5 節的說明。

HTML網頁：ch3-1-1.html

在 HTML5 網頁顯示標題文字、水平線和一段文字內容，如下圖所示：

標籤內容

```
01: <!DOCTYPE html>
02: <html lang="zh-TW ">
03: <head>
04: <meta charset="utf-8"/>
05: <title>ch3-1-1.html</title>
06: </head>
07: <body>
08: <h3>HTML5網頁</h3>
09: <hr/>
10: <p>我的第一份HTML5網頁</p>
11: </body>
12: </html>
```

標籤説明

- 第 1 列：DOCTYPE 宣告，告訴瀏覽器的 HTML 版本是 HTML5。

- 第 2~12 列：<html> 標籤使用 lang 屬性指定為台灣的正體中文。

- 第 3~6 列：<head> 標籤擁有 <meta> 和 <title> 標籤。

- 第 7~11 列：<body> 標籤擁有 <h3>、<hr> 和 <p> 標籤。

3-1-2 HTML5 的基本語法

HTML5 的基本語法規則，如下所示：

- <html>、<head> 和 <body> 標籤都可有可無。

- 元素和屬性不區分英文大小寫，<html>、<Html>、<HTML> 都是相同標籤。

- 元素不一定需要「結尾標籤」（End-Tag），如果元素沒有內容，也不需要使用「/>」符號代替結尾標籤，例如：下列 HTML 標籤都是合法 HTML5 標籤，如下所示：

```
<p>這是一個測試</p>
<p>這是一個測試
<br>
<br/>
```

- 標籤屬性值的引號可有可無，例如：下列標籤屬性都是合法 HTML5 屬性，如下所示：

```
<img src="sample.jpg" width=20 height=30 />
```

- 如果屬性沒有屬性值，只需使用屬性名稱即可，如下所示：

```
<option selected>
<input type="radio" checked>
```

- 文字內容可以單獨存在，不用位於 HTML 開始與結尾標籤中。

- 一些舊版 HTML 屬性已經不再需要，例如：<script> 標籤的 type 屬性和 <html> 標籤的 xmlns 屬性等。

3-1-3 <head> 標籤

<head> 標籤是 <html> 標籤的子標籤，也是一種容器元素，包含標題元素：<title>、<meta>、<script> 和 <style> 等標籤，其說明如下表所示：

標籤	說明
<title>	顯示瀏覽器視窗上方標題列或標籤頁的標題文字
<meta>	提供 HTML 網頁的 metadata 資料，例如：網頁描述、關鍵字、作者和最近修改日期等資訊
<script>	此標籤內容是客戶端腳本程式碼，例如：JavaScript，HTML4 版需要指定 type 屬性；HTML5 版可有可無
<style>	此標籤是 HTML 網頁套用的 CSS 樣式，詳見第 3-6-2 節
<link>	連接外部資源的樣式表檔案，詳見第 3-6-2 節

上表 <meta> 標籤可以使用 charset 屬性指定網頁編碼，如下所示：

```
<meta charset="utf-8">
```

HTML 範例網頁：ch3-1-3.html 指定標題文字是檔案名稱，和使用 <meta> 標籤指定編碼和 metadata 資料，如下所示：

```
<head>
<meta name="description" content="Head元素"/>
<meta name="keywords" content="HTML,CSS,JavaScript"/>
<meta name="author" content="陳會安"/>
<meta charset="utf-8"/>
<title>ch3-1-3.html</title>
</head>
...
```

3-2 HTML5 的文字編排標籤

　　HTML5 仍然使用 4.x 版的標籤，只是刪除一些不常用或過時的標籤和屬性，並且給予一些舊標籤全新的意義。

　　在第 3-2 節至第 3-5 節是源於 HTML 4 的常用標籤（屬於 <body> 標籤的內容），以便讀者擁有足夠能力建立本書所需的 HTML 網頁，完整 HTML 標籤的詳細說明，請參閱書附 HTML 電子書、線上教學或相關 HTML 書籍。

3-2-1　標題文字

　　HTML 網頁的標題文字可以提綱挈領來說明文件內容，<hn> 標籤可以定義標題文字，<h1> 最重要，依序遞減至 <h6>，提供 6 種不同尺寸變化的標題文字，其基本語法如下所示：

```
<hn>....</hn> ,n=1 ~ 6
```

　　上述 <h> 標籤加上 1~6 的數字可以顯示 6 種大小字型，數字愈大，字型尺寸愈小，重要性也愈低。HTML 範例網頁：ch3-2-1.html 顯示 6 種尺寸的標題文字，如下表所示：

ch3-2-1.html	執行結果
<h1>HTML5 網頁的標題文字 </h1> <h2>HTML5 網頁的標題文字 </h2> <h3>HTML5 網頁的標題文字 </h3> <h4>HTML5 網頁的標題文字 </h4> <h5>HTML5 網頁的標題文字 </h5> <h6>HTML5 網頁的標題文字 </h6>	**HTML5網頁的標題文字** **HTML5網頁的標題文字** **HTML5網頁的標題文字** **HTML5網頁的標題文字** **HTML5網頁的標題文字** **HTML5網頁的標題文字**

3-2-2　段落、換行與水平線

對於網頁文字內容來說，我們可以依據內容長度來分成多個段落、換行，或使用水平線來分割網頁內容。

段落

一般來說，HTML 網頁的文字內容是使用段落來編排，使用的是 `<p>` 標籤，`<p>` 標籤可以定義段落，瀏覽器預設在之前和之後增加邊界尺寸（尺寸可以使用 CSS 的 margin 屬性來更改），如下所示：

```
<p>  PHP是伺服端、跨平台和內嵌於HTML網頁的腳本語言，
屬於一種開放原始碼的伺服端網頁技術。</p>
```

HTML5 已經不再支援 align 屬性的對齊方式，如需對齊元素，請使用 CSS 的 text-align 屬性。

換行

在程式碼編輯器或文書處理程式，例如：記事本或 Word 等，按下 Enter 就是換行或建立一個全新段落，HTML 網頁的換行需要使用換行標籤（不是建立段落），使用 Enter 鍵不會顯示換行，如下所示：

```
<br/>
```

水平線

HTML 的 `<hr>` 標籤可以在瀏覽器是顯示一條水平線，HTML5 的 `<hr>` 標籤不只美化版面，更給予內容上主題分割的意義，可以用來分割網頁內容，如下所示：

```
<h3>HTML</h3>
<p>HTML語言是Tim Berners-Lee在1991年建立…</p>
<hr/>
```

→ 接下頁

```
<h3>PHP</h3>
<p>PHP是伺服端、跨平台和內嵌於…</p>
```

上述內容分割成 HTML 和 PHP 的定義，使用的是 <hr> 標籤。HTML 範例網頁：ch3-2-2.html 使用段落、換行與水平線標籤來建立名詞索引的網頁內容，如下圖所示：

上述網頁使用 <hr> 標籤分割網頁內容，上方超連結使用
 標籤換行（關於超連結標籤的說明請參閱第 3-3-2 節），點選超連結文字，可以顯示下方的名詞說明，如下圖所示：

3-2-3　標示文字內容

在文字內容中可能有些名詞或片語需要特別標示，我們可以使用本節 HTML 標籤來標示特定的文字內容，只需將文字包含在這些標籤之中，就可以顯示不同的標示效果，其說明如下表所示：

標籤	說明
\<b\>	使用粗體字標示文字，HTML5 代表文體上的差異，例如：關鍵字和印刷上的粗體字等
\<i\>	使用斜體字標示文字，HTML5 代表另一種聲音或語調，通常是標示其他語言的技術名詞、片語和想法等
\<em\>	顯示強調文字效果，在 HTML5 是強調發音上有細微改變句子的意義，例如：因發音改變而需強調的文字
\<strong\>	HTML 4 是更強的強調文字；HTML5 是重要文字
\<cite\>	HTML 4 是引言或參考其他來源；HTML5 是定義產品名稱，例如：一本書、一首歌、一部電影或畫作等
\<small\>	HTML 4 是顯示縮小文字；HTML5 是輔助説明或小型印刷文字，例如：網頁最下方的版權宣告等

上表標籤在 HTML 4 是替文字套用不同的樣式，HTML5 進一步給予元素內容的意義，即語意（Semantics）。

一般來說，\<b\> 標籤是標示特別文字內容的最後選擇，首選是 \<h1\>~\<h6\>，強調文字使用 \<em\>，重要文字使用 \<strong\>，需要作記號的重點文字，請使用 HTML5 新增的 \<mark\> 標籤。HTML 範例網頁：ch3-2-3.html 使用上表標籤來標示指定的文字內容，如下圖所示：

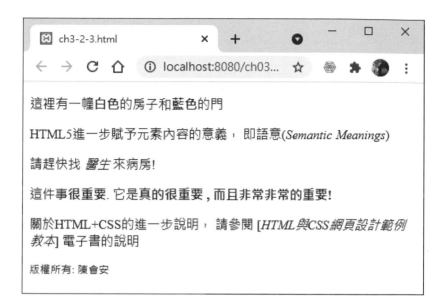

3-2-4 HTML 清單

HTML 清單可以將文件內容的重點綱要一一列出，在這一節筆者準備介紹常用的項目符號、項目編號和定義清單。

項目編號 (Ordered List)

HTML 清單提供數字順序的項目編號，如下所示：

```
<ol>
    <li>項目1</li>
    <li>項目2</li>
    ...
</ol>
```

上述 <ol> 標籤建立項目編號，每一個項目是一個 <li> 標籤。<ol> 標籤的屬性說明，如下表所示：

屬性	說明
start	指定項目編號的開始值，HTML 4 不支援此屬性
type	指定項目編號是數字、英文等，例如：1、A、a、I、i，HTML 4 不支援此屬性
reversed	HTML5 的屬性，可以指定項目編號是反向由大至小

項目符號（Unordered List）

　　HTML 清單可以使用無編號的項目符號，即在項目前顯示小圓形、正方形等符號，如下所示：

```
<ul>
    <li>項目1</li>
    <li>項目2</li>
    ...
</ul>
```

定義清單（Definition List）

　　HTML5 的定義清單是一個名稱和值成對群組的結合清單，例如：詞彙說明的每一個項目是定義和說明，如下所示：

```
<dl>
    <dt>PHP</dt>
        <dd>伺服端腳本語言</dd>
    <dt>HTML</dt>
        <dd>網頁製作語言</dd>
</dl>
```

　　上述 <dl> 標籤建立定義清單，<dt> 清單定義項目；<dd> 標籤描述項目。HTML 範例網頁：ch3-2-4.html 分別顯示項目編號、項目符號和定義清單，如下圖所示：

上述圖例上方是項目編號，從 2 開始，中間是項目符號，在下方是定義清單。

3-3 HTML5 的圖片與超連結標籤

HTML 網頁顯示的圖片和超連結是網頁的重要元素，圖片可以讓網頁成為多媒體舞台；超連結可以輕鬆連接全世界的資源。

3-3-1 圖片

HTML 網頁是一種「超媒體」（HyperMedia）文件，除了文字內容外，還可以插入 gif、jpg 或 png 格式的圖檔，其基本語法如下所示：

```
<img src="filename" width="value" height="value" alt="替代文字"/>
```

上述標籤的 src 和 alt 屬性是必須屬性，請注意！圖檔並不是真的插入網頁，<img> 標籤只是建立長方形區域來連接顯示外部圖檔。例如：顯示 Penguins.jpg 圖檔的 HTML 標籤，如下所示：

```
<img src="Penguins.jpg" width="100" height="100" alt="風景"/>
```

<img> 標籤的相關屬性說明，如下表所示：

屬性	說明
src	圖片檔案名稱和路徑的 URL 網址
alt	指定圖片無法顯示的替代文字
width	圖片寬度，可以是點數或百分比
height	圖片高度，可以是點數或百分比

HTML5 不 再 支 援 舊 版 align、border、hspace 和 vspace 屬 性。HTML 範例網頁：ch3-3-1.html 可以顯示多張不同尺寸的圖片，圖檔名稱是 Penguins.jpg，如下圖所示：

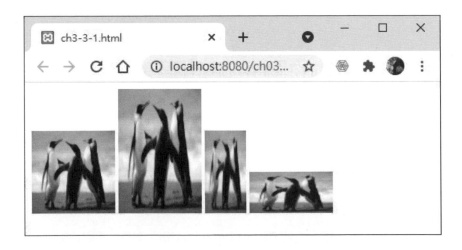

3-3-2 超連結

HTML 網頁是一種「超文件」（HyperText），內含超連結可以連結全世界不同伺服器的資源，超連結不僅能夠連接同網站的其他 HTML 網頁，還可以連接其他網站的網頁，其基本語法如下所示：

```
<a href="URL" target="frame_name">超連結名稱</a>
```

上述 <a> 超連結標籤預設在瀏覽器顯示藍色底線字，造訪過的超連結顯示紫色底線字，啟動的超連結是紅色底線字。

HTML5 超連結不只可以使用 <img> 子元素建立圖片超連結，還可以在 <a> 元素中使用區塊元素，例如：<h3>，如下所示：

```
<a href="http://www.yahoo.com.tw">
  <h3>Yahoo!奇摩</h3></a>
```

超連結 <a> 標籤的屬性

超連結 <a> 標籤的屬性說明，如下表所示：

屬性	說明
href	指定超連結連接的目的地，其值可以是相對 URL 網址，即指定同網站的檔案名稱，例如：index.html，或絕對 URL 網址，例如：http://www.hinet.net
hreflang	指定連接 HTML 網頁的語言，例如：en、zh 等
media	HTML5 新增的屬性，可以指定哪一種媒體或裝置可以最佳化處理連接的網頁文件
rel	指定目前網頁和連接網頁之間的關係，只有當 href 屬性存在時才能指定，例如：值 alternate 是替代文件；bookmark 是作為書籤等
target	指定超連結如何開啟目的地的 HTML 網頁，其屬性值說明詳見下一小節
type	指定連接 HTML 網頁的 MIME 型態

HTML5 不再支援舊版 charset、coords、name、rev 和 shape 屬性。

<a> 標籤的 target 屬性值說明,如下表所示:

屬性值	說明
_blank	在新視窗或新標籤開啟 HTML 網頁
_self	在原視窗或標籤開啟 HTML 網頁
_top	在全螢幕開啟 HTML 網頁
_parent	在父框架開啟 HTML 網頁
iframeName	在指定名稱的 <iframe> 框架開啟 HTML 網頁

HTML5 已經不再支援框架頁,只支援 <iframe> 標籤的內嵌框架,所以,上表 _top、_parent 和 iframeName 屬性是使用在內嵌框架。HTML 範例網頁:ch3-3-2.html 建立文字和圖片超連結,可以分別連接 HiNet 網站和本章其他的 HTML 網頁,如下圖所示:

當將滑鼠移到上方藍色底線字或中間圖片,可以看到游標成為手形,表示是超連結,在瀏覽器下方可以顯示目的地的 URL 網址,點選就可以連接此資源。

3-4 HTML5 的表格與容器標籤

表格為一種資料編排格式（不是用來版面配置，HTML5 版面配置是使用新增的語意與結構標籤，搭配 CSS 樣式來建立），如果網頁內容需要分類，我們可以使用表格將資料分類和系統化處理。

HTML 的 <div> 和 <span> 標籤是一種一般用途的結構標籤，這是一個群組其他 HTML 元素的容器。

3-4-1 HTML 的表格標籤

HTML 表格是一組相關標籤的集合，我們需要同時使用數個標籤才能建立表格。表格相關標籤的說明，如下表所示：

標籤	說明
<table>	建立表格，其他表格相關標籤都是其子標籤
<tr>	定義表格的每一個表格列
<th>	定義表格的標題列
<td>	定義表格列的每一個儲存格
<caption>	定義表格的標題文字，這是 <table> 標籤的第 1 個子元素
<thead>	群組 HTML 表格的標題內容
<tbody>	群組 HTML 表格的本文內容
<tfoot>	群組 HTML 表格的註腳內容

HTML5 表格只支援 <table> 標籤的 border 屬性，而且屬性值只能是 1 或空字串 ""。HTML5 的 <td> 標籤屬性，其說明如下表所示：

屬性	說明
colspan	指定表格列需要擴充幾個儲存格，即合併儲存格
rowspan	指定表格欄需要擴充幾個儲存格，即合併儲存格
headers	指定的屬性值是對應標題列儲存格的 id 屬性值

建立基本 HTML 表格

　　HTML 表格是由一個 \<table\> 標籤和多個 \<tr\>、\<th\> 和 \<td\> 標籤組成，每一個 \<tr\> 標籤定義一列表格列，\<th\> 標籤定義標題列，每一列使用 \<td\> 標籤建立儲存格，如下所示：

```
<table border="1">
<tr>
   <th id="client">客戶端</th>
   <th id="server">伺服端</th>
</tr>
<tr><td colspan="2">AJAX</td></tr>
<tr>
   <td headers="client">JavaScript</td>
   <td headers="server">ASP.NET</td>
</tr>
<tr>
   <td>jQuery</td>
   <td>PHP</td>
</tr>
</table>
```

　　上述 \<table\> 標籤有 4 列各 2 欄儲存格，第 1 列是標題列，第 2 列使用 colspan 屬性指定擴充 2 個儲存格，表示此表格列只有 1 個儲存格，第 3 列的儲存格 \<td\> 標籤指定 headers 屬性指向 \<th\> 標籤的 id 屬性值。

建立複雜 HTML 表格

　　複雜 HTML 表格可以使用 \<caption\> 標籤指定標題文字，\<thead\>、\<tbody\> 和 \<tfoot\> 標籤將表格內容群組成標題、本文和註腳區段，如下所示：

```
<table border="">
   <caption>每月存款金額</caption>
   <thead>
   <tr>
```

→ 接下頁

```
    <th>月份</th>
    <th>存款金額</th>
  </tr>
  </thead>
  <tbody>
  <tr>
    <td>一月</td>
    <td>NT$ 5,000</td>
  </tr>
  <tr>
    <td>二月</td>
    <td>NT$ 1,000</td>
  </tr>
  </tbody>
  <tfoot>
  <tr>
    <td>存款總額</td>
    <td>NT$ 6,000</td>
  </tr>
  </tfoot>
</table>
```

HTML 範例網頁：ch3-4-1.html 使用表格標籤建立 2 個表格，可以顯示網頁設計技術和每月的存款金額，如下圖所示：

上述圖例顯示的 2 個表格中：上方是 4x2 的表格，第 2 列合併 2 個儲存格，在下方是擁有標題文字的複雜 HTML 表格。

3-4-2　<div> 和 <span> 容器標籤

HTML 的 <div> 和 <span> 標籤都是容器來群組元素，屬於 HTML 4 版的結構元素，標籤本身沒有任何預設樣式，如同網頁中的透明方框。

<div> 標籤

HTML 的 <div> 標籤可以在 HTML 網頁定義一個區塊，其主要目的是建立文件結構和套用群組元素的 CSS 樣式，如下所示：

```
<div style="color:blue">
    <h3>PHP</h3>
    <p>伺服端網頁技術</p>
</div>
```

上述 style 屬性定義 CSS 樣式，可以套用在 <div> 標籤的所有子標籤，其進一步說明請參閱第 3-6 節。

<span> 標籤

HTML 的 <span> 標籤也是群組元素，不過，這是單行元素，並不會建立區塊（即換行），如下所示：

```
<p>外國人很多都是<span style="color:lightblue">淡藍色</span>眼睛</p>
```

在 HTML 範例網頁：ch3-4-2.html 使用 <div> 和 <span> 標籤群組元素，可以看到 <div> 標籤自成一個區塊，<span> 標籤仍然位在父元素的區塊之中，如下圖所示：

上述藍色字是使用 <div> 標籤來套用 h3 和 p 元素的 CSS 樣式,最後一列的「淡藍色」是 <span> 標籤的套用的 CSS 樣式。

3-5 HTML5 的表單標籤

HTML 表單是 Web 網站的使用介面,與使用者互動的窗口,可以將使用者輸入資料送到伺服端的 PHP 程式進行處理,關於 PHP 表單處理的說明請參閱<第 8-4 節:表單處理與 URL 參數>。

3-5-1 建立 HTML 表單

如同 HTML 表格,在 HTML 網頁建立表單也是一組 HTML 標籤的集合。

HTML 表單標籤

在 HTML 標籤關於建立 HTML 表單的標籤,其說明如下表所示:

表單標籤	說明
<form> … </form>	建立 HTML 表單標籤
<input type=…/>	輸入或選擇資料的 HTML 表單欄位,包含按鈕、核取方塊、選擇鈕和文字方塊等欄位,不同 type 屬性值表示不同的欄位
<select> …. </select>	建立清單欄位,內含 <option> 標籤的選項
<option> …. </option>	清單欄位的選項
<textarea> …. </textarea>	多行文字方塊欄位

HTML 表單就是上表 HTML 標籤組合，基本表單結構如下所示：

```
<form name="name" method="post | get" action="URL" enctype="MIME">
    <input type=…>
    <textarea> … </textarea>
    <select>
      <option> … </option>
    </select>
    <input type="submit" …>
</form>
```

上述 <form> 標籤是一個表單的父標籤，擁有 <input>、<textarea> 和 <select> 欄位等子標籤，在 <select> 標籤擁有 <option> 子標籤的選項。每一個 <form> 標籤的表單一定擁有 <input> 標籤的按鈕欄位，如下所示：

```
<input type="submit" name="Name" value="Caption"/>
```

上述標籤的 type 屬性值是 submit，按下按鈕可以將欄位輸入資料送到伺服端 PHP 程式，如果 type 屬性值為 reset，按鈕就是清除欄位內容成預設 value 屬性值。<form> 標籤的常用屬性說明，如下所示：

- name 屬性：表單名稱。

- method 屬性：設定資料送出方式，主要是針對伺服端處理，GET 是使用 URL 網址的參數傳遞，POST 使用 HTTP 通訊協定的標頭資料來傳遞。

- action 屬性：設定 PHP 表單處理程式的路徑，也可以是 URL 網址。

- enctype 屬性：設定表單資料編碼方式，預設值 application/x-www-form-urlencoded，除非是上傳檔案，否則並不用更改此屬性值。

3-5-2 文字輸入欄位

HTML 表單的文字輸入欄位可以輸入一段或整篇文字內容，隱藏欄位不用輸入資料，可以直接傳送資料至伺服端。

文字與密碼方塊欄位

文字與密碼方塊欄位可以傳遞使用者使用鍵盤輸入的文字內容。例如：姓名、帳號和電話等資料；密碼欄位的輸入資料在顯示時改用圓點或「*」星號來取代，在使用上和文字方塊欄位並沒有什麼不同，其基本語法如下所示：

```
<input type="text | password" name="Name" maxlength="value"
       readonly= "False | True" size="Value" value="String"/>
```

上述語法的 type 屬性值 text 是文字方塊；password 是密碼方塊，相關屬性說明如下表所示：

屬性	說明
name	欄位名稱
maxlength	使用者允許輸入的最大字元個數，預設值 0 是不限長度
readonly	欄位是否唯讀，不能輸入資料，預設值 False 允許輸入；True 是唯讀
size	欄位的寬度有多少個字元
value	欄位的預設值

多行文字方塊欄位

多行文字方塊能夠輸入多行或整篇文字內容，特別適合使用在地址、意見、描述或備註等文字資料的輸入，其基本語法如下所示：

```
<textarea name="Name" rows="value" cols="value"
  wrap="off | virtual | physical" value="String">
</textarea>
```

上述語法的屬性說明，如下表所示：

屬性	說明
name	欄位名稱
rows	欄位可以輸入幾列
cols	欄位的每列有幾個字
wrap	顯示和送出時的換行方式，off 是不換行；virtual 是自動換行，但是在輸出時仍然是一列；physical 也是自動換行，不過在輸出時同時也會換行
value	欄位的預設值

隱藏欄位

隱藏欄位是不需使用者輸入資料的欄位，可以直接將 value 屬性值傳送到伺服端。在 HTML 表單使用隱藏欄位的目的，通常是用來傳送一些環境參數，或在不同網頁之間傳遞資料。

在實作上，隱藏欄位可以建立多步驟表單，在每一個步驟輸入資料使用隱藏欄位傳遞至下一步驟的表單，其基本語法如下所示：

```
<input type="hidden" name="Name" value="String">
```

上述語法的 type 屬性值為 hidden，相關屬性說明如下表所示：

屬性	說明
name	欄位名稱
value	欄位送出值

HTML網頁：ch3-5-2.html

在 HTML5 網頁使用表格建立會員註冊表單，包含文字和密碼方塊欄位輸入使用者登入資料，多行文字方塊欄位輸入地址，使用隱藏欄位傳送識別名稱，因為是隱藏欄位，所以不會看到此欄位，如下圖所示：

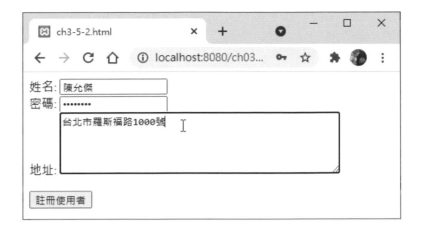

標籤內容

```
01: <!DOCTYPE html>
02: <html>
03: <head>
04: <meta charset="utf-8" />
05: <title>ch3-5-2.html</title>
06: </head>
07: <body>
08: <form name="login" method="post" action="ch8-4-3.php">
09: 姓名: <input type="text" name="User" size="15"/><br/>
10: 密碼: <input type="password" name="Pass" size="15"/><br/>
11: 地址: <textarea name="Address" rows="5" cols="50">
12: </textarea><br/>
13: <input type="hidden" name="Type" value="Member"/><br/>
14: <input type="submit" value="註冊使用者"/>
15: </form>
16: </body>
17: </html>
```

程式說明

- 第 8~15 列：HTML 表單標籤，方法為 post，其處理程式是第 8-4 節的 ch8-4-3.php。

- 第 9~10 列：文字方塊標籤 User 和密碼方塊標籤 Pass。

- 第 11~12 列：多行文字方塊標籤，欄位名稱為 Address。

- 第 13 列：隱藏欄位標籤，欄位名稱為 Type，傳送值為 value 屬性值 Member。

- 第 14 列：表單送出按鈕。

3-5-3　選擇功能的欄位

　　HTML 表單的選擇功能欄位擁有多種顯示外觀，這是一種選擇題，可以是單選或複選。

核取方塊欄位

　　核取方塊是一個開關，可以讓使用者選擇是否開啟指定功能或設定某些參數。HTML 核取方塊欄位是一個複選題，因為每一個都是可勾選或取消勾選的獨立開關，其基本語法如下所示：

```
<input type="checkbox" name="Name"
       checked="True | False" value="String"/>
```

　　上述語法的 type 屬性值是 checkbox，相關屬性說明如下表所示：

屬性	說明
name	欄位名稱
checked	屬性值 True 是預設勾選；False 或不加上屬性是沒有勾選
value	勾選後的表單送出值，在送出表單時，如果是沒有勾選的核取方塊，此值會被忽略掉

選擇鈕欄位

　　選擇鈕能夠在表單建立一組選項，在每一個選項名稱旁有一個圓形選擇鈕，這是一種多選一的單選題，其基本語法如下所示：

```
<input type="radio" name="Name"
      checked="True | False" value="String">
```

上述語法的 type 屬性值為 radio，相關屬性說明如下表所示：

屬性	說明
name	欄位名稱
checked	屬性值 True 是預選此選擇鈕
value	選取後的表單送出值，在送出表單時，如果是沒有選取的選擇鈕，此值會被忽略掉

下拉式清單方塊欄位

HTML 的 <select> 標籤需要配合 <option> 標籤的選項，才能建立下拉式清單方塊欄位，下拉式清單方塊有兩種顯示方式，以 size 屬性值區分，如下所示：

● 下拉式清單方塊：當 size 屬性值為 1 時只顯示一個選項，需要按右邊 ▼鈕才能顯示其他選項。

● 清單方塊：和下拉式清單方塊一樣，不過顯示選項不只一個，size 屬性為顯示的選項數，如果選項太多超過清單方塊的尺寸，就顯示捲動軸來幫助我們檢視選項。

下拉式清單方塊標籤的基本語法，如下所示：

```
<select name="Name" multiple"True | False" size="number">
   <option value="Item_Name">選項名稱</option>
   <option value="Item_Name" selected="True | False">
       選項名稱</option>
   ...
</select>
```

上述 <select> 標籤內含數個 <option> 子標籤的選項。<select> 標籤的屬性說明，如下表所示：

屬性	說明
name	欄位名稱
multiple	是否是複選，True 是複選，複選就是清單方塊
size	顯示選項數目，1 是下拉式清單方塊；大於 1 是清單方塊

每一個 <option> 標籤是一個選項，內含的文字內容就是選項顯示的名稱，<option> 標籤的屬性說明，如下表所示：

屬性	說明
value	選項值
selected	屬性值 True 是預選選項

HTML網頁：ch3-5-3.html

在 HTML5 網頁建立表單使用選擇欄位來取得使用者資料，包含一組選擇鈕選擇性別，下拉式清單方塊選擇電腦種類，多個核取方塊選擇瀏覽器和複選的清單方塊選擇推薦網站，如下圖所示：

標籤內容

```
01: <!DOCTYPE html>
02: <html>
03: <head>
04: <meta charset="utf-8"/>
05: <title>ch3-5-3.html</title>
06: </head>
07: <body>
08: <form name="info" method="post" action="ch8-4-4.php">
09: 性別:
10: <input type="radio" name="Gender"
11:              value="male" checked="True"/>男
12: <input type="radio" name="Gender"
13:              value="female"/>女<br/>
14: 電腦系統:
15: <select name="Computer">
16:    <option value="PC" selected="True">PC</option>
17:    <option value="MAC">MAC</option>
18: </select><br/>
19: 瀏覽器:
20: <input type="checkbox" name="GC"
21:        checked="True" />Chrome
22: <input type="checkbox" name="SF"/>Safari
23: <input type="checkbox" name="FF"/>Firefox<br/>
24: 推薦網站: <br/>
25: <select name="Webs[]" size="4" multiple="True">
26:    <option value="w1" selected="True">Yahoo!奇摩</option>
27:    <option value="w2">PC Home Online</option>
28:    <option value="w3">中華電信Hinet</option>
29:    <option value="w4">Google台灣</option>
30: </select>
31: <input type="submit" value="送出"/>
32: </form>
33: </body>
34: </html>
```

標籤說明

- 第 8~32 列：HTML 表單標籤，方法為 post，其處理程式為第 8-4 節的 ch8-4-4.php。

- 第 10~13 列：兩個一組的選擇鈕標籤，欄位名稱都是 Gender，屬於同一組選項，傳送值分別是 male 和 female，在第 10~11 列的選擇鈕是預選。

- 第 15~18 列：下拉式清單方塊標籤，欄位名稱為 Computer，在第 16~17 列是下拉式清單方塊的 2 個選項，傳送值分別為 PC 和 MAC，PC 選項是預選。

- 第 20~23 列：3 個核取方塊標籤，欄位名稱依序為 GC、SF 和 FF，第 20~21 列的核取方塊是預設勾選的核取方塊。

- 第 25~30 列：複選的清單方塊標籤，欄位名稱為 Webs[]，儲存使用者複選選項的陣列變數，在第 26~29 列是清單方塊的 4 個選項，傳送值分別為 w1、w2、w3 和 w4，第 26 列是預選的選項。

3-6 CSS 層級式樣式表

CSS 是 HTML 元素的化妝師，可以讓我們重新定義網頁元素的顯示樣式來美化網頁內容，建立網站一致外觀的顯示。

3-6-1 CSS 的基本語法

HTML 標籤配合 CSS 樣式能夠針對指定標籤定義全新的顯示樣式，我們只需選擇需要重新定義的 HTML 標籤，就可以定義樣式。CSS 的基本語法，如下所示：

```
Selector {property1: value1; property2: value2}
```

上述 CSS 語法可以建立一個樣式規則，在語法分成兩大部分，大括號前是選擇器（Selector），可以選擇套用樣式的 HTML 標籤，在括號中是重新定義樣式的樣式組。樣式組是 CSS 樣式屬性的集合，能夠指定不同的樣式屬性值。

樣式組是多個樣式屬性所組成，在樣式之間使用「;」符號分隔，「:」符號後是屬性值；之前是樣式屬性名稱，例如：定義 <p> 標籤的 CSS 樣式，如下所示：

```
p { font-size: 10pt;
    color: red; }
```

上述選擇器選擇 <p> 標籤，表示 HTML 網頁所有 <p> 標籤都套用之後樣式組的樣式，font-size 和 color 是樣式屬性名稱；10pt 和 red 是屬性值，基於閱讀上的便利性，樣式組的樣式都會自成一行。

3-6-2　在 HTML 網頁套用 CSS

在 HTML 網頁套用 CSS 樣式有數種方式，我們可以針對單獨標籤、一頁網頁或整個網站來套用 CSS 樣式。

局部套用的 CSS（In-Line Style Sheets）

HTML 標籤可以使用 style 屬性定義顯示樣式，其影響範圍僅限於此標籤，例如：<div> 標籤，如下所示：

```
<div style="position:absolute; top:50px; width:130px;
height:130px">
...
</div>
```

上述 style 屬性定義標籤顯示方式是絕對位置，即指定標籤的顯示位置，CSS 能夠在網頁定位和重疊顯示圖片、文字和表格等元素。

內建網頁的 CSS（Embedded Style Sheet）

在 <head> 區塊可以使用 <style> 標籤定義內建網頁的 CSS 樣式，其影響範圍是整頁網頁內容，可以讓我們重新定義 HTML 標籤來套用自訂樣式類別（Classes），如下所示：

```
<style type="text/css">
p  { font-size: 10pt;
     color: red; }
</style>
```

上述標籤在 HTML5 可以省略 type 屬性，如下所示：

```
<style>
p  { font-size: 10pt;
     color: red; }
</style>
```

外部連接的 CSS（External Style Sheet）

如果是針對整個 Web 網站的網頁，我們可以使用 <link> 標籤連接外部樣式表檔案，換句話說，只需建立一個樣式表檔案，就可以套用在網站的所有網頁，輕鬆建立一致顯示風格的網站外觀。

外部連結 CSS 是外部檔案，所有樣式不是放在 HTML 網頁中，而是自成獨立檔案，其副檔名為 **.css**。在建立外部樣式表檔案後，就可以套用現存 HTML 網頁，即在 <head> 區塊使用 <link> 標籤連接外部樣式表檔案，其基本語法如下所示：

```
<link rel="stylesheet" href="css_file" type="text/css">
```

- rel 屬性：連接的檔案類型，stylesheet 是 css。
- href 屬性：連接樣式檔案，可以是網站檔案或其他 URL 網址的樣式表檔案。
- type 屬性：連接類型，css 是 text/css，HTML5 不需要使用此屬性。

HTML網頁：ch3-6-2.html

在 HTML 網頁的 <p> 標籤套用 CSS 樣式的紅色字，可以看到在水平線下方的文字內容改為紅色字，如下圖所示：

標籤內容

```
01: <!DOCTYPE html>
02: <html>
03: <head>
04: <meta charset="utf-8"/>
05: <title>ch3-6-2.html</title>
06: <style>
07: p  { font-size: 10pt;
08:      color: red; }
09: </style>
10: </head>
11: <body>
12: <h3>HTML網頁+CSS</h3>
13: <hr/>
14: <p>第一頁HTML+CSS網頁</p>
15: </body>
16: </html>
```

標籤說明

● 第 7~8 列：CSS 樣式規則，重新定義 <p> 標籤的顯示樣式為紅色尺寸 10pt 的字型。

學習評量

選擇題

( ) 1. 請問下列哪一個並不是 HTML 網頁的組成區塊？

    A. <html>   B. <meta>   C. <head> D. <body>

( ) 2. 請問 HTML 標籤是使用下列哪一種符號括起的文字內容？

    A.「<...>」   B.「[...]」   C.「<?...?>」   D.「{...}」

( ) 3. 請問下列哪一個 HTML 標籤並不是同一個標籤？

    A. <head>   B. <heAD> C. <HEAD>   D. <h1>

( ) 4. 請問下列哪一個並不是 <head> 標籤的子標籤？

    A. <title>   B. <meta>   C. <form> D. <style>

( ) 5. 請問下列哪一個 HTML 標籤不是位在 <body> 區塊？

    A. <table>   B. <title>   C. <b>   D. <form>

( ) 6. 請問下列 <form> 標籤的哪一個屬性可以指定表單處理程式？

    A. name   B. method   C. action   D. enctype

( ) 7. 請指出在下列哪一種 HTML 表單欄位在輸入資料時，顯示的是星號或小圓點，而不是輸入的內容？

    A. 密碼欄位   B. 核取方塊   C. 選擇鈕   D. 文字方塊

( ) 8. 請問下列哪一種 HTML 表單欄位適合輸入一整篇文字內容？

    A. 文字方塊   B. 核取方塊   C. 選擇鈕   D. 多行文字方塊

( ) 9. 請問下列哪一種表單欄位是一種多選一的單選欄位？

    A. 文字方塊   B. 核取方塊   C. 選擇鈕   D. 密碼欄位

(   ) 10. 對於複選的清單方塊欄位，以 PHP 來說，下列哪一個可以是
HTML 清單方塊的欄位名稱，即 name 屬性值？

     A. $array   B. $item[]   C. items[]   D. item

簡答題

1. 請說明什麼是 HTML？HTML5 頁面的基本結構？

2. 請說明下列 HTML 標籤的用途，如下所示：

```
<meta>、<i>…</i>、<br/>、<hr/>、<ul><li>、<div>
```

3. 請說明項目符號和編號之間的差異為何？<div> 和 <span> 容器標籤之
間的差異為何？

4. 請問建立 HTML 表格至少需要使用哪些標籤？

5. 請寫出 HTML 表單的標籤架構？下拉式清單方塊是 _____ 標籤，
其 _____ 屬性值為 1，各選項是使用 _____ 標籤。選擇鈕和核
取方塊的預選選項需要設定 _____ 屬性。

6. 請舉例說明 CSS 基本語法？在 HTML 網頁套用 CSS 樣式有哪三種方
式？

實作題

1. 請使用 Visual Studio Code 建立 HTML 網頁，擁有一個 <h1> 標籤的
讀者姓名，在新增一個水平線後，就是地址資料的 <p> 標籤。

2. 請使用 Visual Studio Code 建立 HTML 網頁，可以將本章目錄各節名
稱，建立成清單項目。

3. 請使用 Visual Studio Code 建立 HTML 網頁，新增一個 3 X 4 表格。

4. 請使用 Visual Studio Code 建立 HTML 網頁，新增一張電腦訂購表單，可以輸入訂購者資料和選擇電腦的相關配備。

5. 請使用 Visual Studio Code 建立 HTML 網頁，新增個人資料的 HTML 表單來輸入姓名、性別、地址、選擇最高學歷和年收入等。

6. 請修改第 3-6-2 節的 HTML 網頁範例，改在 <a> 和 <p> 標籤使用 style 屬性來定義 CSS 樣式。

04

變數、資料型態和運算子

4-1 PHP 程式的撰寫風格

基本上，在撰寫程式碼時需要擁有良好的撰寫風格，如此才能夠讓程式碼更容易了解和維護，例如：有效的使用縮排，可以反應程式碼的邏輯和迴圈結構；適當的加上註解文字，可以讓程式碼更容易明白，方便維護程式碼。

4-1-1 程式敘述與結束符號

PHP 程式的「;」符號代表程式敘述的結束，告訴直譯器已經到達程式敘述的最後（PHP 程式範例：ch4-1-1.php），如下所示：

```php
<?php
echo "PHP與MySQL網頁設計<br/>";
?>
```

換句話說，在 PHP 程式碼只需使用「;」符號，就可以在同一列程式碼撰寫多個程式敘述，如下所示：

```php
<?php
echo "PHP與MySQL網頁"; echo "設計<br/>";
?>
```

上述程式碼在同一列有 2 列程式敘述。因為「?>」符號本身隱含就是 1 個結束符號，所以在最後一列程式敘述不用加上「;」，如下所示：

```php
<?php echo "PHP與MySQL網頁設計<br/>" ?>
```

上述程式碼也是輸出 1 個字串，但最後並沒有「;」結束符號。

4-1-2　註解

　　註解是原始程式碼很重要的部分，良好註解不但能夠輕易了解程式目的，讓程式設計者記得程式碼用途，對於小組開發更可在維護上提供更多資訊（PHP 程式範例：ch4-1-2.php）。

單行註解文字

　　PHP 註解文字是使用「//」符號開始的列，或在同一程式列位在「//」符號之後的文字內容都是註解文字，如下所示：

```
// 顯示歡迎訊息
print "<h2>Hello World!</h2>";  // 使用print輸出
```

區塊註解文字

　　註解文字如果需要跨越多行的區塊，請使用「/*」和「*/」符號括起註解文字，如下所示：

```
/*   顯示不同尺寸的
     歡迎使用訊息文字 */
```

　　請注意！PHP 程式碼的註解文字絕對不會在瀏覽器顯示，如果在瀏覽器看到註解文字，請再次檢查程式碼的註解文字，確認是否位在正確的位置，即位在「<?php」和「?>」中。

4-1-3　太長的程式碼

　　PHP 程式碼如果太長，基於程式編排需求，太長程式碼並不容易閱讀，我們可以分成多列，因為 PHP 是自由格式編排語言，如果程式碼需要分成兩列，直接分割即可（PHP 程式範例：ch4-1-3.php），如下所示：

```
print "<h2>對於太長的程式碼, " .
                "我們需要分成兩列.</h2>";
```

上述程式碼將字串分成兩列，分割字串需要使用字串連接運算子「.」連接 2 字串。請注意！不能直接將字串從中間分割，如下所示：

```
print "<h2>對於太長的程式碼, "
                "我們需要分成兩列.</h2>";
```

上述分割是直接分割字串，執行時就會產生錯誤。

4-2 變數的命名與宣告

PHP 程式是使用資料（Data）和指令（Instructions）所組成，資料是本章的變數（Variables）和資料型態（Data Types）。指令是本章的運算子、第 5 章的流程控制（Control Structures）和第 6 章的函數（Functions）。

4-2-1 PHP 的命名原則

變數可以儲存程式執行過程中的一些暫存資料，PHP 變數是使用「$」符號開頭的名稱，在程式碼之中除了變數外，我們還需要替常數、類別和函數命名。PHP 語言的命名原則，如下所示：

● 常數、類別和函數名稱不能使用 PHP 的「關鍵字」（Keywords），變數因為使用「$」符號開頭，雖然可以，但不建議如此命名。PHP 關鍵字清單的 URL 網址，如下所示：

```
https://www.php.net/manual/en/reserved.keywords.php
```

PHP Keywords				
__halt_compiler()	abstract	and	array()	as
break	callable	case	catch	class
clone	const	continue	declare	default
die()	do	echo	else	elseif
empty()	enddeclare	endfor	endforeach	endif
endswitch	endwhile	eval()	exit()	extends
final	finally	fn (as of PHP 7.4)	for	foreach
function	global	goto	if	implements
include	include_once	instanceof	insteadof	interface
isset()	list()	match (as of PHP 8.0)	namespace	new
or	print	private	protected	public
require	require_once	return	static	switch
throw	trait	try	unset()	use
var	while	xor	yield	yield from

Compile-time constants					
__CLASS__	__DIR__	__FILE__	__FUNCTION__	__LINE__	__METHOD__
__NAMESPACE__	__TRAIT__				

- 名稱需要使用英文字母或底線「_」開頭，在之後是不限長度的字母、數字和底線（字母是指英文字母 a~z 或 A~Z，和 ASCII 碼的 127(0x7f)~255(0xff)）。例如：一些合法的名稱範例，如下所示：

```
T, n, size, z100, long_name, _hello, _4size, Count
```

- 名稱區分英文字母的大小寫，例如：Count、count、cOunt 和 coUnt 都是不同的名稱。

- PHP 變數在「變數範圍」（Variable Scope）內需唯一，變數範圍的說明請參閱＜第 6-3-1 節：PHP 的變數範圍＞。

4-2-2 變數與指定敘述

　　PHP 變數是使用「$」符號開始的名稱，不同於其他程式語言的變數需要事先宣告，PHP 變數不需事先宣告，如果需要使用變數，直接使用指定敘述（即「=」等號）指定變數值即可，如下所示：

```
$std_name = "陳允傑";
$englishGrade = 85;     // 指定成整數
$no = "1234567";
```

上述程式碼指定變數值，變數 $std_name 的值是字串值 " 陳允傑 "，變數 $englishGrade 的值是整數值 85，關於變數資料型態的說明，請參閱第 4-4 節。

當然 PHP 程式碼可以再次使用指定敘述更改變數成為其他值，如下所示：

```
$englishGrade = "65";
```

上述變數 $englishGrade 值改為字串值 "65"，此時，變數資料型態也隨之變成字串。所以，PHP 變數的資料型態不是程式設計者決定，而是在執行 PHP 程式時，依照變數儲存內容來決定其資料型態。

程式範例：ch4-2-2.php

在 PHP 程式使用指定敘述指定 3 個變數值後，顯示這 3 個變數的值，如下圖所示：

程式內容

```
01: <!DOCTYPE html>
02: <html>
03: <head>
04: <meta charset="utf-8" />
05: <title>ch4-2-2.php</title>
06: </head>
07: <body>
08: <?php
09: // 變數與指定敘述
10: $std_name = "陳允傑";
11: $englishGrade = 85;    // 指定成整數
12: $no = "1234567";
13: $englishGrade = "60"; // 指定成字串
14: // 顯示變數的內容
15: print "姓名: " . $std_name . "<br/>";
16: print "學號: " . $no . "<br/>";
17: print "英文成績: " . $englishGrade;
18: ?>
19: </body>
20: </html>
```

程式說明

● 第 10~12 列：指定 3 個變數值，2 個變數為字串；1 為數字。

● 第 13 列：再次使用指定敘述更改變數 $englishGrade 的值，此時的資料型態改為字串。

● 第 15~17 列：顯示 3 個變數值。

4-2-3 指定成其他變數值和參考指定敘述

在第 4-2-2 節的指定敘述是將右邊的整數和字串值指定給變數，我們也可以指定成其他變數，將取得的變數值指定給變數，如下所示：

```
$nickname = $stdName;
```

上述「=」等號兩邊都是變數，可以將右邊變數 $stdName 的值複製到左邊變數 $nickname，所以，變數 $stdName 和 $nickname 擁有相同值，如下圖所示：

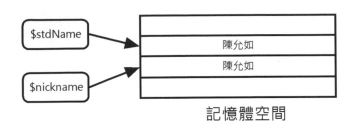

記憶體空間

上述 $stdName 和 $nickname 是兩個變數，所以分配不同的記憶體空間，只有變數值相同，都是 " 陳允如 "。在 PHP 除了指定敘述外，還提供「參考指定敘述」（Assign by Reference），此時的右邊變數是參考左邊的變數位址，如下所示：

```
$username = &$stdName;
```

上述程式碼使用「&」運算子參考 $stdName 變數。變數 $username 和 $stdName 是同一變數，更改 $username 變數值成 " 江小魚 "，就是在更改 $stdName 變數的值，如下圖所示：

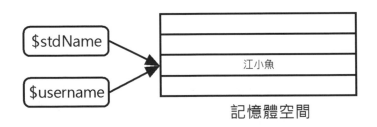

記憶體空間

上述變數 $stdName 和 $username 指向同一個記憶體位址，換句話說，同一記憶體位址有 2 個變數名稱，$username 可稱為 $stdName 變數的「別名」（Alias）。

程式範例：ch4-2-3.php

在 PHP 程式首先指定變數成為其他變數值後，使用變數的參考指定敘述來指定變數值，此時的 2 個變數是指向同一記憶體位址，相當於是同一個變數，如下圖所示：

上述學生姓名和綽號值相同，不過，這是 2 個變數，使用者名稱和學生姓名也相同，$username 是 $stdName 變數的別名。

程式內容

```
01: <!DOCTYPE html>
02: <html>
03: <head>
04: <meta charset="utf-8" />
05: <title>ch4-2-3.php</title>
06: </head>
07: <body>
08: <?php
09: // 指定變數值
10: $stdName  = "陳允如";
11: $nickname = $stdName;        // 指定變數值
12: print "學生姓名: " . $stdName . "<br/>";
13: print "學生綽號: " . $nickname . "<br/>";
14: $username = &$stdName;       // 參考變數$stdName
15: $username = "江小魚";        // 即指定變數$stdName的值
16: // 顯示變數的內容
```

→ 接下頁

```
17: print "學生姓名: " . $stdName . "<br/>";
18: print "使用者名稱: " . $username . "<br/>";
19: ?>
20: </body>
21: </html>
```

程式說明

- 第 11 列：變數 $stdName 和 $nickname 擁有相同變數值，這是 2 個不同的變數。

- 第 14 列：變數 $username 是變數 $stdName 的別名，這是有 2 個名稱的同一個變數。

- 第 15 列：更改 $username 變數值，也就是更改 $stdName 變數的值。

4-2-4　動態變數

PHP 動態變數是一種「變數的變數名稱」（Variable Variable Name）。首先宣告一個字串變數，如下所示：

```
$name = "myName";
```

上述變數 $name 的值是字串，我們可以將 $name 變數值的字串當成另一個變數的名稱，此時請使用 2 個「$」符號，如下所示：

```
$$name = "陳允東";
```

上述程式碼將變數 $name 的字串值當成變數名稱，也就是指定變數 $myName 的值是 " 陳允東 "。取得變數值可以使用 $myName 變數，或使用下列兩種方式，如下所示：

```
$username = $$name;
$username1 = ${$name};
```

上述程式碼使用 $$name 取得變數 $myName 的值，PHP 是使用樹狀結構儲存變數名稱，第一層 $name 的值是 myName，在下一層 $myName 的值是 " 陳允東 "，或加上「{」「}」大括號表示變數的階層關係。

 說明 請注意！echo 只能使用 ${$name} 方式取得變數 $myName 的值，如下所示：

```
echo "變數$$name = ${$name}<br/>";
```

上述程式碼的第 1 個 $$name 結果是 $myName，取得變數 $name 的值，${$name} 才能取得變數 $myName 的值。

程式範例：ch4-2-4.php

在 PHP 程式使用動態變數指定變數值，接著取出動態變數值後，顯示各變數的值，如下圖所示：

上述圖例的 $myName 變數是動態變數，$name 變數的值是動態變數名稱 myName。

程式內容

```
01: <!DOCTYPE html>
02: <html>
```

→ 接下頁

```
03: <head>
04: <meta charset="utf-8" />
05: <title>ch4-2-4.php</title>
06: </head>
07: <body>
08: <?php
09: // 指定變數值
10: $name = "myName";
11: $$name = "陳允東";   // 指定變數$myName的值
12: // 取出動態變數的值
13: $username = $$name;
14: $username1 = ${$name};
15: // 顯示變數內容
16: echo "變數\$name = $name<br/>";
17: echo "變數$$name = $myName<br/>";
18: echo "變數$$name = ${$name}<br/>";
19: echo "變數\$username = $username<br/>";
20: echo "變數\$username1 = $username<br/>";
21: ?>
22: </body>
23: </html>
```

程式說明

- 第 10~11 列：建立動態變數 $name 和指定其值。

- 第 13~14 列：分別使用兩種方式取得動態變數值。

- 第 16~20 列：顯示變數值，echo 顯示字串中使用 "\$" 逸出字元顯示 "$" 字元，詳見第 4-3-4 節。

4-2-5　echo() 和 print() 輸出網頁內容

　　PHP 的 echo() 和 print() 並不是真正的函數，這是 PHP 語言的建構子（Language Construct），在寫法上和函數稍有不同，可以使用函數方式加上括號，也可以不加括號（PHP 程式範例：ch4-2-5.php），如下所示：

```
echo("PHP的echo()使用<br/>");
echo "PHP的echo()使用<br/>";
print("PHP的print()使用<br/>");
print "PHP的print()使用<br/>";
```

如果需要輸出變數值，變數可以直接置於參數字串中，稱為字串內插（String Interpolation），如下所示：

```
echo "Hi! $name  $username1  $username2<br/>";
print("Hi! $name<br/>");
```

或使用字串連接運算子「.」來連接字串和變數，如下所示：

```
echo "Hi! " . $name . "<br/>";
print("Hi! " . $name . " " . $username1 . "<br/>");
```

事實上，echo() 和 print() 的最大差別，在於 echo() 可以使用「,」逗號分隔變數來同時顯示多個變數值，如下所示：

```
echo $username1,$username2;
```

4-2-6　常數的宣告與使用

在程式碼的常數是使用常數名稱取代固定數字或字串，與其說是變數，不如說是一種名稱轉換，將一些數值使用有意義的名稱來取代。

PHP 本身擁有一些內建常數（詳細說明請參閱本書後的章節），我們也可以在程式碼自行建立常數，PHP 常數是使用 define() 函數宣告和指定其值（一定需指定值），如下所示：

```
define("PI", 3.1415926);
define("AREA", "面積");
```

上述常數是字串常數和圓周率的常數，在 PHP 程式碼可以直接使用常數來計算圓面積。

 說明 PHP 的 const 關鍵字也可以建立常數，不過，只能用來在類別 class 宣告中建立常數，或建立常數陣列，並不能建立位在類別宣告外的常數，我們只能使用 define() 函數來建立常數。

程式範例：ch4-2-6.php

在 PHP 程式使用常數指定圓周率後，計算半經 15 和 35 的圓面積，如下所示：

```
圓面積 = PI * r * r
```

上述是圓面積的公式，r 是圓半徑，其執行結果如下圖所示：

程式內容

```
01: <!DOCTYPE html>
02: <html>
03: <head>
04: <meta charset="utf-8" />
05: <title>ch4-2-6.php</title>
06: </head>
07: <body>
08: <?php
```

→ 接下頁

```
09: define("PI", 3.1415926);   // 常數宣告
10: define("AREA", "面積");
11: // 計算圓的面積
12: print "圓半徑15的" . AREA . ": " . PI*15*15 . "<br/>";
13: print "圓半徑35的" . AREA . ": " . PI*35*35 . "<br/>";
14: ?>
15: </body>
16: </html>
```

程式説明

● 第 9~10 列：宣告常數 PI 和 AREA。

● 第 12~13 列：使用常數計算不同半徑的圓面積，請注意！常數 AREA 只能使用字串連接運算子，不能使用字串內插置於 print 後的字串中。

4-3 PHP 資料型態

　　程式語言的資料型態（Data Types）就是群組相同特性的資料，例如：文字資料群組成字串、數字資料群組成整數、有小數點是浮點數，True 和 False 是布林型態等。

　　PHP 語言支援：Boolean、Integer、Float、String、Array、Object、Callable、Resource、NULL、Union 和 Mixed 資料型態，本節內容並不包含 Callable、Array 和 Object 型態。

4-3-1 布林資料型態

　　「布林」（Booleans）資料型態變數值只能有 true 和 false 二種值，true 和 false 值不區分英文字母大小寫，True 和 False 也可以。例如：將變數指定成布林值（PHP 程式範例：ch4-3-1.php），如下所示：

```
$isPass = True;
```

```
$statusOn = true;
```

上述程式碼將變數 $isPass 和 $statusOn 指定成布林值 True。我們可以使用 var_dump() 函數顯示變數的資料型態和值，如下所示：

```
var_dump($isPass);
var_dump($statusOn);
```

在實務上，通常 PHP 布林變數是使用在邏輯或比較運算式，如下所示：

```
$myRate >= .05
```

上述運算式的結果是布林資料型態，可以使用在第 5 章的條件和迴圈控制作為條件判斷，決定繼續執行哪一個程式區塊的程式碼，或判斷迴圈是否結束，在第 4-4-4 節可以看到一些布林值的範例。

4-3-2　整數資料型態

「整數」（Integers）資料型態是指變數的資料是整數沒有小數點，PHP 整數範圍需視作業系統而定，通常是使用 32 位元有符號整數，其範圍是：-2147483648~2147483647（PHP 程式範例：ch4-3-2.php）。

整數包含 0、正整數和負整數，PHP 不支援無符號整數，整數值可以使用十進位、八進位和十六進位來表示，如下所示：

- 八進位:「0」開頭的整數值,每個位數的值為 0~7 的整數。

- 十六進位:「0x」開頭的數值,位數值為 0~9 和 A~F。

一些整數文字值(Literal,即整數值)的範例,如下表所示:

整數值	十進位值	說明
8765	8765	十進位整數
-234	-234	十進位的負整數
0234	156	八進位整數
0x1A	26	十六進位整數
0x3fc	1020	十六進位整數

例如:在宣告 5 個變數 $a~$e 後,分別指定成十進位、八進位和十六進位值,最後顯示這 5 個變數值,如下所示:

```
$a = 5678;    $b = -1234;
$c = 0234;    $d = 0x1A;
$e = 0x3fc;
echo "5678 = $a<br/>";   // 顯示變數值
echo "-1234 = $b<br/>";
echo "0234 = $c<br/>";
echo "0x1A = $d<br/>";
echo "0x3fc = $e<br/>";
```

上述程式碼雖然 PHP 變數 $c、$d 和 $e 是指定成八進位和十六進位值,但 echo 輸出會轉換成十進位值來顯示。var_dump() 函數的參數,可以傳入多個變數來顯示資料型態和值(使用逗號分隔),如下所示:

```
var_dump($a, $b, $c, $d, $e);
```

4-3-3　浮點數資料型態

「浮點數」（Floating Point Numbers）資料型態是指整數加上小數，例如：3.1415926、123.5677E-10 等，PHP 浮點數範圍需視作業系統而定，IEEE 格式是使用 64 位元的範圍：4.94065645841246544e-324~1.79769313486231570e308，其精確度可達 14 位小數點（PHP 程式範例：ch4-3-3.php）。

浮點數文字值可以使用科學符號的「e」或「E」符號代表 10 為底的指數。一些浮點數文字值的範例，如下表所示：

浮點數值	十進位值	說明
12.345	12.345	浮點數
1.2345e3	1234.5	使用 e 指數科學符號的浮點數
7E-4	0.0007	使用 E 指數科學符號的浮點數

同樣的，浮點變數的值可以使用 E 指數科學符號來指定變數值，但是，其輸出結果會自動轉換成十進位值。

4-3-4　字串資料型態

字串資料型態是指 PHP 變數值是一序列字元集合，進一步的字串說明請參閱＜第 7 章：陣列與字串＞，在這一節筆者只準備說明字串的文字值、字元文字值和逸出字元（PHP 程式範例：ch4-3-4.php）。

字串文字值

字串文字值（String Literal）是使用 0 或多個依序的字元使用單引號「'」或雙引號「"」括起的文字內容，如下所示：

```
'PHP+MySQL+AJAX網頁程式設計'
"Hello World!"
```

Escape 逸出字元

在字串中可以使用 Escape 逸出字元顯示一些無法使用鍵盤輸入的特殊字元，這是一些使用「\」符號開頭的字串，如下表所示：

Escape 逸出字元	說明
\n	LF，Line feed 換行符號
\r	CR，Enter 鍵
\t	Tab 鍵，定位符號
\\	「\」符號
\$	「$」符號
\"	「"」雙引號
\nnn	八進位表示的字元，n 表示為 0~7 的數字
\xnn	十六進位表示的字元，n 表示 0~9 和 A~F

例如：使用 Escape 逸出字元顯示定位符號、「"」和「\」符號，如下所示：

```
echo "換行\t符號<br/>";
echo "\"Escape\"逸出字元<br/>";
echo "'PHP'與MySQL網頁\\設計\\<br/>";
```

4-3-5　資源資料型態

「資源」(Resource)資料型態的變數是一種特殊變數，其內容是外部資源參考。例如：執行函數取得 MySQL 資料庫和檔案等，詳見之後章節的說明。

在 PHP 程式參考外部資源時，因為腳本語言引擎擁有「垃圾收集」(Garbage Collector)功能，程式設計者並不用擔心外部資源的記憶體空間配置問題，因為執行 PHP 程式時，腳本語言引擎就會自動歸還不再使用資源的記憶體空間。

4-3-6 NULL 資料型態

NULL 資料型態的值只能是 NULL，表示變數尚未指定值。變數值如果是 NULL，其原因如下所示：

● 變數被指定成 NULL。

● 變數尚未指定任何值。

● 變數使用 unset()（PHP 語言關鍵字）取消變數指定的值，所以成為 NULL。

NULL 資料型態的變數值是 NULL，不區分英文字母大小寫，如下所示：

```
$test1 = NULL;
$test2 = null;
```

4-3-7 混合和聯合型態

PHP 8 新增聯合型態（Union Type）和混合型態（Mixed Type），可以讓我們更靈活的在程式碼使用不同的資料型態。

聯合型態

聯合型態可以使用多種型態的值，而不是單一型態的值，在函數的參數、函數回傳型態和物件屬性都可以使用聯合型態（PHP 程式範例：ch4-3-7.php），如下所示：

```
function square(float|int $v): int|float {
    return $v ** 2;
}
```

上述函數參數 $v 的資料型態可以是 float 或 int(使用符號「|」分隔)，回傳值型態可以是 int 或 float，所以可以使用整數或浮點數呼叫 square() 函數，如下所示：

```
echo "square(2) = ".square(2)."<br/>";
echo "square(2.5) = ".square(2.5)."<br/>";
```

混合型態

混合型態 mixed 就是一種 PHP 的通用型態，相當於下列資料型態的聯合型態（PHP 程式範例：ch4-3-7a.php），如下所示：

string | int | float | bool | null | array | object | callable | resource

我們可以修改 ch4-3-7.php，改用混合型態來指定 square() 函數的參數型態和回傳值型態，如下所示：

```
function square(mixed $v): mixed {
    return $v ** 2;
}
```

4-4 PHP 運算子

在 PHP 指定敘述的「=」等號右邊是「運算式」（Expressions）。PHP 運算式是由「運算子」（Operators）和「運算元」（Operands）所組成，提供完整算術、指定、位元、比較和邏輯運算子。一些運算式的範例，如下所示：

```
$a + $b - 1
$a >= $b
$a > $b && $a > 1
```

上述運算式變數 $a、$b 和數值 1 是運算元「+」、「-」、「>=」、「>」
和「&&」為運算子。

4-4-1 運算子的優先順序

PHP 運算子有很多種，在同一運算式如果使用多種運算子，為了讓運
算式能夠得到相同的運算結果，運算式是使用運算子的預設優先順序來進
行運算，也就是我們所熟知的「先乘除後加減」口訣，如下所示：

```
$a + $b * 2
```

上述運算式先計算 $b*2 後才和 $a 相加，因為運算子優先順序「*」大
於「+」。PHP 運算子的優先順序（愈上面愈優先），如下表所示：

運算子	說明
clone、new	複製物件、新建物件
**	指數運算
~、++、--、(type)、@	位元運算 Not、遞增、遞減、型態迫換和錯誤控制運算子
instanceof	判斷是否是指定類別的物件
!	邏輯運算子 Not
*、/、%	算術運算子的乘法、除法和餘數
+、-、.	算術運算子的加法、減法和字串連接運算子
<<、>>	位元運算子的左移和右移
>、>=、<、<=	比較運算子的大於、大於等於、小於和小於等於
==、!=、===	比較運算子的等於、不等於和識別運算子
&	位元運算子 And
^	位元運算子 Xor
|	位元運算子 Or
&&	邏輯運算子 And
||	邏輯運算子 Or

→ 接下頁

運算子	說明
?:	條件控制運算子
=、op=	指定運算子
and	邏輯運算子 And
xor	邏輯運算子 Xor
or	邏輯運算子 Or

上表第三列的型態迫換運算子請參閱＜第 4-5 節：PHP 型態轉換＞，條件運算子「?:」是在運算式建立條件控制敘述，如同 if 條件敘述，詳細說明請參閱＜第 5 章：流程控制＞。PHP 邏輯運算子 And 和 Or 有兩種不同寫法，其差異只在運算子優先順序的不同。

4-4-2　算術運算子

「算術運算子」（Arithmetic Operators）就是我們常用的數學運算，運算元是整數或浮點數值。例如：變數 $a 的值為 18；$b 是 13，各種算術運算子的範例（PHP 程式範例：ch4-4-2.php），如下表所示：

運算子	說明	運算式範例	結果
-	負號	-$a (-18)	-18
*	乘法	$a * $b (18 * 13)	234
/	除法	$a / $b (18 / 13)	1.3846153846154
%	餘數	$a % $b (18 % 13)	5
+	加法	$a + $b (18 + 13)	31
-	減法	$a - $b (18 - 13)	5
**	指數	$a ** 2 (18 ** 2)	324

上表指數運算「**」的第 1 個運算元是底；第 2 個運算元是指數，18**2 就是 18^2=324。

4-4-3 遞增和遞減運算子

「遞增/遞減運算子」(Increment/Decrement Operators)是一種可以置於變數前或後執行加減運算的簡化寫法,如下表所示:

遞增和遞減運算子	說明
++	遞增運算,將值加一
--	遞減運算,將值減一

遞增/遞減運算子可以置於變數之前或之後,如果在前面,變數值立刻改變;如果在後面,在執行運算式後才改變,如下所示:

```php
<?php
$a = 10;  $b = 10;
?>
在後遞增運算: $a++ = <?php echo $a++ ?><br/>
運算後的結果: $a = <?php echo $a ?><br/>
在前遞減運算: --$b = <?php echo --$b ?><br/>
運算後的結果: $b = <?php echo $b ?><br/>
```

上述變數 $a 和 $b 初始值是 10,首先遞增運算子是在後 $a++,因為運算子在後,所以之後才改變,$a++ 值仍然為 10,運算後 $a 是 11。遞減運算子 --$b 的運算子在前,--$b 會先運算為 9,運算後 $b 仍然是 9。

程式範例:ch4-4-3.php

在 PHP 程式指定變數 $a 和 $b 的值後,測試遞增/遞減運算子的運算結果,如下圖所示:

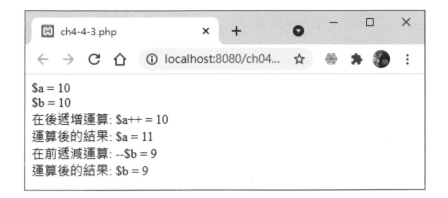

程式內容

```
01: <!DOCTYPE html>
02: <html>
03: <head>
04: <meta charset="utf-8" />
05: <title>ch4-4-3.php</title>
06: </head>
07: <body>
08: <?php
09: $a = 10;  $b = 10;  // 指定變數值
10: ?>
11: $a = <?php echo $a ?><br/>
12: $b = <?php echo $b ?><br/>
13: 在後遞增運算: $a++    = <?php echo $a++ ?><br/>
14: 運算後的結果: $a = <?php echo $a ?><br/>
15: 在前遞減運算: --$b = <?php echo --$b ?><br/>
16: 運算後的結果: $b = <?php echo $b ?><br/>
17: </body>
18: </html>
```

程式說明

- 第 9 列：指定整數變數 $a 和 $b 的值。

- 第 13~16 列：測試遞增 / 遞減運算子的運算結果。

4-4-4　比較與太空船運算子

比較運算子是用來比較 2 個運算元的大小，在 PHP 7 新增太空船運算子，提供另一種方式來進行 2 個運算元的比較。

比較運算子

「比較運算子」（Comparison Operators）主要是使用在第 5 章的迴圈和條件敘述的判斷條件，可以比較 2 個運算元。例如：變數 $a 的值為 23；變數 $b 的值為 24。比較運算子的範例（PHP 程式範例：ch4-4-4.php），如下表所示：

運算子	說明	運算式範例	結果
==	等於	$a == $b (23 == 24)	false
===	識別，不只值相等，資料型態也需相同	$a === $b (23 === 24)	false
!=	不等於	$a != $b (23 != 24)	true
<>	不等於	$a <> $b (23 <> 24)	true
<	小於	$a < $b (23 < 24)	true
>	大於	$a > $b (23 > 24)	false
<=	小於等於	$a <= $b (23 <= 24)	true
>=	大於等於	$a >= $b (23 >= 24)	false

上表不等於運算子有兩種寫法。請注意！ PHP 比較運算結果，true 是 1；false 是空字串。

太空船運算子

PHP 7 版支援「太空船運算子」（Spaceship Operators），也稱為組合比較運算子（Combined Comparison Operator），此運算子的行為類似 strcmp() 函數，可以比較 2 個運算式，其語法如下所示：

```
(運算式) <=> (運算式)
```

上述「<=>」符號是太空船運算子，可以比較左右 2 個運算式的運算元，如果 2 個運算元相等，傳回 0；左邊大，傳回 1；右邊大傳回 -1，使用的比較規則和「<」、「<=」、「==」、「>=」和「>」比較運算子完全相同，如下表所示：

比較運算子	太空船運算子	太空船運算子的結果
$a < $b	($a <=> $b)	-1
$a == $b	($a <=> $b)	0
$a > $b	($a <=> $b)	1

例如：比較整數值和字串值的太空船運算子範例（PHP 程式範例 ch4-4-4a.php），如下所示：

```
// 比較整數
echo 1 <=> 1; // 0
echo 3 <=> 4; // -1
echo 4 <=> 3; // 1
// 比較字串
echo "x" <=> "x"; // 0
echo "x" <=> "y"; // -1
echo "y" <=> "x"; // 1
```

4-4-5 邏輯運算子

「邏輯運算子」（Logical Operators）可以連接多個比較運算式來建立複雜的條件運算式（Conditional Expressions）。邏輯運算子的範例（PHP 程式範例：ch4-4-5.php），如下表所示：

運算子	範例	說明
!	!op	Not 運算，取得運算元相反的值，true 成 false；false 成 true
&&	op1 && op2	And 運算，連接的 2 個運算元都為 true，運算式為 true

運算子	範例	說明
||	op1 || op2	Or 運算，連接的 2 個運算元，任何一個為 ture，運算式為 true
and	op1 and op2	And 運算，連接的 2 個運算元都為 true，運算式為 true
or	op1 or op2	Or 運算，連接的 2 個運算元，任何一個為 ture，運算式為 true
xor	op1 xor op2	Xor 運算，連接的 2 個運算元，只需任何一個為 true，結果為 true；如果同為 false 或 true 時結果為 false

上表 And 和 Or 運算子擁有兩種不同寫法，其差異只在運算子優先順序的不同。

4-4-6　位元運算子

「位元運算子」（Bitwise Operators）能夠進行二進位值的位元運算，提供向左移或右移幾個位元或 Not、And、Xor 和 Or 的位元運算，如下表所示：

運算子	範例	說明
~	~op	位元的 Not 運算也就是 1' 補數運算元，即位元值的相反值，1 成 0；0 成 1
&	op1 & op2	位元的 And 運算，2 個運算元的位元值相同是 1 時為 1，如果有一個為 0，就是 0
|	op1 | op2	位元的 Or 運算，2 個運算元的位元值只需有一個是 1，就是 1；否則為 0
^	op1 ^ op2	位元的 Xor 運算，2 個運算元的位元值只需任一個為 1，結果為 1，如果同為 0 或 1 時結果為 0
<<	op1 << op2	op1 運算元向左位移 op2 個位元，每位移 1 位元相當於乘以 2
>>	op1 >> op2	op1 運算元向右位移 op2 個位元，每位移 1 位元相當於除以 2

一些 PHP 位元運算的範例（PHP 程式範例：ch4-4-6.php），如下表所示：

運算子	範例	十進位運算式	二進位運算式	說明
~	~$a	~1=-2	~01=10	1 成 0；0 成 1
<<	$c << 2	3<<2 = 11	11<<2=1100	左移 2 個位元，所以補 2 個 0
>>	$b >> 1	2>>1 = 1	10>>1=1	右移 1 個位元，刪除 1 個 0 成為 1
&	$a & $c	1&3=1	01&11=01	2 個都是 1 才為 1；否則 0
^	$a ^ $b	1^2=3	01^10=11	不同是 1；相同是 0
|	$a | $b	1|2=3	01|10=11	任 1 個為 1，就是 1

例如：3 << 2 = 12，如下所示：

```
十進位      二進位
    3   00000011
    6   00000110  <<1，向左移1位元，右邊填入0
   12   00001100  <<2，向左移2位元，右邊填入0
```

Not、And、Or 和 Xor 的位元運算結果（a 和 b 代表一個位元），如下表所示：

a	b	~a	~b	a & b	a | b	a ^ b
1	1	0	0	1	1	0
1	0	0	1	0	1	1
0	1	1	0	0	1	1
0	0	1	1	0	0	0

4-4-7　字串連接運算子

字串連接運算子「.」可以連接 2 個字串成為一個字串。字串連接運算子的範例（PHP 程式範例：ch4-4-7.php），如下表所示：

運算子	說明	運算式範例
.	字串連接	"ab"."cd" = "abcd"
		"PHP 與 MySQL 網頁 "." 設計 " = "PHP 與 MySQL 網頁設計 "

4-4-8　指定運算子

指定運算子除了第 4-2-2 節的指定敘述「=」外，指定運算子還可以配合其他運算子建立「組合運算式」（Combined Operators），能夠建立更簡潔的算術、比較或位元運算式，如下表所示：

運算子	範例	相當的運算式	說明
=	$x = $y	N/A	指定敘述
+=	$x += $y	$x = $x + $y	加法
.=	$x .= $y	$x = $x . $y	字串連接
-=	$x -= $y	$x = $x - $y	減法
*=	$x *= $y	$x = $x * $y	乘法
/=	$x /= $y	$x = $x / $y	除法
%=	$x %= $y	$x = $x % $y	餘數
**=	$x **= $y	$x = $x ** $y	指數
<<=	$x <<= $y	$x = $x << $y	位元左移 y 位元
>>=	$x >>= $y	$x = $x >> $y	位元右移 y 位元
&=	$x &= $y	$x = $x & $y	位元 And 運算
|=	$x |= $y	$x = $x | $y	位元 Or 運算
^=	$x ^= $y	$x = $x ^ $y	位元 Xor 運算

4-5　PHP 型態轉換

「資料型態轉換」（Type Conversions）是因為運算式的運算元可能擁有多個不同資料型態的變數或數值。例如：在運算式中擁有整數和浮點數的變數或數值時，就需執行型態轉換。

4-5-1 自動型態轉換

「自動型態轉換」（Automatic Type Conversions）不需特別語法，在運算式如果擁有不同型態的運算元，PHP 就會將儲存資料自動轉換成指定資料型態，如下表所示：

運算元 1	運算元 2	轉換成
整數	浮點數	浮點數
整數	整數字串	字串轉換成整數
浮點數	整數字串	字串轉換成浮點數
浮點數	浮點數字串	字串轉換成浮點數

上表整數字串和浮點數字串是指字串內容是數值資料。例如：宣告 2 個變數 $a 和 $b，首先是整數和浮點數，所以加法運算結果是浮點數，如下所示：

```
$a = 12;    $b = 23.45;
$c = $a + $b;   // 整數轉成浮點數
echo "整數(12) + 浮點數('23.45') = $c<br/>";
```

上述程式碼輸出的是浮點數變數 $c。然後，更改變數 $a 成為字串，如下所示：

```
$a = "12";
$c = 2 + $a;   // 字串轉成整數
echo "整數(2) + 整數字串('12') = $c<br/>";
```

上述程式碼會將變數 $a 轉換成整數，因為是加上整數；如果加上的是浮點數，變數 $a 就會轉換成浮點數，如下所示：

```
$c = 4.5 + $a;   // 字串轉換成浮點數
echo "浮點數(4.5) + 整數字串('12') = $c<br/>";
```

在 PHP 程式範例：ch4-5-1.php 指定整數、浮點數和字串變數值後，測試 PHP 的自動型態轉換，如下圖所示：

整數(12) + 浮點數('23.45') = 35.45
整數(2) + 整數字串('12') = 14
浮點數(4.5) + 整數字串('12') = 16.5
浮點數(5.5) + 浮點數字串('13.4') = 18.9

4-5-2 強迫型態轉換

PHP 運算子預設會自動執行型態轉換，不過，有時轉換結果並非預期結果，此時，PHP 可以使用「型態迫換運算子」（Cast Operator）在運算式強迫轉換資料型態，如下表所示：

型態迫換運算子	說明
(int)、(integer)	強迫轉換成整數
(real)、(double)、(float)	強迫轉換成浮點數
(string)	強迫轉換成字串
(array)	強迫轉換成陣列
(object)	強迫轉換成物件

型態迫換運算子的語法，如下所示：

```
(型態名稱) 運算式或變數
```

上述語法可以將運算式或變數強迫轉換成前面括號的型態。例如：取得除法 27/5 結果的整數部分，就可以使用型態迫換運算子，將運算結果的浮點數轉換成整數，例如：$a=27、$b=5，如下所示：

```
$c = (int) ($a / $b);
```

上述程式碼將變數 $a 和 $b 的運算結果強迫轉換成整數。

程式範例：ch4-5-2.php

在 PHP 程式指定 2 個整數變數值，然後計算強迫型態轉換成整數的相除結果，相當於是整數除法，如下圖所示：

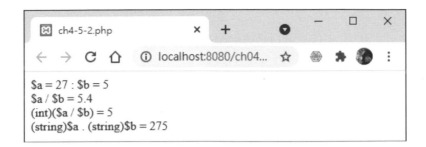

上述圖例的執行結果可以看到強迫型態轉換的結果為 5，最後一列將變數強迫型態轉換成字串後，連接 2 個字串的結果是 275。

程式內容

```
01: <!DOCTYPE html>
02: <html>
03: <head>
04: <meta charset="utf-8" />
05: <title>ch4-5-2.php</title>
06: </head>
07: <body>
08: <?php
09: // 指定變數值
10: $a = 27;  $b = 5;
11: echo "\$a = $a : ";
12: echo "\$b = $b<br/>";
13: $c = $a / $b;
14: echo "\$a / \$b = $c<br/>";
15: $c = (int) ($a / $b);
16: echo "(int)(\$a / \$b) = $c<br/>";
17: $c = (string) $a . (string) $b;
18: echo "(string)\$a . (string)\$b = $c<br/>";
19: ?>
20: </body>
21: </html>
```

● 第 10 列：指定 2 個整數變數值。

● 第 13 列：沒有型態轉換的除法。

● 第 15 列：強迫型態轉換除法，相當於是整數除法。

● 第 17 列：連接 2 個強迫型態轉換成字串的整數變數。

學習評量

選擇題

(　　) 1. 請問下列哪一個是 PHP 程式敘述的結束符號？

　　　　A.「;」　　　　　　B.「:」　　　　C.「!」　　　　D.「|」

(　　) 2. 在 PHP 程式是使用下列哪一個符號開始的列，或程式列位在此
　　　　符號之後的文字內容都是註解文字？

　　　　A. <?php　?>　　　B. <!-- -->　　C.「'」　　　　D.「//」

(　　) 3. 請問 PHP 變數是使用下列哪一個符號開頭的名稱？

　　　　A.「@」　　　　　　B.「$」　　　　C.「&」　　　　D.「%」

(　　) 4. 請問下列哪一個並不是 PHP 合法的變數名稱？

　　　　A. $numOfusers　　B. $num_of_users

　　　　C. $number　　　　D. $num-of-users

(　　) 5. PHP 常數是使用下列哪一個函數宣告和指定其值？

　　　　A. echo()　　　　　B. print()　　　C. define()　　　D. phpinfo()

(　) 6. 請問下列哪一個 PHP 資料型態變數只有 2 種值 true 和 false？

　　　　A. 布林　　　　　B. 整數　　　　C. 浮點數　　　D. 字串

(　) 7. 請問數學運算式：7+3*4-5 的運算結果是什麼？

　　　　A. 13　　　　　　B. 14　　　　　C. 15　　　　　D. 17

(　) 8. 請問下列哪一個 PHP 運算子的優先順序最高？

　　　　A.「+」　　　　　B.「*」　　　　C.「/」　　　　D.「++」

(　) 9. 請問下列哪一個是 PHP 的指數運算子？

　　　　A.「%」　　　　　B.「**」　　　　C.「+」　　　　D.「pow」

(　) 10. 請問下列哪一個 PHP 運算子也是 or 運算子？

　　　　A.「&」　　　　　B.「&&」　　　C.「||」　　　　D.「!」

簡答題

1. PHP 名稱是使用英文字母或 _____ 開頭。請說明 PHP 變數的命名原則？

2 請說明指定敘述和參考指定敘述有何不同？

3. 請舉例說明什麼是 PHP 動態變數？混合和聯合型態是什麼？

4. 請問何謂 PHP 遞增 / 遞減運算子（Increment/Decrement Operators），運算子置於變數前或後之差異為何？什麼是太空船運算子？

5. 請使用表格寫出 PHP 邏輯運算子的真假值表？

6. 請寫出下列 PHP 變數的資料型態，如下所示：

```
$a = 145;
$b = 256.123;
$c = FALSE;
$d = NULL;
$e = "This is a pen.";
```

7. 請寫出下列整數值的十進位值，如下所示：

```
5678、-1234、0145、0x2A、0x3fd
```

8. 如果變數 $a 的值為 22；$b 為 23；$c 是 25，請寫出下列運算式的運算結果，如下所示：

```
$a * $b + $c
(int) ($c / $a)
$a < $b
$a === $b
$a > $c && $a < $b
$a <= $b || $b > $c
$a >> 1
$c << $a
```

實作題

1. 請建立 PHP 程式宣告 1 個整數變數、2 個浮點數變數，分別指定初值為 250，11.22 和 23.45，最後將變數值都顯示出來。

2. 請建立 PHP 程式指定 2 個變數 $x 和 $y 值為 33 和 88，在計算其和後，將變數值和運算結果都顯示出來。

3. 變數 $a 是 15，$b 是 5，請建立 PHP 程式計算數學運算式 ($a + $b) * ($a - $b) 的值。

4. 請在 PHP 程式宣告常數，其值為美金匯率，然後計算 2500 美金換算成新台幣是多少錢？

5. 請建立 PHP 程式，圓周長公式是：2*PI*r，在宣告常數 PI 後，計算半徑 25 的圓周長。

6. 現在有 250 個蛋，一打是 12 個，請建立 PHP 程式計算 500 個蛋是幾打，還剩下幾個蛋。

05

流程控制

5-1 結構化程式設計的基礎

結構化程式設計是一種軟體開發方法，這是用來組織和撰寫程式碼的技術，可以幫助我們建立良好品質的程式碼。

5-1-1 結構化程式設計

「結構化程式設計」（Structured Programming）是使用由上而下設計（Top-down Design）方法來解決問題，在進行程式設計時，首先將程式分解成數項主功能，然後一一從各項主功能出發，找出下一層的子功能。

在下一層的每一個子功能是使用 1 至多個控制結構所組成的程式碼，這些控制結構只有單一進入點和離開點，可以使用三種流程控制結構：循序結構（Sequential）、選擇結構（Selection）和重複結構（Iteration）來組合建立程式碼（如同三種積木），如下圖所示：

簡單的說，每一個子功能的程式碼是使用三種流程控制結構連接的程式碼，也就是從一個控制結構的離開點，連接至另一個控制結構的進入點，結合多個不同流程控制結構來撰寫程式碼。如同小朋友在玩堆積木遊戲，三種控制結構是積木方塊，進入點和離開點是積木方塊上的連接點，透過這些連接點就可以組合出成品。例如：一個循序結構連接 1 個選擇結構的程式碼，如下圖所示：

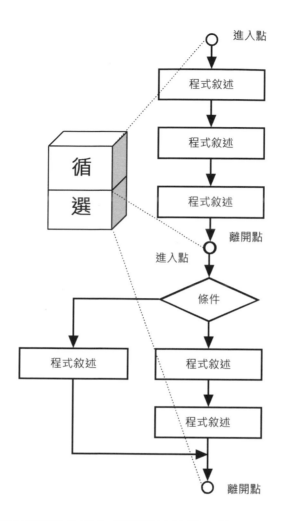

我們除了可以使用進入點和離開點連接積木外，還可以使用巢狀結構連接流程控制結構，如同在積木盒子中放入其他積木的小盒子（例如：巢狀迴圈），如下圖所示：

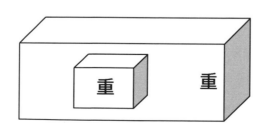

基本上，結構化程式設計的主要觀念有三項，如下所示：

- 由上而下設計方法（前述）。

- 流程控制結構（本章）。

- 模組（即第 6 章的函數）。

5-1-2　流程控制結構

程式語言撰寫的程式碼大部分是一行指令接著一行指令循序的執行，但是對於複雜工作，為了達成預期的執行結果，我們需要使用「流程控制結構」（Control Structures）來改變執行順序。

循序結構（Sequential）

循序結構是程式預設的執行方式，也就是一個程式敘述接著一個敘述依序的執行（在流程圖上方和下方的連接符號是控制結構的單一進入點和離開點，循序結構只有一種積木），如右圖所示：

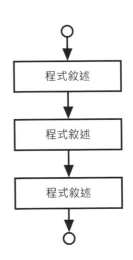

選擇結構（Selection）

選擇結構是一種條件判斷的選擇題，分為單選、二選一或多選一三種。程式執行順序是依照關係或比較運算式的條件，決定執行哪一個程式區塊的程式碼（在流程圖上方和下方的連接符號是控制結構的單一進入點和離開點，從左至右依序是單選、二選一或多選一共三種積木），如下圖所示：

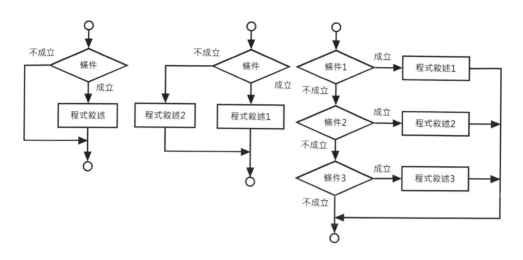

選擇結構如同從公司走路回家，因為回家的路不只一條，當走到十字路口時，你可以決定向左、向右或直走，雖然最終都可以到家，但經過的路徑並不相同，也稱為「決策判斷敘述」（Decision Making Statements）。

重複結構（Iteration）

重複結構就是迴圈控制，可以重複執行一個程式區塊的程式碼，提供結束條件結束迴圈執行，依結束條件測試的位置不同分為兩種：前測式重複結構（左圖）和後測式重複結構（右圖），如下圖所示：

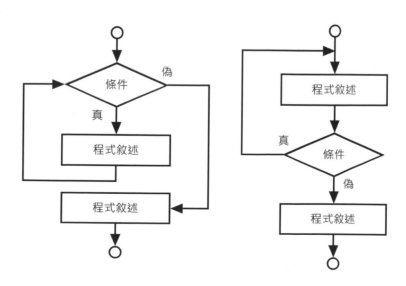

重複結構有如搭乘環狀的捷運系統回家，因為捷運系統一直環繞著軌道行走，上車後可依不同情況來決定蹺幾圈才下車，上車是進入迴圈；下車是離開迴圈回家。

現在，我們可以知道循序結構有 1 種積木；選擇結構共有 3 種積木；重複結構有 2 種積木，結構化程式設計就是使用這 6 種積木的排列組合，如同使用六種樂高積木來建構出模型玩具的程式碼。

5-2 條件敘述

PHP 條件敘述可以分為：單選、二選一或多選一等幾種，條件運算子「?:」和 Match 運算式可以建立單行程式碼的條件控制。

5-2-1 if 單選條件敘述

if 條件敘述是一種是否執行的單選題，如果條件運算式的結果為 true，就執行程式區塊的程式碼；否則就不執行。在日常生活中，單選的情況十分常見，我們常常需要判斷氣溫是否有些涼，需要加件衣服；如果下雨需帶把傘，例如：絕對值處理是當輸入整數值為負值時，加上負號改為正值；如為正整數就不用處理，如下所示：

```php
if ( $value < 0 ) {
   $value = -$value;
}
```

上述 if 條件敘述是當變數 $value 的值小於 0 時為 true（PHP 運算式值 0、0.0、NULL 或空字串都視為 false），就加上負號改為正值，如果 false 就不執行程式區塊，其流程圖（ch5-2-1.fpp，可用書附 fChart 工具來開啟和執行流程圖）如下圖所示：

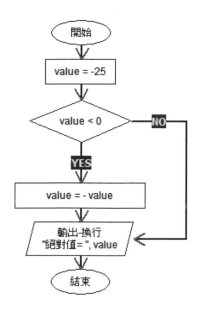

上述變數 value 值是負值，條件成立，所以加上負號成為正值。如果 if 條件為 true 時只會執行一列程式碼，我們可以省略前後的大括號。例如：判斷成績是否及格的 if 條件，如下所示：

```
if ( $grade >= 60)
    print $name. "成績: ". $grade . "及格!<br/>";
```

上述 if 條件的流程圖（ch5-2-1a.fpp），因為成績是 75，條件成立，所以顯示成績及格，如下圖所示：

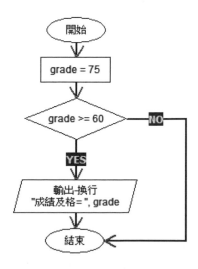

程式範例：ch5-2-1.php

在 PHP 程式使用 if 條件敘述依成績判斷條件，顯示成績及格的訊息文字，和顯示變數的絕對值，如下圖所示：

上述圖例顯示成績 75 分及格，在下方是 -25 的絕對值 25。

程式內容

```
01: <!DOCTYPE html>
02: <html>
03: <head>
04: <meta charset="utf-8" />
05: <title>ch5-2-1.php</title>
06: </head>
07: <body>
08: <?php
09: $grade = 75;    // 指定變數值
10: $name = "陳會安";
11: // if條件敘述
12: if ( $grade >= 60)
13:    print $name. "成績: ". $grade . "及格!<br/>";
14: $value = -25;   // 指定變數值
15: // if條件敘述
16: if ( $value < 0 ) {
17:    $value = -$value;
18: }
19: print "絕對值= ". $value . "<br/>";
20: ?>
21: </body>
22: </html>
```

程式說明

- 第 9~10 列：指定變數 $grade 和 $name 值，$grade 變數的成績值是 75 分。

- 第 12~13 列：if 條件敘述判斷成績，因為條件成立，所以執行第 13 列 顯示變數值和文字內容。

- 第 14 列：指定負值的變數。

- 第 16~18 列：if 條件敘述處理絕對值，如果條件成立就執行第 17 列的 程式碼，將值加上負號改為正值。

5-2-2 if/else 二選一條件敘述

日常生活的二選一條件敘述是一種二分法，可以將一個集合分成二種 互斥的群組，超過 60 分屬於成績及格群組；反之為不及格群組，身高超 過 120 公分是購買全票的群組；反之是購買半票的群組。

PHP 的 if 條件可以加上 else 敘述，當 if 條件為 true 時，執行到 else 之間的程式區塊，false 執行 else 之後的程式區塊。例如：學生成績是以 60 分區分為及格和不及格的 2 個群組，if/else 條件敘述如下所示：

```
if ( $grade >= 60 ) {
   print $name. "成績及格!<br/>";
} else {
   print $name. "成績不及格!<br/>";
}
```

上述 if/else 條件的程式碼因為成績條件有排它性，60 分以上是及格 分數，60 分以下是不及格，所以只會執行其中一個程式區塊，其流程圖 （ch5-2-2.fpp）如下圖所示：

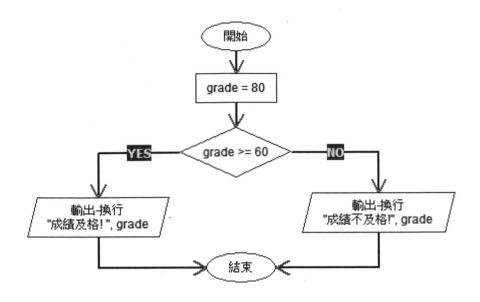

上述流程圖因為成績是 80，條件成立，所以顯示成績及格，在 fChart 工具按二下 grade = 80 的流程圖符號，可以更改成績值，在按**確定鈕**更改後，即可重新執行流程圖，如下圖所示：

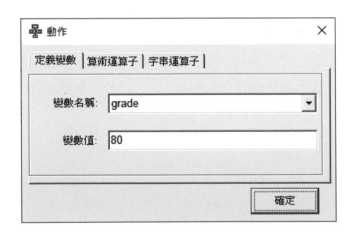

程式範例：ch5-2-2.php

在 PHP 程式使用 if/else 條件敘述判斷學生成績是否及格，如下圖所示：

上述圖例因為學生江小魚的成績超過 60 分，所以顯示成績及格的訊息文字。

程式內容

```
01: <!DOCTYPE html>
02: <html>
03: <head>
04: <meta charset="utf-8" />
05: <title>ch5-2-2.php</title>
06: </head>
07: <body>
08: <?php
09: $name = "江小魚";   // 指定變數值
10: $grade = 80;
11: // if/else條件敘述
12: if ( $grade >= 60 ) {
13:    print $name. "成績及格!<br/>";
14: } else {
15:    print $name. "成績不及格!<br/>";
16: }
17: ?>
18: </body>
19: </html>
```

程式說明

● 第 9~10 列：指定學生姓名和成績的變數值。

● 第 12~16 列：if/else 條件敘述，如果條件成立，就執行第 13 列的程式碼，否則執行第 15 列的程式碼。

5-2-3 if/elseif 多選一條件敘述

如果擁有多個條件而且只能選其中之一的情況時（不可複選），就是使用 PHP 的多選一條件敘述，可以依照條件判斷執行不同程式區塊的程式碼，在 PHP 的多選一條件敘述有兩種寫法：這一節是 if/else 條件的延伸，在第 5-2-4 節說明 switch 多條件敘述。

PHP 的 if/elseif 多選一條件敘述是重複使用 elseif 條件來建立多選一條件敘述。例如：使用 if/elseif 多選一條件敘述建立成績範圍檢查的條件判斷，如下所示：

```
if ( $grade >= 80 ) {
    print "甲等!<br/>";
}
elseif ( $grade >= 70 ) {
        print "乙等!<br/>";
    }
elseif ( $grade >= 60 ) {
            print "丙等!<br/>";
        }
        else {
            print "丁等!<br/>";
        }
```

上述 if/elseif 條件是一種巢狀條件，從上而下如同階梯一般，一次判斷一個 if 條件，如果為 true，就執行程式區塊，和結束整個多選一條件敘述；如果為 false，就重複使用 elseif 條件再進行下一次判斷，其流程圖（ch5-2-3.fpp）如下圖所示：

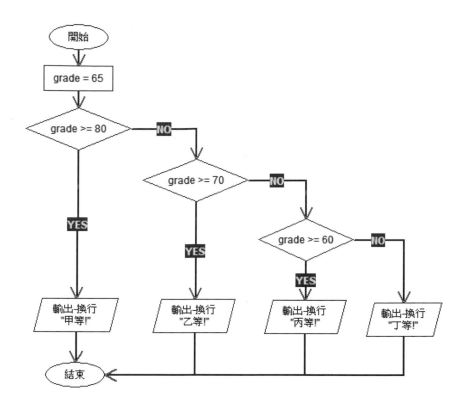

上述流程圖的判斷條件依序是判斷成績 grade>=80、>=70 和 >=60。

程式範例：ch5-2-3.php

在 PHP 程式使用學生成績作為判斷條件，可以使用 if/elseif 多選一條件判斷成績是甲等、乙等、丙等或丁等，如下圖所示：

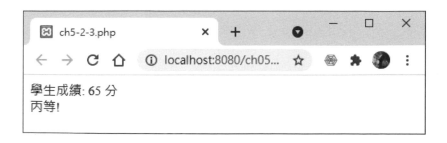

```
01: <!DOCTYPE html>
02: <html>
03: <head>
04: <meta charset="utf-8" />
05: <title>ch5-2-3.php</title>
06: </head>
07: <body>
08: <?php
09: $grade = 65;  // 指定變數值
10: echo "學生成績: $grade 分<br/>";
11: // if/else/if條件敘述
12: if ( $grade >= 80 ) {
13:     print "甲等!<br/>";
14: }
15: elseif ( $grade >= 70 ) {
16:         print "乙等!<br/>";
17:     }
18: elseif ( $grade >= 60 ) {
19:             print "丙等!<br/>";
20:         }
21:         else {
22:             print "丁等!<br/>";
23:         }
24: ?>
25: </body>
26: </html>
```

程式說明

● 第 12~23 列：使用 if/elseif 多選一條件判斷顯示成績是甲等、乙等、
丙等或丁等。

5-2-4 switch 多選一條件敘述

PHP 提供 switch 多選一條件敘述，switch 條件敘述比較清楚明白，程式碼也比較簡潔，因為只有 1 個判斷條件，直接依符合條件來執行不同區塊的程式碼。例如：將學生 GPA 成績轉換成百分計算的成績範圍，switch 多選一條件敘述，如下所示：

```
switch ( $GPA ) {
   case 'A':
      print "學生成績超過80<br/>";
      break;
   case 'B':
      print "學生成績超過70,低於80<br/>";
      break;
   case 'C':
      print "學生成績超過60,低於70<br/>";
      break;
   default:
      print "學生成績不及格<br/>";
}
```

上述程式碼比較成績 A、B 和 C 來顯示不同成績範圍，每一個 case 條件比較相當於是「==」等於運算子，符合就執行 break 關鍵字前的程式碼，請注意！每一個條件都需要使用 break 關鍵字跳出條件敘述。

最後 default 敘述並非必要敘述，此為例外條件，如果 case 條件都沒有符合，就執行 default 程式區塊，其流程圖（ch5-2-4.fpp，使用 ASCII 碼代表 A、B 和 C）如下圖所示：

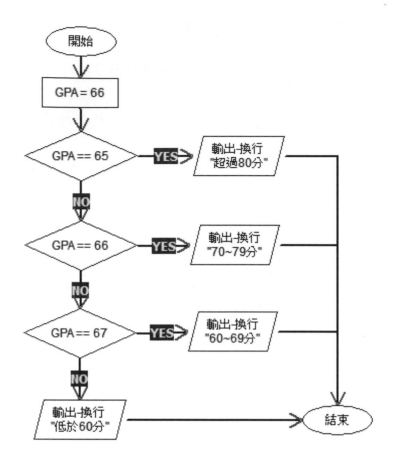

程式範例：ch5-2-4.php

在 PHP 程式使用 switch 多選一條件敘述顯示學生 GPA 成績的範圍，如下圖所示：

程式內容

```
01: <!DOCTYPE html>
02: <html>
03: <head>
04: <meta charset="utf-8" />
05: <title>ch5-2-4.php</title>
06: </head>
07: <body>
08: <?php
09: $GPA = 'B';   // 指定變數值
10: echo "學生成績: $GPA<br/>";
11: switch ( $GPA ) { // switdh條件敘述
12:     case 'A':
13:         print "學生成績超過80<br/>";
14:         break;
15:     case 'B':
16:         print "學生成績超過70,低於80<br/>";
17:         break;
18:     case 'C':
19:         print "學生成績超過60,低於70<br/>";
20:         break;
21:     default:
22:         print "學生成績不及格<br/>";
23: }
24: ?>
25: </body>
26: </html>
```

程式說明

● 第9列：指定學生成績字串值是 A、B、C 或 D。

● 第 11~23 列：使用 switch 多選一條件顯示 GPA 的成績範圍，雖然 switch 條件敘述比 if/elseif 條件敘述來的簡潔，但只適用等於「==」的條件判斷。

5-2-5 「?:」條件運算子

PHP 條件運算子「?:」是用在指定敘述,可以使用條件來指定變數值,如下所示:

```
$hour = ($hour >= 12) ? $hour-12 : $hour;
```

上述指定敘述的「=」號右邊是條件運算子,如同 if/else 條件,使用「?」符號代替 if,「:」符號代替 else,如果條件成立,就將變數指定成「?」和「:」之間的運算式,否則是「:」之後的運算式。

以此例「?:」條件運算子指定變數 $hour 的值,如果條件為 true,$hour 變數值為 $hour-12;false 是 $hour,其流程圖與 if/else 相似。

程式範例:ch5-2-5.php

在 PHP 程式使用條件運算子判斷時間是上午 AM 還是下午 PM,和將 24 小時制改為 12 小時制,如下圖所示:

上述圖例的變數值是 24 小時制的 20,12 小時制就是下午 8 點。

程式內容

```
01: <!DOCTYPE html>
02: <html>
03: <head>                                    → 接下頁
```

```
04: <meta charset="utf-8" />
05: <title>ch5-2-5.php</title>
06: </head>
07: <body>
08: <?php
09: // 指定變數值
10: $hour = 20;
11: // 條件敘述運算子
12: $str = ($hour >= 12) ? " PM" : " AM";
13: $hour = ($hour >= 12) ? $hour-12 : $hour;
14: print "目前時間為: " . $hour . $str;
15: ?>
16: </body>
17: </html>
```

程式説明

● 第 10 列：指定整數變數 $hour 值。

● 第 12 列：「?:」條件運算式判斷時間是 12 小時制的上午或下午。

● 第 13 列：「?:」條件運算式在判斷變數值後，將 24 小時制改為 12 小時制。

5-2-6　Match 運算式

PHP 8 的 Match 運算式可以取代 switch 和 if/elseif 多選一條件的功能來指定變數值，Match 運算式並不需要 'case' 和 'break' 結構，而是在大括號中，使用「,」逗點來分隔多個條件。

將 switch 條件改成 Match 運算式：ch5-2-6.php

首先，我們準備將第 5-2-4 節 ch5-2-4.php 的 switch 條件改成 Match 運算式，如下所示：

```
$GPA = 'B';
$msg = match($GPA) {
    'A' => "學生成績超過80<br/>",
    'B' => "學生成績超過70,低於80<br/>",
    'C' => "學生成績超過60,低於70<br/>",
    default => "學生成績不及格<br/>"
};
```

上述 match() 的括號中是變數 $GPA，在大括號中共有 4 個條件，在「=>」前是條件值 'A'、'B'、'C' 和 default，之後是條件成立指定成的變數值，default 是例外條件，當沒有符合條件時，就指定成 default 後的值。

將 if/elseif 條件改成 Match 運算式：ch5-2-6a.php

同理，我們也可以將第 5-2-3 節的 ch5-2-3.php 的 if/elseif 多選一條件改成 Match 運算式，如下所示：

```
$grade = 65;
$result = match(true) {
    $grade > 80  => "甲等!<br/>",
    $grade >= 70 => "乙等!<br/>",
    $grade >= 60 => "丙等!<br/>",
    defulat => "丁等!<br/>"
};
```

上述 match() 括號中是 true，在「=>」前是各種條件，當條件成立，就將變數 $result 指定成之後的變數值。

5-3 迴圈結構

PHP 迴圈結構可以在迴圈開始或結尾測試結束條件，以便建立流程控制所需重複執行程式區塊的程式碼。

5-3-1　for 計數迴圈

　　PHP 的 for 迴圈是一種簡化版的 while 迴圈（詳見第 5-3-2 節），可以執行固定次數的程式區塊，在迴圈語法中就有計數器變數，計數器每次增加或減少一個固定值，直到到達迴圈的結束條件為止。

for 遞增迴圈

　　for 迴圈稱為「計數迴圈」（Counting Loop），迴圈是使用一個計數器變數來控制迴圈的執行，可以從一個值執行到另一個值。例如：計算 1 加到 10 的總和，每次增加 1，如下所示：

```
for ( $i = 1; $i <= 10; $i++ ) {
   print "|". $i;
   $total += $i;
}
```

　　上述迴圈的執行次數是從括號的計數器變數 $i 的初值 1 開始（$i = 1），執行變數更新到結束條件 $i <= 10 為止，$i++ 更改計數器的值遞增 1，變數 $i 的值依序是 1、2、3、4…和 10 共執行 10 次迴圈，可以計算從 1 加到 10 的總和，其流程圖（ch5-3-1.fpp）如右圖所示：

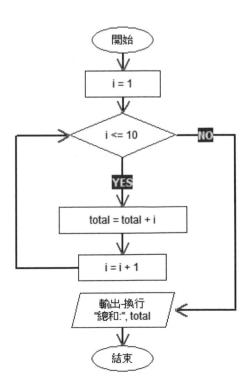

for 遞減迴圈

在 for 迴圈的計數器變數如果是遞減，表示每執行一次迴圈，就將計數器變數 $i 減掉一個固定值，如下所示：

```
for ( $i = 60; $i >= 20; $i-- ) $total += $i;
```

上述程式碼因為只有單行程式敘述，可以省略大括號，迴圈是倒過來從 60 加到 20，變數 $i 值 依 序 從 60、59、58、57、⋯⋯、22、21、20。其流程圖和上述圖例相似，只是範圍不同，而且將遞增 1 改為遞減 1，其流程圖（ch5-3-1a.fpp）如右圖所示：

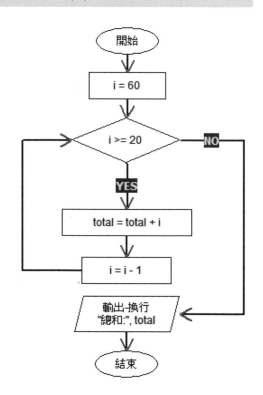

程式範例：ch5-3-1.php

在 PHP 程式分別使用 for 遞增和遞減迴圈計算 1 加到 10，和 60 加到 20 的總和，如下圖所示：

程式內容

```
01: <!DOCTYPE html>
02: <html>
03: <head>
04: <meta charset="utf-8" />
05: <title>ch5-3-1.php</title>
06: </head>
07: <body>
08: <?php
09: $total = 0;    // 指定變數值
10: // for遞增迴圈
11: for ( $i = 1; $i <= 10; $i++ ) {
12:     print "|". $i;
13:     $total += $i;
14: }
15: print "|<br/>for遞增迴圈從1加到10=".$total."<br/>";
16: $total = 0;    // 重設變數值
17: // for遞減迴圈
18: for ( $i = 60; $i >= 20; $i-- ) $total += $i;
19: print "for遞減迴圈從60加到20=".$total."<br/>";
20: ?>
21: </body>
22: </html>
```

程式說明

- 第 11~14 列：for 遞增迴圈計算 1 加到 10。

- 第 18 列：for 遞減迴圈計算 60 加到 20。

5-3-2 while 條件迴圈

　　while 條件迴圈是使用警示值條件來控制迴圈的執行次數，迴圈會重複不停的執行直到警示值條件成立為止，因為並不知道迴圈會執行多少次，所以稱為條件迴圈。

while 迴圈是在程式區塊的開頭檢查結束條件，如果條件為 true 成立，才繼續執行程式區塊，請注意！在程式區塊需要自行處理讓條件逐步到達結束條件。例如：計算階層函數 n! 值大於 100 的最小 n 值和 n! 值，因為迴圈執行次數需視最大值 100 而定，所以迴圈執行次數未定，我們需要使用警示值條件的 while 迴圈來執行計算，如下所示：

```
while ( $result <= 100 ) {
   $result = $result * $n;
   $n = $n + 1;
}
$n = $n - 1;
```

　　上述變數 $n 和 $result 的初值是 1，while 迴圈的變數 $n 從 1、2、3、4.... 相乘計算出階層函數值是否大於 100，當結束條件成立（大於100）就結束迴圈，因為最後一次迴圈已經將 n 值加 1，所以迴圈結束後的 n 值需減 1，才是最小 n 值，其流程圖（ch5-3-2.fpp）如下圖所示：

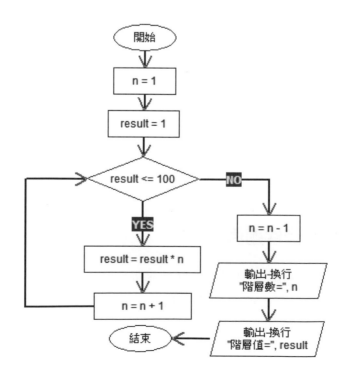

程式範例：ch5-3-2.php

在 PHP 程式使用 while 迴圈計算階層函數 n! 值大於 100 的最小 n 值和 n! 值，如下圖所示：

程式內容

```
01: <!DOCTYPE html>
02: <html>
03: <head>
04: <meta charset="utf-8" />
05: <title>ch5-3-2.php</title>
06: </head>
07: <body>
08: <?php
09: $result = 1;
10: $n = 1;
11: // while迴圈
12: while ( $result <= 100 ) {
13:     $result = $result * $n;  // 計算階層
14:     $n = $n + 1;
15: }
16: $n = $n - 1;
17: print $n . "!=" . $result . "<br/>";
18: ?>
19: </body>
20: </html>
```

> 程式說明

● 第 12~15 列：while 迴圈計算階層函數 n! 的值，在第 13 列計算各階層的值，第 14 列將計數器變數 $n 加一，迴圈的結束條件是階層函數值大於 100，在程式區塊會改變 $n 變數的值，讓計算結果逐次到達結束條件，此變數的功能如同 for 迴圈的計數器變數，可以用來控制迴圈的執行。

● 第 16 列：因為 while 迴圈的最後一次已經將 $n 值加 1，所以需減 1，才是最小 n! 的 n 值。

5-3-3　do/while 條件迴圈

do/while 和 while 條件迴圈的主要差異是改在迴圈結尾檢查結束條件，所以，do/while 迴圈的程式區塊至少執行「一」次。例如：使用 do/while 迴圈計算 1 萬元複利 12% 時，我們需要存幾年本利和才會超過 2 萬元，如下所示：

```
$year = 0;
$amount = 10000;
$rate = 0.12;
do {
    $interest = $amount * $rate;
    $amount = $amount + $interest;
    $year = $year + 1;
} while ( $amount < 20000 );
```

上述 do/while 迴圈在第 1 次執行時是直到迴圈結尾才檢查 while 條件是否為 true，如為 true 就繼續執行下一次迴圈；false 結束迴圈的執行，其流程圖（ch5-3-3.fpp）如下圖所示：

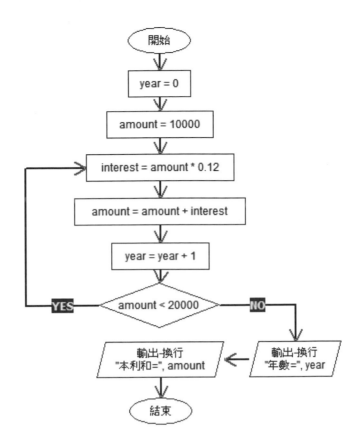

上述 \$amount < 20000 是下一次迴圈的進入條件，當條件是 true 時才進入迴圈，變數 \$year 記錄迴圈共執行幾次，即所需年數，直到 \$amount >= 20000 條件成立為止。

程式範例：ch5-3-3.php

在 PHP 程式使用 do/while 迴圈計算 1 萬元複利 12% 時，我們需要存幾年本利和才會超過 2 萬元，如下圖所示：

```
01: <!DOCTYPE html>
02: <html>
03: <head>
04: <meta charset="utf-8" />
05: <title>ch5-3-3.php</title>
06: </head>
07: <body>
08: <?php
09: $year = 0;    // 變數的初值
10: $amount = 10000;
11: $rate = 0.12;
12: // do/while迴圈敘述
13: do {
14:     $interest = $amount * $rate;
15:     $amount = $amount + $interest;
16:     $year = $year + 1;
17: } while ( $amount < 20000 );
18: print $year . "年的本利和 = " . $amount . "<br/>";
19: ?>
20: </body>
21: </html>
```

程式說明

● 第 13~17 列：do/while 迴圈計算複利的本利和，在第 14~15 列計算利息和本利和，第 16 列將所需年數加一，while 迴圈的結束條件是 $amount >= 20000。

5-3-4 break 和 continue 關鍵字

PHP 迴圈結構可以在開頭或結尾測試結束條件，但是，有些時候，我們需要在迴圈中測試條件，來決定中斷或繼續迴圈的執行。

break 關鍵字中斷迴圈執行

　　PHP 的 break 關鍵字可以強迫終止迴圈的執行，如同 switch 條件敘述使用 break 關鍵字跳出程式區塊一般。例如：計算 1 加到 15 的總和，如下所示：

```
$i = 1;
do {
   print ("|" . $i);
   $total += $i;
   $i++;
   if ( $i > 15 ) break;
} while ( true );
```

　　上述 do/while 條件迴圈的條件值是 true，這是一個無窮迴圈（不會停止重複執行的迴圈），所以迴圈不是依據 while 條件來結束迴圈的執行，而是使用 if 條件當計數器變數 $i > 15 時，使用 break 關鍵字來結束迴圈。

continue 關鍵字繼續迴圈執行

　　PHP 的 continue 關鍵字可以馬上繼續下一次迴圈的執行，所以不會執行程式區塊位在 continue 關鍵字後的程式碼，如果使用在 for 迴圈，一樣會更新計數器變數。例如：for 迴圈是計算 1 到 15 的偶數和，如下所示：

```
for ( $i = 1; $i <= 15; $i++ ) {
   if ( ($i % 2) == 1 ) continue;
   print "|" .  $i;
   $total += $i;
}
```

　　上述程式碼的 if 條件當計數器變數是奇數時（餘數是 1），就使用 continue 繼續執行下一次迴圈，在其後的 print 和 $total += $i 兩列程式碼都不會執行，所以不會計算奇數和，而是馬上繼續下一次 for 迴圈。

程式範例：ch5-3-4.php

在 PHP 程式使用 do/while 迴圈配合 break 關鍵字計算 1 加到 15 的總和，for 迴圈是配合 continue 關鍵字計算 1 到 15 的偶數總和，如下圖所示：

上述圖例可以看到數字由 1 到 15，最後是總和 120，偶數是 2、4、6⋯、12 和 14，總和是 56。

程式內容

```
01: <!DOCTYPE html>
02: <html>
03: <head>
04: <meta charset="utf-8" />
05: <title>ch5-3-4.php</title>
06: </head>
07: <body>
08: <?php
09: $total = 0;  // 指定變數值
10: $i = 1;
11: do { // 無窮迴圈
12:    print ("|" . $i);
13:    $total += $i;
14:    $i++;
15:    if ( $i > 15 ) break;  // break關鍵字
16: } while ( true );
17: print " ->從1加到15=" . $total . "<br/>";
18: $total = 0;  // 重設變數值
19: for ( $i = 1; $i <= 15; $i++ ) {
```

→ 接下頁

```
20:    if ( ($i % 2) == 1 ) continue;  // continue關鍵字
21:    print "|" .  $i;
22:    $total += $i;
23: }
24: print " ->從1到15的偶數總和=" . $total . "<br/>";
25: ?>
26: </body>
27: </html>
```

程式説明

- 第 11~16 列：do/while 無窮迴圈，在第 15 列是跳出迴圈的 if 條件，
  使用 break 關鍵字跳出迴圈。

- 第 19~23 列：for 迴圈計算 1 到 15 的偶數總和，在第 20 列的 if 條件
  檢查是否為奇數，如果是，就不加入計算，馬上執行下一次迴圈。

5-4 巢狀迴圈

巢狀迴圈是迴圈中擁有其他迴圈。例如：在 for 迴圈中擁有 for、
while 和 do/while 迴圈，同樣的，while 迴圈中也可以擁有 for、while 和
do/while 迴圈。

PHP 巢狀迴圈可以有很多層，二、三、四層都可以。例如：二層巢狀
迴圈，在 for 迴圈中擁有 while 迴圈，如下所示：

```
for ( $i = 1; $i <= 9; $i++ ) {
    ......
    $j = 1;
    while ( $j <= 9 ) {
        ......
        $j++;
    }
}
```

上述迴圈共有兩層，第一層的外層迴圈共執行 9 次，第二層內層迴圈也是執行 9 次，兩層迴圈共可執行 81 次，如下表所示：

第一層迴圈 $i 值	第二層迴圈 $j 值									離開迴圈的 $i 值
1	1	2	3	4	5	6	7	8	9	1
2	1	2	3	4	5	6	7	8	9	2
3	1	2	3	4	5	6	7	8	9	3
....										
9	1	2	3	4	5	6	7	8	9	9

上述表格的每一列代表第一層迴圈執行一次時，共 9 次，執行第一次迴圈時變數 $i 是 1，第二層迴圈的每個儲存格代表執行一次迴圈，共 9 次，$j 的值是從 1 至 9，離開第二層迴圈後的變數 $i 仍然是 1，依序執行第一層迴圈，$i 的值是從 2 至 9，每次 $j 都會執行 9 次，所以共執行 81 次。

程式範例：ch5-4.php

在 PHP 程式使用 for 和 while 巢狀迴圈顯示九九乘法表的 HTML 表格，如下圖所示：

*	1	2	3	4	5	6	7	8	9
1	1*1=1	1*2=2	1*3=3	1*4=4	1*5=5	1*6=6	1*7=7	1*8=8	1*9=9
2	2*1=2	2*2=4	2*3=6	2*4=8	2*5=10	2*6=12	2*7=14	2*8=16	2*9=18
3	3*1=3	3*2=6	3*3=9	3*4=12	3*5=15	3*6=18	3*7=21	3*8=24	3*9=27
4	4*1=4	4*2=8	4*3=12	4*4=16	4*5=20	4*6=24	4*7=28	4*8=32	4*9=36
5	5*1=5	5*2=10	5*3=15	5*4=20	5*5=25	5*6=30	5*7=35	5*8=40	5*9=45
6	6*1=6	6*2=12	6*3=18	6*4=24	6*5=30	6*6=36	6*7=42	6*8=48	6*9=54
7	7*1=7	7*2=14	7*3=21	7*4=28	7*5=35	7*6=42	7*7=49	7*8=56	7*9=63
8	8*1=8	8*2=16	8*3=24	8*4=32	8*5=40	8*6=48	8*7=56	8*8=64	8*9=72
9	9*1=9	9*2=18	9*3=27	9*4=36	9*5=45	9*6=54	9*7=63	9*8=72	9*9=81

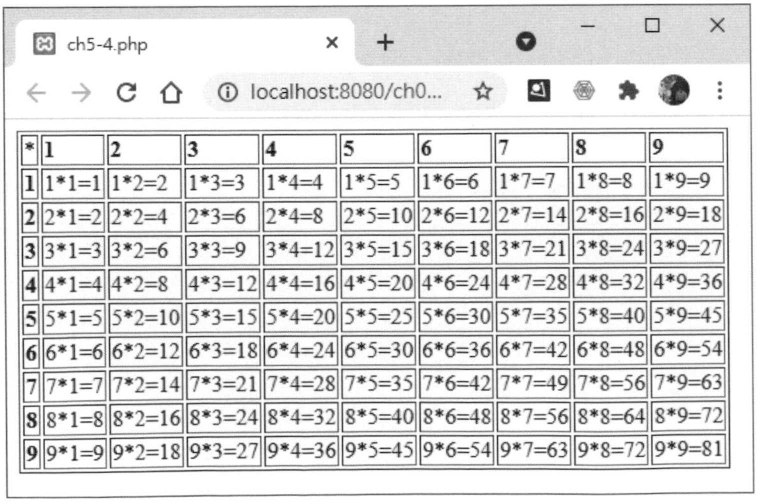

程式內容

```
01: <!DOCTYPE html>
02: <html>
03: <head>
04: <meta charset="utf-8" />
05: <title>ch5-4.php</title>
06: </head>
07: <body>
08: <table border="1">
09: <?php
10: // 顯示表格的標題列
11: print "<tr><td>*</td>";
12: for ( $i = 1; $i <= 9; $i++ )
13:    print "<td><b>" . $i . "</b></td>";
14: print "</tr>";
15: // 巢狀迴圈
16: for ( $i = 1; $i <= 9; $i++ ) {
17:    print "<tr>";
18:    print "<td><b>" . $i . "</b></td>";
19:    $j = 1;
20:    while ( $j <= 9 ) {
21:       print "<td>";
22:       print $i . "*" . $j  . "=" . $i*$j;
23:       print "</td>";
24:       $j++;
25:    }
26:    print "</tr>";
27: }
28: ?>
29: </table>
30: </body>
31: </html>
```

程式說明

● 第 12~13 列：for 迴圈顯示九九乘法表表格的標題列。

● 第 16~27 列：兩層巢狀迴圈的第一層 for 外層迴圈，在第 18 列顯示表格欄標題的儲存格內容，也就是 $i 的值。

● 第 20~25 列：第二層 while 內層迴圈，在第 22 列使用第一層的 $i 和
第二層的 $j 變數值顯示和計算九九乘法表的值，如下所示：

```
print $i . "*" . $j . "=" . $i*$j;
```

上述第一層迴圈變數 $i 值為 1 時，第二層迴圈的 $j 為 1 到 9，可以
顯示執行結果，如下所示：

```
1*1=1
1*2=2
...
1*9=9
```

當第一層迴圈執行第二次時，$i 值為 2，而第二層迴圈仍然為 1 到 9，
此時的執行結果，如下所示：

```
2*1=2
2*2=4
...
2*9=18
```

繼續第一層迴圈，$i 值依序為 3 到 9，即可建立九九乘法表。

學習評量

選擇題

(　　) 1. 請問下列哪一個 PHP 條件敘述是單選條件敘述？

      A. if　　　　　　　　　B. if/else

      C. if/elseif/else　　　　D. switch

(　　) 2. PHP 條件運算子「?:」相當於是下列哪一種條件敘述？

      A. if　　　　　　　　　B. if/else

      C. if/elseif/else　　　　D. switch

(　　) 3. 請指出下列哪一個是 switch 條件定義例外條件的關鍵字？

      A. for　　　　　　　　B. break

      C. default　　　　　　D. otherwise

(　　) 4. 請問下列哪一種 PHP 迴圈是在結尾檢查條件？

      A. for　　　　　　　　B. foreach

      C. while　　　　　　　D. do/while

(　　) 5. 請問在迴圈執行下列哪一個 PHP 關鍵字可以馬上繼續下一次迴圈？

      A. break　　　　　　　B. continue

      C. loop　　　　　　　　D. exit

(　　) 6. 請問執行完：$level = 1;while ($level <= 11) { $level++; } 迴圈後，$level 變數值為何？

      A. 10　　　　　　　　　B. 11

      C. 12　　　　　　　　　D. 13

(　　) 7. 請問執行完：$total=0; for ($i = 9; $i <= 12; $i++) { $total += $i; } 迴圈後，$total 變數值為何？

　　　　A. 41　　　B. 42　　　C. 43　　　D. 44

(　　) 8. 請問 for 巢狀迴圈：for ($i = 1; $i <= 8; $i++) { for ($j = 1; $j <= 8; $j++); } 共可以執行幾次迴圈？

　　　　A. 49　　　B. 56　　　C. 63　　　D. 64

(　　) 9. 請問下列程式碼的執行結果？

```
$a = 0;
for ($a) {
    print $a;
}
```

　　　　A. 0　　　　　　　　　B. 無窮迴圈
　　　　C. 沒有輸出　　　　　D. 程式錯誤

(　　) 10. 請問下列程式碼的執行結果？

```
for ($x = 0; $x <= 5; print ++$x) {
    print ++$x;
}
```

　　　　A. 123456　　　　　　B. 12345
　　　　C. 1234567　　　　　　D. 程式錯誤

簡答題

1. 請說明結構化程式設計的流程控制分為哪三種？

2. 請寫出 PHP 條件敘述的種類？PHP 多條件敘述有兩種寫法：_____ 和 _____ 多條件敘述。Match 運算式是什麼？

3. 請寫出 if/else 條件敘述當 $x 值的範圍是在 30~65 之間時,將變數 $x 的值指定給變數 $y,否則 $y 的值為 150。

4. 請寫出 if 條件敘述判斷年齡大於 18 歲是成人,但不是年長者,即年齡不超過 65 歲。

5. PHP 程式如果需要在開頭測試迴圈的結果條件,可以使用 ＿＿＿＿＿＿ 和 ＿＿＿＿＿＿ 迴圈。

6. 請說明 while 和 do/while 迴圈的主要差異為何? do/while 迴圈至少會執行 ＿＿＿＿＿＿ 次。

7. PHP 的 ＿＿＿＿＿＿ 關鍵字可以馬上執行下一次迴圈,＿＿＿＿＿＿ 關鍵字可以強迫終止迴圈的執行。

8. 請說明何謂巢狀迴圈? 在 for 迴圈中可以有 ＿＿＿＿＿＿、＿＿＿＿＿＿ 和 ＿＿＿＿＿＿ 迴圈。

實作題

1. 目前商店正在周年慶折扣,消費者消費 1000 元,就有 8 折的折扣,請建立 PHP 程式輸出費額為 900、1500 和 2300 時的付款金額。

2. 請建立 PHP 程式使用多選一條件檢查門票價格,100 公分下免費,101~120 半價,121 以上為全票,請分別使用 switch 和 if/elseif 兩種條件撰寫此程式。

3. 請設計 PHP 程式計算網路購物的運費,基本物流處理費 199,1~5 公斤每公斤 50 元,超過 5 公斤,每公斤為 30 元,計算購物重量為 3.5、10、25 公斤時,所需的運費 + 物流處理費。

4. 請撰寫 PHP 程式執行從 1 到 100 的迴圈,但只顯示 35~55 之間的奇數,和計算其總和。

5. 請建立 PHP 程式使用 while 迴圈計算繩索長度 170 需要對折幾次才會小於 20 公分。

6. 請建立 PHP 程式使用 while 迴圈計算複利的本利和，可以計算金額 10000 元 5 年複利 2.5% 的本利和。

7. 請建立 PHP 程式分別使用 for、while 和 do/while 迴圈從 4 到 100 顯示 4 的倍數，例如：4、8、12、16、20、24…..。

8. 請建立 PHP 程式分別使用 for、while 或 do/while 迴圈的各種不同組合建立兩層巢狀迴圈顯示九九乘法表。

06

函數與錯誤處理

6-1　模組化程式設計的基礎

　　目前軟體或應用程式的功能愈來愈強大，使用者需求也水漲船高，軟體或應用程式都需要大量人力參與設計，因此將一個大型工作分割成一個個小型工作，然後再分別完成，就是一件十分重要的工作，這就是模組化（Module）。

　　模組化就是在切割工作，這是結構化分析的範疇，我們最常使用由上而下設計方法，這是當面對問題時，先將整個問題分解成數個大模組，再針對每一個大模組，一一分割成數個小模組，如此一直細分，最後等到這些細分的小問題被一一解決後，再將他們組合起來，一層層向上爬，來完成整個程式設計。

　　對於 PHP 程式設計來說，模組化程式設計就是將大程式切割成一個個小程式，其基本單位是 PHP 函數，每一個函數是一個小問題，等到所以小問題都解決了，軟體或應用程式也就開發完成。

6-2　建立 PHP 自訂函數

　　函數是將程式中一些常用的共同程式碼獨立成程式區塊，以便能夠重複呼叫函數來處理特定工作，在本章主要是說明自訂函數，關於 PHP 常用內建函數的說明請參閱附錄 A，和之後的相關章節。

6-2-1　建立自訂函數

　　PHP 函數的內容是一個程式區塊，最簡單的函數是沒有回傳值和參數的函數。例如：顯示網頁標題的 pageHeader() 函數，如下所示：

```
function pageHeader() {
    print "<h3>PHP與MySQL網頁設計</h3>";
    echo "<hr/>";
}
```

上述 pageHeader() 函數是使用 function 關鍵字定義函數,函數名稱是 pageHeader,程式碼是位在大括號中的程式區塊。PHP 函數可以置於 PHP 程式的任何位置,只需在同一 PHP 程式檔案即可。

因為 pageHeader() 函數沒有參數和回傳值,所以呼叫函數只需使用函數名稱加上空括號即可,如下所示:

```
pageHeader();
```

程式範例:ch6-2-1.php

在 PHP 程式建立 pageHeader() 和 pageFooter() 兩個函數,可以分別顯示網頁的標題和頁尾的註腳文字,如下圖所示:

上述圖例上下水平線前後的文字內容是呼叫函數顯示的網頁內容。

```
01: <!DOCTYPE html>
02: <html>
03: <head>
04: <meta charset="utf-8" />
05: <title>ch6-2-1.php</title>
06: <?php
07: // 函數顯示標題文字
08: function pageHeader() {
09:     print "<h3>PHP與MySQL網頁設計</h3>";
10:     echo "<hr/>";
11: }
12: // 函數顯示註腳文字
13: function pageFooter() {
14:     print "<hr/>(c)Copyright by 陳會安<br/>";
15: }
16: ?>
17: </head>
18: <body>
19: <?php
20: pageHeader();  // 呼叫函數
21: print "<p>在PHP程式使用函數建立標題和註腳文字</p>";
22: pageFooter();  // 呼叫函數
23: ?>
24: </body>
25: </html>
```

程式說明

- 第 8~15 列：位在 <head> 標籤的 pageHeader() 和 pageFooter() 函數，分別在第 9~10 列顯示標題文字，第 14 列顯示註腳文字。

說明　雖然 PHP 函數可以置於任何位置，不過基於程式碼維護的考量，建議將 PHP 函數集中放置，以本書為例是位在 <head> 標籤。

- 第 20 列和第 22 列：分別呼叫 pageHeader() 和 pageFooter() 函數。

PHP 函數的執行過程

PHP 是如何執行函數，以 ch6-2-1.php 為例，程式執行到第 20 列呼叫 pageHeader() 函數，此時的程式碼執行順序就跳到函數的第 8 列，在執行完第 11 列後返回函數呼叫點即第 21 列，如下圖所示：

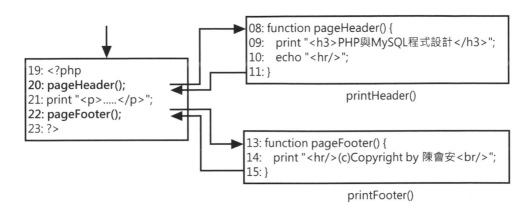

然後從下一列的第 21 列繼續執行 PHP 程式，接著在第 22 列呼叫 pageFooter() 函數，程式碼跳到函數的第 13 列，在執行完第 15 列後返回函數呼叫點即第 23 列。PHP 函數只是更改程式碼的執行順序，在呼叫點跳到函數執行，在執行完函數後，回到程式呼叫點繼續執行之後的程式碼。

6-2-2　函數參數與回傳值

PHP 函數可以新增參數列，在呼叫時只需傳入不同的參數值，就可以回傳不同的執行結果。

建立擁有參數和回傳值的 PHP 函數

在 PHP 函數名稱後的括號中可以新增 1 至多個參數，和在函數程式區塊使用 return 關鍵字來回傳執行結果。例如：擁有參數和回傳值的匯率換算函數，如下所示：

```
function rateExchange($amount, $rate) {
    $result = $amount * $rate;
    return $result;
}
```

上述 rateExchange() 函數是使用 return 關鍵字回傳換算結果，因為函數有 2 個參數 $amount 和 $rate，所以使用「,」符號分隔。

函數的參數型態和回傳值型態

在 PHP 5 版的函數可以指明函數參數的資料型態，PHP 7 版支援函數的回傳值型態的宣告，可以指定函數回傳值是哪一種資料型態。

在本節前的 rateExchange() 函數參數並沒有指明型態，也沒有宣告回傳值型態，我們可以更改 PHP 函數宣告，指明參數和回傳值型態是整數 int 和浮點數 float，如下所示：

```
function rateExchange(int $amount, float $rate) : float {
    ...
}
```

上述函數的參數前是參數型態 int 和 float，在括號後使用「:」符號指明回傳值型態是 float。

呼叫擁有參數和回傳值的 PHP 函數

當函數擁有參數時，呼叫函數需要指定參數值，稱為引數，如果引數不只一個，在呼叫時也需要使用「,」符號分隔，如下所示：

```
$result = rateExchange($amount, $rate);
```

上述程式碼在呼叫時傳入整數引數值 1000 和浮點數 28.1，分別是函數參數 $amount 和 $rate 的值。

程式範例：ch6-2-2.php

在 PHP 程式建立 rateExchange() 函數，可以將第 1 個參數的金額，使用第 2 個參數的匯率進行匯率換算，顯示美金 1000 元兌換成新台幣的金額，如下圖所示：

程式內容

```
01: <!DOCTYPE html>
02: <html>
03: <head>
04: <meta charset="utf-8" />
05: <title>ch6-2-2.php</title>
06: <?php
07: // 匯率換算函數
08: function rateExchange(int $amount, float $rate) : float {
09:     $result = $amount * $rate;
10:     return $result;
11: }
12: ?>
13: </head>
14: <body>
15: <?php
16: $amount = 1000;
17: $rate = 28.1;
18: // 呼叫函數
19: $result = rateExchange($amount, $rate);
20: print "1000美金兌換新台幣=". $result ."元<br/>";
21: ?>
22: </body>
23: </html>
```

- 第 8~11 列：函數 rateExchange() 有 2 個參數，參數和回傳值型態都是 float，在第 9 列使用公式計算匯率換算結果，在第 10 列使用 return 關鍵字回傳換算結果。

- 第 19 列：呼叫 rateExchange() 函數傳入 2 個引數值。

在 PHP 程式範例 ch6-2-2a.php 的 rateExchange() 函數沒有指明參數和回傳值型態，其執行結果和 ch6-2-2.php 完全相同。

6-2-3 傳值或傳址呼叫函數

PHP 函數在傳遞參數時，可以指定參數傳遞方式，即如何將參數值傳遞至函數。PHP 提供兩種參數傳遞方式，如下表所示：

呼叫方式	說明
傳值呼叫	將變數值傳入函數，並不會變更原變數值
傳址呼叫	將變數實際儲存位址傳入，當函數的程式區塊變更參數值，也會同時變更傳入的變數值

PHP 函數預設使用傳值呼叫，如下所示：

```
function byValue($c) { … }
```

函數如果使用傳址呼叫，在參數前需要使用「&」取址運算子，如下所示：

```
function byRef(&$c) { … }
```

上述函數參數使用取址運算子取出變數位址，此時傳入函數的是變數的位址。

程式範例：ch6-2-3.php

在PHP程式建立byValue()傳值和byRef()傳址兩個函數，函數分別將參數值加2，然後測試呼叫byValue()和byRef()函數後的變數值變化，如下圖所示：

上述圖例可以看到變數 $c 的初始值為 1，byValue() 函數是傳值呼叫，當以變數 $c 為引數呼叫 byValue() 函數後，可以看到呼叫後的變數 $c 值仍為 1。

然後呼叫 byRef() 函數，因為是傳址呼叫，所以會變更變數值，呼叫後的變數值和在 byRef() 函數的參數都加 2 成為 3。

程式內容

```
01: <!DOCTYPE html>
02: <html>
03: <head>
04: <meta charset="utf-8" />
05: <title>ch6-2-3.php</title>
06: <?php
07: // 傳值函數
```

→ 接下頁

```
08: function byValue($c) {
09:     $c = $c + 2;   // 將參數值加一
10:     print "<tr><td>在byValue()函數為</td>";
11:     print "<td>".$c."</td></tr>";
12: }
13: // 傳址函數
14: function byRef(&$c) {
15:     $c = $c + 2;   // 將參數值加一
16:     print "<tr><td>在byRef()函數為</td>";
17:     print "<td>".$c."</td></tr>";
18: }
19: ?>
20: </head>
21: <body>
22: <table border="1">
23: <?php
24: $c = 1;   // 變數初值
25: print "<tr><td>過程</td><td>變數\$c</td></tr>";
26: print "<tr><td>變數初值</td><td>".$c."</td></tr>";
27: print "<tr><td>呼叫byValue()前為</td>";
28: print "<td>". $c . "</td></tr>";
29: byValue($c); // 呼叫傳值函數
30: print "<tr><td>呼叫byValue()後/byRef()前為</td>";
31: print "<td>" . $c . "</td></tr>";
32: byRef($c);     // 呼叫傳址函數
33: print "<tr><td>呼叫byRef()後為</td>";
34: print "<td>" . $c . "</td></tr>";
35: ?>
36: </table>
37: </body>
38: </html>
```

程式說明

- 第 8~12 列：byValue() 函數擁有傳值參數 $c，第 9 列將參數值加 2。

- 第 14~18 列：byRef() 函數擁有傳址參數 $c，也是將參數值加 2。

- 第 24 列：初始變數 $c 的值為 1。

● 第 29 列和第 32 列：分別使用變數 $c 為引數來呼叫 byValue() 和 byRef() 函數。

6-2-4 預設參數值和命名參數

PHP 函數的參數可以指定預設參數值，或稱為選項參數值（Optional Parameter Value），而且函數參數不只可以使用位置，我們還可以使用參數名稱指定引數值來呼叫函數。

預設參數值

函數如果呼叫時沒有指定引數值，就是使用預設參數值。例如：函數 volume() 的參數 $width 和 $height 擁有預設參數值，可以計算立方形的體積，如下所示：

```
function volume($length, $width=10, $height=15) {
   print $length."x".$width."x".$height."= ";
   return $length * $width * $height;
}
```

上述函數參數有使用指定敘述「=」指定參數的預設值，請注意！如果函數的參數列擁有預設值，這些預設值參數一定是位在函數參數列的最後。

函數參數列因為有預設值，如果沒有指定寬和高，預設值是 10 和 15，只有第 1 個參數是必須提供的參數。其函數呼叫如下所示：

```
print "盒子體積: ".volume($l, $w, $h)."<br/>";
print "盒子體積: ".volume($l, $w)."<br/>";
print "盒子體積: ".volume($l)."<hr/>";
```

上述函數呼叫依序指定長、寬和高三個引數，只有長和寬二個引數，和只有長一個引數，其他沒有指定的引數，就是使用預設參數值。

　　PHP 8 可以使用命名參數（Named Arguments）來呼叫函數，也就是在呼叫時，不是使用位置，而是使用參數名稱來明確指定參數值，如下所示：

```
print "盒子體積: ".volume(length : $l, width : $w)."<br/>";
print "盒子體積: ".volume(width : $w, length : $l, height : 20)."<br/>";
print "盒子體積: ".volume($l, height : 30, width : 5)."<br/>";
```

　　上述第 1 個函數呼叫有明確指定 length 和 width 參數的值，引數名稱就是參數名稱，只是沒有「$」符號，在「:」冒號後是引數值，可以是 PHP 變數或文字值。

　　第 2 個函數呼叫因為使用命名參數，所以位置順序就不重要，最後 1 個函數呼叫同時使用位置參數和命名參數的引數值來呼叫函數。

程式範例：ch6_2_4.php

　　在 PHP 程式建立 volume() 函數計算立方形體積，並且使用預設參數值來指定寬和高，然後分別使用位置和命名參數來呼叫函數，如下圖所示：

程式內容

```
01: <!DOCTYPE html>
02: <html>
03: <head>
04: <meta charset="utf-8" />
05: <title>ch6-2-4.php</title>
06: <?php
07: // 函數計算體積
08: function volume($length, $width=10, $height=15) {
09:     print $length."x".$width."x".$height."= ";
10:     return $length * $width * $height;
11: }
12: ?>
13: </head>
14: <body>
15: <?php
16: // 指定變數值
17: $l = 15;    $w = 20;    $h = 25;
18: // 計算盒子體積
19: print "盒子體積: ".volume($l, $w, $h)."<br/>";
20: print "盒子體積: ".volume($l, $w)."<br/>";
21: print "盒子體積: ".volume($l)."<hr/>";
22: // 使用命名參數呼叫函數
23: print "盒子體積: ".volume(length : $l, width : $w)."<br/>";
24: print "盒子體積: ".volume(width : $w, length : $l, height : 20)."<br/>";
25: print "盒子體積: ".volume($l, height : 30, width : 5)."<br/>";
26: ?>
27: </body>
28: </html>
```

程式說明

- 第 8~11 列：volume() 函數共有 $length、$width 和 $height 三個參數，最後 2 個參數有預設參數值。

- 第 19~21 列：呼叫 3 次 volume() 函數，分別指定不同的引數個數。

- 第 23~25 列：使用不同方式的命名參數來呼叫 3 次 volume() 函數。

6-2-5　使用 Nullable 型態的參數和回傳值型態

PHP 語言支援 NULL 型態，變數如果沒有指定值，或呼叫 unset() 函數讓變數不再指定值，此時的變數就是 NULL 型態（PHP 程式：ch6-2-5.php），如下所示：

```
$test = 15;
var_dump($test);
unset($test);
var_dump($test);
```

上述程式碼建立 int 整數變數 $test 後，呼叫 unset() 函數，可以看到變數已經成為 NULL。

Nullable 型態的函數參數：ch6-2-5a.php

PHP 7.1 版支援 Nullable 型態，也就是在資料型態前加上「?」，讓此型態也允許 null，例如：使用 Nullable 型態 ?string 的函數參數，如下所示：

```
function welcome(?string $name) {
    echo $name;
}
```

上述函數的參數 $name 指定型態是字串 string，在 string 型態前加上「?」，表示是 Nullable 型態，除了字串值，也可以是 null。在函數呼叫，傳入的引數可以字串；也可以是 null，如下所示：

```
welcome("陳會安");
welcome(null);
// welcome();
```

上述最後 1 個函數呼叫會錯誤，因為函數沒有傳入引數值。

Nullable 型態函數參數的預設 null 參數值：ch6-2-5b.php

因為 Nullable 型態的函數參數值可以是 null，所以，我們可以修改 welcome() 函數，替參數 $name 加上預設參數值 null，如下所示：

```
function welcome(?string $name = null) {
    if (is_null($name)) {
        echo "Welcome!<br/>";
    } else {
        echo "Welcome $name!<br/>";
    }
}
```

上述 welcome() 函數的 if/else 二選一條件敘述是呼叫 is_null() 函數來判斷參數是否是 null，即可顯示不同的歡迎訊息，因為參數有預設參數值 null，所以下列函數呼叫都沒有問題，函數如果沒有參數，就是使用預設參數值 null，如下所示：

```
welcome("陳會安");
welcome(null);
welcome();
```

Nullable 型態的函數回傳值型態：ch6-2-5c.php

除了函數參數可以使用 Nullable 型態，函數回傳值型態也可以使用 Nullable 型態，如下所示：

```
function welcome(?string $name): ?string {
    if (is_null($name)) {
        return null;
    } else {
        return "Welcome $name!<br/>";
    }
}
```

上述函數因為回傳值型態是 Nullable 型態 ?string，所以函數回傳值可以是字串，也可以是 null。

6-2-6　函數變數

函數變數（Variable Function）是呼叫變數值的函數，變數值是函數名稱字串，我們只需在變數後加上括號傳入參數，就可以呼叫變數值的函數。例如：在第 6-2-4 節建立的 volume() 函數，我們準備使用函數變數方式來呼叫此函數（PHP 程式範例：ch6-2-6.php），如下所示：

```
$func = "volume";
print "盒子體積: ".$func($l, $w, $h)."<br/>";
print "盒子體積: ".$func($l, $w)."<br/>";
```

上述變數 $func 的值是函數名稱 volume，PHP 可以使用函數變數傳入引數來呼叫函數，相當於是呼叫 volume() 函數。

6-3 函數的變數範圍

PHP 程式宣告的變數都擁有其有效範圍，也就是當程式執行時，變數可以讓函數或其他程式碼存取的程式碼範圍。

6-3-1　PHP 的變數範圍

PHP 變數只能有一種「變數範圍」（Variable Scope），也就是 PHP 支援的三種變數範圍之一，其說明如下所示：

● 區域變數（Local Variables）：對於函數內指定的變數，變數只能在函數的程式區塊使用，函數外的程式碼無法存取此變數。請注意！函數參數也是一種區域變數。

● 全域變數（Global Variables）：如果變數是在函數外指定變數值，整個 PHP 程式檔的各函數和其他程式碼都可以使用此變數。全域變數如果在函數的程式區塊使用，在使用前需要先宣告成 global，如下所示：

```
function funcB() {
   global $a, $b;
   $a = 3;
   $b = 4;
}
```

● 靜態變數（Static Variables）：一種特殊的區域變數，執行函數後，變數值不會遺失，詳細說明請參閱＜第 6-3-2 節：靜態變數＞。

程式範例：ch6-3-1.php

在 PHP 程式指定全域和區域變數 $a 和 $b，funcA() 和 funcB() 函數都是將變數 $a 設為 3；變數 $b 設為 4，以便測試函數區域與全域變數範圍，如下圖所示：

上述圖例可以看到全域變數 $a 和 $b 值的變化，其初值分別為 1 和 2，在呼叫 funcA() 函數後，因為 funcA() 函數有指定同名區域變數，所以變更的是區域變數值；funcB() 函數宣告使用全域變數，所以函數更改的是全域變數 $a 和 $b 的值，可以看到最後的變數值已經更改。

程式內容

```
01: <!DOCTYPE html>
02: <html>
03: <head>
04: <meta charset="utf-8" />
05: <title>ch6-3-1.php</title>
06: <?php
07: $a = 1;   $b = 2;   // 指定全域變數
08: // 函數A
09: function funcA($a) {
10:    $a = 3;   // 指定參數
11:    $b = 4;   // 指定區域變數
12: }
13: // 函數B
14: function funcB() {
15:    global $a, $b;
16:    $a = 3; $b = 4;   // 指定全域變數
17: }
18: ?>
19: </head>
20: <body>
21: PHP程式擁有全域變數$a, $b<br/>
22: funcA()擁有參數$a. 區域變數$b<br/>
23: funcB()沒有區域變數<br/>
24: <table border="1">
25: <?php
26: print "<tr><td>執行過程</td><td>全域變數\$a</td>";
27: print "<td>全域變數\$b</td></tr>";
28: print "<tr><td>初值</td><td>".$a."</td>";
29: print "<td>".$b."</td></tr>";
30: funcA($a);   // 呼叫funcA()
31: print "<tr><td>呼叫funcA()後</td><td>".$a."</td>";
32: print "<td>".$b."</td></tr>";
33: funcB();     // 呼叫funcB()
34: print "<tr><td>呼叫funcB()後</td><td>".$a."</td>";
35: print "<td>".$b."</td></tr>";
36: ?>
37: </table>
38: </body>
39: </html>
```

程式説明

- 第 7 列：宣告和指定全域變數 $a 和 $b 的值。

- 第 9~12 列：函數 funcA() 在第 10~11 列指定區域變數 $a 和 $b 的值。

- 第 14~17 列：函數 funcB() 在第 15 列宣告全域變數 $a 和 $b，第 16 列指定全域變數值。

- 第 30 列和第 33 列：分別呼叫 funcA() 和 funcB() 函數。

6-3-2 靜態變數

在 PHP 函數宣告的靜態變數，不同於其他區域變數，在離開函數後，變數值就會消失。靜態變數因為配置固定的記憶體位址，所以，重複呼叫函數，靜態變數值都會保留。

PHP 函數宣告靜態變數是在變數前加上 static 關鍵字，如下所示：

```
static $count = 0;
```

上述程式碼宣告靜態變數 $count，指定初值為 0。

程式範例：ch6-3-2.php

在 PHP 程式建立兩個函數分別擁有同名區域和靜態變數後，重複呼叫函數來測試變數值的變化，如下圖所示：

上述圖例的執行結果，可以看到區域變數在每次呼叫函數後，其變數值都重設成初值 0，在加 2 後成為 2，但靜態變數的值會保留，所以變數值遞增從 2、4 到 6。

程式內容

```
01: <!DOCTYPE html>
02: <html>
03: <head>
04: <meta charset="utf-8" />
05: <title>ch6-3-2.php</title>
06: <?php
07: // 函數不使用靜態變數
08: function nonStaticVar() {
09:    $count = 0;  $count += 2;   // 區域變數加一
10:    return $count;
11: }
12: // 函數使用靜態變數 */
13: function staticVar() {
14:    static $count = 0;  $count += 2; // 靜態變數加一
15:    return $count;
16: }
17: ?>
18: </head>
19: <body>
20: <?php
21: $v1 = nonStaticVar();  // 函數呼叫
22: $v2 = nonStaticVar();
23: $v3 = nonStaticVar();
24: print "不使用靜態變數: $v1, $v2, $v3<br/>";
25: $v1 = staticVar();     // 函數呼叫
26: $v2 = staticVar();
27: $v3 = staticVar();
28: print "使用靜態變數: $v1, $v2, $v3<br/>";
29: ?>
30: </body>
31: </html>
```

程式説明

- 第 8~11 列：沒有靜態變數的 nonStaticVar() 函數，在第 9 列指定區域變數 $count 後加 2，然後傳回加 2 後的值。

- 第 13~16 列：靜態變數的 staticVar() 函數，在第 14 列宣告靜態變數 $count 後加 2，然後傳回加 2 後的值。

- 第 21~24 列：呼叫 3 次沒有靜態變數的函數後，在第 24 列顯示函數的傳回值。

- 第 25~28 列：呼叫 3 次擁有靜態變數的函數後，在第 28 列顯示函數的傳回值。

6-4 匿名函數

「匿名函數」（Anonymous Functions）就是一個沒有定義函數名稱的函數，一般來說，如果 PHP 函數只會使用一次，並不會重複呼叫，我們就可以使用匿名函數。

建立匿名函數：ch6-4.php

匿名函數的基本語法，如下所示：

```
$var = function($arg1, $arg2…) { return $val; }
```

上述函數擁有函數的全部功能，只是沒有指定名稱，而是指定成變數 $var 的值，變數 $var 是 Closure 資料型態，然後，我們可以使用變數值傳入引數來呼叫函數。例如：修改第 6-2-6 節的 volume() 函數成為匿名函數，如下所示：

```
$func = function($length, $width=10, $height=15) {
   print $length."x".$width."x".$height."= ";
   return $length * $width * $height;
};
```

上述 $func 變數就是匿名函數，函數並沒有定義名稱，我們可以使用 $func 變數來呼叫函數，如下所示：

```
$l = 15;    $w = 20;    $h = 25;
print "盒子體積: ".$func($l, $w, $h)."<br/>";
print "盒子體積: ".$func($l, $w)."<br/>";
```

匿名函數的回撥函數：ch6-4a.php

匿名函數可以作為函數的參數，也就是將函數作為引數來傳入函數，稱為回撥函數（Callback），如下所示：

```
function callFunc1(Closure $closure) {
    $closure();
}
function callFunc2(Callable $callback) {
    $callback();
}
```

上述 callFunc1() 和 callFunc2() 函數的參數是 Closure 資料型態的匿名函數，或 Callable 資料型態的函數，此型態的函數可以是一般函數，也可以是匿名函數，如下所示：

```
$hello = function() {
    echo "Hello, World!<br/>";
};
function hi() {
    echo "Hi, World!<br/>";
}
```

上述 $hello 是匿名函數；hi() 函數是一般函數，然後，我們可以將上述 2 個函數作為引數傳入 callFunc1() 和 callFunc2() 函數，如下所示：

```
// callFunc1("hi");
callFunc1($hello);
callFunc2("hi");
callFunc2($hello);
```

上述函數呼叫因為 callFunc1() 函數的參數是 Closure 型態，只能使用匿名函數，callFunc2() 函數的參數是 Callable 型態，匿名函數和一般函數都可以作為引數來傳入。

閉包與閉包函數：ch6-4b.php

閉包（Closures）是指函數可以繼承其上一層環境的變數，記得函數定義時上下文的內容，即上一層函數範圍宣告的變數值，PHP 的匿名函數可以使用 use 關鍵字來存取範圍之外的變數值，匿名函數也稱為閉包函數（Closure Function），如下所示：

```
$weight = 75;
$bmi = function ($height) use ($weight) {
    $height = $height / 100.0;
    return $weight/$height/$height;
};
```

上述匿名函數可以計算 BMI 值，身高 $height 是參數，體重是使用 use 關鍵字存取函數外的 $weight 變數值，可以計算和回傳 BMI 值。

在指定身高值變數 $h 後，我們就可以呼叫匿名函數來計算 BMI 值，體重就是 $weight 變數值，如下所示：

```
$h = 175;
echo "BMI = ". $bmi($h) . "<br/>";
```

6-5 require() 與 include() 引入檔案

PHP 的 require() 和 include() 不是函數，而是 PHP 語言的建構子，其使用上和函數稍有不同（類似 echo() 和 print()），可以將外部檔案內容插入目前 PHP 程式檔案 require() 和 include() 敘述的位置，稱為引入檔。

require() 和 require_once() 的使用

require() 可以在 PHP 程式插入其他檔案的 PHP 程式碼，也就是將 require() 程式碼所在位置取代成引入檔內容。例如：在 PHP 程式插入 ch6-5-1.inc 引入檔，引入檔的副檔名可以是 .php 或 .txt，通常使用 .inc，如下所示：

```
require "ch6-5-1.inc";
require ("ch6-5-1.inc");
$file = "ch6-5-1.inc";
require $file;
```

上述程式碼使用 3 種方式插入檔案，最後一種是使用變數 $file 插入引入檔。因為檔案位在同一目錄，所以只需檔名，如果位在其他目錄，請指定完整的檔案路徑。

如果 PHP 程式只準備插入 ch6-5-1.inc 引入檔一次，而且只有一次，我們可以使用 require_once() 插入引入檔，如下所示：

```
require_once("ch6-5-1.inc");
```

 說明 require() 插入引入檔不論是在 PHP 程式碼的哪一個位置，就算位在條件程式區塊中不會執行到的程式碼，也一定會插入引入檔的內容。

include() 和 include_once() 的使用

PHP 的 include() 和 require() 的功能和使用方式都很相似,只是 require() 引入檔一定需要存在,否則會產生執行錯誤,include() 引入檔如果不存在,只會顯示警告訊息,PHP 程式一樣可以繼續執行。

在實作上,include() 和 require() 可以將 PHP 函數抽出成函式庫檔案,通常副檔名為 .inc,當 PHP 程式需要使用函數時,只需將函式庫檔案插入 PHP 程式即可,這些 .inc 檔案如同使用者自訂 PHP 函式庫,如下所示:

```
include "ch6-5-2.inc";
```

上述程式碼插入 PHP 引入檔案 ch6-5-2.inc,內含 rateExchange() 函數可以執行匯率換算函數。同樣的,如果 PHP 程式只準備插入 ch6-5-2.inc 引入檔一次,而且只有一次,我們可以使用 include_once() 插入引入檔,如下所示:

```
include_once("ch6-5-2.inc");
```

上述程式碼如果引入檔案已經插入過,就不會再次插入引入檔。程式範例:ch6-5.php 是將 ch6-2-2a.php 分割成 PHP 程式和引入檔函式庫 ch6-5-2.inc,用來說明 PHP 程式如何活用 include() 建立自訂 PHP 函式庫,和使用 ch6-5-1.inc 引入檔插入重複的 PHP 程式碼。

6-6 PHP 錯誤處理

PHP 程式的錯誤(Errors)是指程式執行前直譯過程的錯誤,或直譯後執行程式時產生的錯誤。PHP 錯誤主要分為兩種,如下所示:

- 環境錯誤（Environmental Errors）：環境錯誤也稱為外部錯誤（External Errors），這是指程式執行環境導致的錯誤，而不是程式設計問題。例如：沒有權限無法寫入檔案，或檔案不存在。

- 程式錯誤（Programming Errors）：程式錯誤是程式中有臭蟲（Bugs），可能是語法錯誤、語意錯誤或程式邏輯錯誤（Logical Errors）。

上述 PHP 程式的語法和語意錯誤，在直譯過程就會產生錯誤訊息，屬於程式設計者撰寫程式碼導致的錯誤，這些可以在執行 PHP 程式前進行除錯，環境錯誤和邏輯錯誤是執行時（Runtime）產生的錯誤。

6-6-1　PHP 錯誤處理的基礎

錯誤處理（Error Handling）是一種處理錯誤的機制，可以處理直譯過程的語法和語意錯誤，或執行時的環境錯誤和程式的邏輯錯誤。

PHP 內建錯誤處理機制，當錯誤產生時，可以顯示各種不同的錯誤訊息。例如：執行 ch6-6-1.php 程式，因為程式變數沒有初值，和 require() 插入引入檔不存在的環境錯誤，所以顯示 PHP 錯誤訊息，如下圖所示：

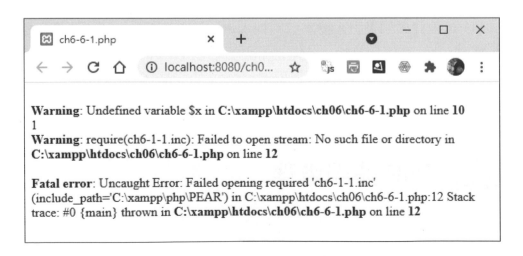

上述訊息的 Warning 和 Fatal error 是 PHP 錯誤等級（Error Levels）。

PHP 共有四種錯誤等級，如下所示：

- Parse Errors：剖析錯誤是指 PHP 程式碼的語法和語意錯誤，這是在執行前，直譯過程所找出的錯誤。

- Fatal Errors：致命錯誤是很嚴重的執行時錯誤，這會導致 PHP 程式碼終止執行。

- Warnings：警告錯誤是一種尚能補救且非致命的執行時錯誤，PHP 引擎會試圖繼續執行 PHP 程式碼。

- Notices：注意錯誤是一種很小和非致命的錯誤，只是用來提醒程式碼可能有錯誤。

一般來說，因為 Parse Errors 在執行前就應該處理掉，所以 PHP 錯誤處理主要是針對執行時期的 Fatal Errors 和 Warning 錯誤，也就是環境錯誤和程式邏輯錯誤。

6-6-2　錯誤控制運算子和 exit() 與 die() 的錯誤處理

PHP 基本錯誤處理方式有：不理會、終止程式顯示錯誤訊息、寫入記錄檔，和使用自訂錯誤處理進行補救。

PHP 程式的錯誤處理可以使用「錯誤控制運算子」（Error Control Operators），在函數或運算式前使用「@」運算子來控制程式錯誤，然後使用 exit() 或 die() 終止程式執行和顯示一段錯誤訊息。例如：使用 PHP 的 fopen() 函數開啟檔案，如下所示：

```
$fp = @fopen($filename, "r")
    or exit("錯誤: 檔案 $filename 開啟錯誤!<br/>");
```

請注意！上述 exit() 和 die() 都不是函數，而是 PHP 語言的建構子，以此例，fopen() 函數（詳細說明請參閱＜第 9 章：伺服端檔案與電子郵件處理＞）使用 or 運算子配合 exit() 處理錯誤。如果檔案開啟成功，因為 or 運算的第 1 個運算元已經為 true，運算結果為 true，就不用處理第 2 個運算元，所以不會執行 exit()。

檔案如果開啟錯誤，就執行 exit() 顯示參數字串和中止 PHP 程式執行，我們也可以使用別名 die() 執行相同的錯誤處理。

程式範例：ch6-6-2.php

在 PHP 程式使用 fopen() 函數開啟檔案，因為檔案不存在，所以使用 exit() 或 die() 進行錯誤處理，顯示的錯誤訊息就是 exit() 的參數字串，如下圖所示：

程式內容

```
01: <!DOCTYPE html>
02: <html>
03: <head>
04: <meta charset="utf-8" />
05: <title>ch6-6-2.php</title>
06: </head>
07: <body>
08: <?php
09: $filename = "ch6-6-2.txt";
10: $fp = @fopen($filename, "r")   // 開啟檔案
11:     or exit("錯誤: 檔案 $filename 開啟錯誤!<br/>");
12: fclose($fp);   // 關閉檔案
13: ?>
14: </body>
15: </html>
```

程式說明

● 第 10~11 列：使用 exit() 或 die() 進行錯誤處理，因為使用錯誤處理運算子「@」，所以不會顯示 PHP 內建錯誤處理的錯誤訊息。

6-6-3 自訂 PHP 的錯誤處理函數

在 PHP 程式可以建立自訂錯誤處理函數，和指定錯誤等級來處理所需等級的錯誤。

指定錯誤等級

PHP 提供 error_reporting() 函數指定 PHP 程式需要回報的錯誤等級。我們可以只回報所需錯誤，隱藏其他不需要的錯誤，如下所示：

```
error_reporting(E_ERROR | E_WARNING | E_NOTICE);
```

上述程式碼使用「|」運算子指定多種錯誤等級，表示 PHP 程式回報 E_ERROR、E_WARNING 和 E_NOTICE 三種錯誤等級。相關錯誤等級常數的說明，如下表所示：

錯誤等級常數	說明
E_ALL	所有錯誤和警告
E_ERROR	致命的執行時錯誤
E_WARNING	非致命錯誤的執行時警告錯誤
E_PARSE	直譯時的程式碼剖析錯誤
E_NOTICE	執行時的注意錯誤
E_CORE_ERROR	在 PHP 引擎啟動時產生的致命錯誤
E_CORE_WARNING	在 PHP 引擎啟動時產生的警告錯誤
E_COMPILE_ERROR	致命的編譯時錯誤
E_COMPILE_WARNING	致命的編譯時警告錯誤
E_USER_ERROR	使用者產生的錯誤訊息
E_USER_WARNING	使用者產生的警告訊息
E_USER_NOTICE	使用者產生的注意訊息

上表最後三個常數是用來建立使用者自訂錯誤，詳細說明請參閱第 6-6-4 節。

指定錯誤處理函數

在 PHP 程式可以使用 set_error_handler() 函數指定函數作為錯誤處理函數，如下所示：

```
set_error_handler('myErrorHandler');
```

上述程式碼指定參數的函數名稱是錯誤處理函數，即 myErrorHandler() 函數，如下所示：

```
function myErrorHandler($type,$msg,$file,$line) {
   switch( $type ) {
      case E_ERROR: echo "<b>致命錯誤:</b><br/>";
         break;
      case E_WARNING: echo "<b>警告錯誤:</b><br/>";
         break;
      case E_NOTICE: echo "<b>注意錯誤</b><br/>";
         break;
   }
   // 顯示錯誤訊息
   // 寫入記錄檔案
   ......
}
```

上述函數的參數 $type 是錯誤等級常數，在函數可以使用 switch 條件敘述判斷是哪一種錯誤，$msg 參數是錯誤訊息，$file 是錯誤程式檔案的完整路徑，$line 是錯誤行號。

在 myErrorHandler() 函數可以使用這些參數建立錯誤訊息，或將錯誤訊息寫入錯誤記錄檔。

將錯誤訊息寫入記錄檔

PHP 程式的錯誤處理函數除了顯示錯誤訊息外,還可以呼叫 error_log() 函數將錯誤訊息寫入檔案,如下所示:

```
error_log($err, 3, "errors.log");
```

上述函數的第 1 個參數是錯誤訊息字串,第 2 個參數是輸出種類的整數值,如下表所示:

種類	說明
0	寫入系統記錄檔
1	送到第 3 個參數的電子郵件地址
3	寫入第 3 個參數的自訂記錄檔名稱

程式範例:ch6-6-3.php

在 PHP 程式呼叫函數指定錯誤等級和自訂錯誤處理函數,和在錯誤處理函數顯示錯誤訊息和將錯誤訊息寫入記錄檔案,如下圖所示:

上述圖例是自訂錯誤處理函數 myErrorHandler() 顯示的錯誤訊息,在同一資料夾會建立 errors.log 記錄檔寫入相同錯誤訊息,如下圖所示:

檔案(F) 編輯(E) 格式(O) 檢視(V) 說明

檔案: C:\xampp\htdocs\ch06\ch6-6-3.php 第: 34 行
錯誤訊息: Undefined variable $var

第 1 列，第 1 行　　100%　Windows (CRLF)　UTF-8

程式內容

```php
01: <!DOCTYPE html>
02: <html>
03: <head>
04: <meta charset="utf-8" />
05: <title>ch6-6-3.php</title>
06: </head>
07: <?php
08: // 設定報告等級
09: error_reporting(E_ERROR | E_WARNING | E_NOTICE);
10: // 自訂的錯誤處理函數
11: function myErrorHandler($type,$msg,$file,$line) {
12:    switch( $type ) {
13:       case E_ERROR: echo "<b>致命錯誤:</b><br/>";
14:          break;
15:       case E_WARNING: echo "<b>警告錯誤:</b><br/>";
16:          break;
17:       case E_NOTICE: echo "<b>注意錯誤</b><br/>";
18:          break;
19:    }
20:    $err = "檔案: $file 第: $line 行<br/>"; // 建立錯誤訊息
21:    $err .= "錯誤訊息: <b>$msg</b> <br/>";
22:    echo $err;                        // 顯示錯誤訊息
23:    error_log($err, 3, "errors.log");  // 寫入記錄檔案
24:    if ( $type == E_ERROR ) {
25:       echo "<font color=red>終止程式執行</font>";
26:       die();   // 終止程式執行
27:    }
28: }
29: set_error_handler('myErrorHandler'); // 指定錯誤處理函數
30: ?>
31: </head>
32: <body>
```

→ 接下頁

```
33: <?php
34: $var++;          // 產生警告錯誤
35: echo "測試自訂PHP的錯誤處理函數結束....<br/>";
36: ?>
37: </body>
38: </html>
```

程式說明

- 第 9 列：呼叫 error_reporting() 函數指定錯誤等級。

- 第 11~28 列：myErrorHandler() 自訂錯誤處理函數，在第 12~19 列使用 switch 條件敘述判斷產生的錯誤等級。第 20~23 列使用函數參數建立和顯示錯誤訊息，在第 23 列寫入 errors.log 記錄檔。

- 第 29 列：呼叫 set_error_handler() 函數指定自訂的錯誤處理函數。

- 第 34 列：測試錯誤處理函數產生的錯誤。

6-6-4　產生使用者的自訂錯誤

PHP 錯 誤 等 級 E_USER_ERROR、E_USER_WARNING 和 E_USER_NOTICE 可以建立使用者自訂錯誤。在 PHP 程式是呼叫 trigger_error() 函數產生使用者自訂錯誤，如下所示：

```
trigger_error("密碼是空字串!", E_USER_ERROR);
```

上述函數產生第 1 個參數訊息內容的自訂錯誤，在第 2 個參數指定錯誤等級。

程式範例：ch6-6-4.php

在 PHP 程式呼叫 trigger_error() 函數產生密碼驗證的使用者自訂錯誤，和建立錯誤處理函數來處理這些自訂錯誤，如下圖所示：

程式內容

```
01: <!DOCTYPE html>
02: <html>
03: <head>
04: <meta charset="utf-8" />
05: <title>ch6-6-4.php</title>
06: </head>
07: <?php
08: // 檢查使用者密碼, 產生自訂錯誤
09: function validPassword($pass) {
10:     if ( trim($pass) == "" )   // 空字串
11:         trigger_error("密碼是空字串!", E_USER_ERROR);
12:     if ( strlen($pass) <= 4 )  // 密碼太短
13:         trigger_error("密碼太短!", E_USER_WARNING);
14:     if ( is_numeric($pass) )   // 全是數字
15:         trigger_error("密碼全是數字!",E_USER_WARNING);
16: }
17: // 自訂的錯誤處理函數
18: function myErrorHandler($type,$msg,$file,$line) {
19:     switch( $type ) {
20:       case E_USER_ERROR:
21:           echo "<b>自訂致命錯誤</b><br/>"; break;
22:       case E_USER_WARNING:
23:           echo "<b>自訂警告錯誤</b><br/>"; break;
```

→ 接下頁

```
24:        case E_USER_NOTICE:
25:           echo "<b>自訂注意錯誤</b><br/>"; break;
26:     }
27:     echo "檔案: $file 第: $line 行<br/>"; // 顯示錯誤訊息
28:     echo "錯誤訊息: <b>$msg</b> <br/>";
29:     if ( $type == E_USER_ERROR ) {
30:        echo "<font color=red>終止程式執行</font>";
31:        die();  // 終止程式執行
32:     }
33: }
34: set_error_handler('myErrorHandler'); // 指定錯誤處理函數
35: ?>
36: </head>
37: <body>
38: <?php
39: validPassword("123456"); // 全是數字
40: validPassword("a123");   // 密碼太短
41: validPassword("");       // 空密碼
42: echo "測試產生使用者的自訂錯誤結束....<br/>";
43: ?>
44: </body>
45: </html>
```

程式說明

- 第 9~16 列：validPassword() 函數使用 if 條件判斷參數的密碼格式，trim() 函數可以刪除前後的空白字元；strlen() 函數傳回字串長度（關於字串函數的進一步說明請參閱第 7 章），然後呼叫 trigger_error() 函數產生不同等級的自訂錯誤。

- 第 18~33 列：myErrorHandler() 函 數 可 以 處 理 E_USER_ERROR、E_USER_WARNING 和 E_USER_NOTICE 錯誤等級。

- 第 34 列：呼叫 set_error_handler() 函數指定自訂的錯誤處理函數。

- 第 39~41 列：呼叫 3 次 validPassword() 函數產生 3 種不同的自訂錯誤。

學習評量

選擇題

( ) 1. 請問 PHP 函數是使用下列哪一個關鍵字來回傳值？

A. die　　B. break　　C. exit　　D. return

( ) 2. 在 PHP 函數存取全域變數需要使用下列哪一個關鍵字來宣告？

A. var　　B. dim　　C. global　　D. static

( ) 3. 請問下列哪一個 PHP 語言關鍵子可以將檔案內容插入目前 PHP 程式檔案，而且只插入一次？

A. require_once()　　　B. require()
C. include()　　　　　D. include_twice()

( ) 4. 請問 PHP 的 Nullable 型態是在資料型態前加上下列哪一個符號？

A.「#」　　B.「?」　　C.「@」　　D.「&」

( ) 5. 請問下列哪一個符號是 PHP 錯誤控制運算子？

A.「#」　　B.「?」　　C.「@」　　D.「&」

( ) 6. 請問下列哪一個 PHP 錯誤等級是程式碼的語法和語意錯誤？

A. Notices　　　　　B. Fatal Errors
C. Warnings　　　　D. Parse Errors

( ) 7. 請問下列哪一個不是 PHP 錯誤處理方式？

A. 不理會　　　　　B. 終止程式
C. 寫入記錄檔　　　D. 關機

( ) 8. 請問下列哪一個錯誤等級常數不是建立使用者自訂錯誤的常數？

   A. E_COMPILE_WARNING　　B. E_USER_ERROR

   C. E_USER_WARNING　　　　D. E_USER_NOTICE

( ) 9. 在 PHP 程式可以呼叫下列哪一個函數指定 PHP 程式需要回報的錯誤等級？

   A. set_error_handler()　　　　B. trigger_error()

   C. error_reporting()　　　　　D. error_log()

( ) 10. 在 PHP 程式可以呼叫下列哪一個函數產生使用者自訂錯誤？

   A. set_error_handler()　　　　B. trigger_error()

   C. error_reporting()　　　　　D. error_log()

簡答題

1. 請簡單說明什麼是模組化程式設計？

2. 請使用圖例說明 PHP 函數的執行過程，和原始程式碼的執行順序？

3. 請說明什麼是 PHP 函數參數的預設值？命名參數？

4. 請問什麼是 Nullable 型態的參數和回傳值型態？

5. 何謂函數變數？PHP 靜態變數是使用 _____ 宣告。在 PHP 程式可以使用 _____ 和 _____ 來多次插入引入檔。

6. 請舉例說明什麼是 PHP 的匿名函數？

7. 請問 PHP 函數的參數傳遞方式有哪幾種？如果函數參數不只一個，我們需要使用 _____ 符號分隔多個參數。

8. 請舉例說明區域和全域變數是什麼，其差異為何？

9. 請說明 PHP 錯誤可以分為哪兩種？最簡單的錯誤處理是使用 _____ 或 _____ 終止程式執行和顯示一段錯誤訊息。

10. 請舉例說明如何在 PHP 程式建立自訂錯誤處理函數和產生使用者自訂錯誤。

實作題

1. 請建立 2 個 PHP 函數都擁有 2 個整數參數，第 1 個函數當參數 1 大於參數 2 時，傳回 2 個參數相乘的結果，否則是相加結果；第 2 個函數傳回參數 1 除以參數 2 的相除結果，如果參數 2 為 0，傳回 -1。

2. 在 PHP 程式建立 average() 函數計算成績資料的平均值；sum() 函數計算總和，3 位學生的成績為：77、88 和 66。

3. 請建立 PHP 函數 maxValue() 和 minValue()，各擁有 3 個整數參數，函數可以傳回參數中的最大值和最小值。

4. 請建立 PHP 函數 bill() 計算連線費用，前 50 小時每分鐘 0.25 元；超過 50 小時，每分鐘 0.1 元。

5. 請建立 PHP 函數 square() 和 cube() 分別傳回參數平方和三次方。

6. 請建立 PHP 的溫度轉換函數 convertTemp()，第 1 個參數是溫度，第 2 個參數是轉換種類，值 1 是攝氏轉華氏；2 是華氏轉攝氏。

7. 計算體脂肪 BMI 值的公式是 W/(H*H)，H 是身高（公尺）和 W 是體重（公斤），請建立 BMI() 函數計算 BMI 值，參數是身高和體重。

8. 請建立 PHP 程式錯誤處理，可以處理電子郵件字串格式的自訂錯誤，例如：沒有「@」符號（請使用 if (strpos($email, '@') != false) 檢查）、空字串和全是數字等錯誤。

07

陣列與字串

7-1 一維索引陣列

「陣列」（Arrays）是程式語言的一種基本資料結構，PHP 不只提供單純的索引陣列，還提供功能相當於 C++、C# 和 Java 語言「集合物件」（Collections）的結合陣列。

7-1-1 PHP 陣列的基礎

PHP 陣列儲存的元素是一種對應關係的兩個值：鍵值（Keys）和對應元素值（Values）。例如：網域名稱對應 IP 位址；學號對應學生姓名。PHP 陣列分為：索引和結合陣列。

索引陣列

索引陣列（Indexed Arrays）的鍵值預設是從 0 開始依序增加的正整數，稱為「索引」（Index）。索引陣列是將相同資料型態的變數集合起來，使用一個名稱代表，然後以索引值存取變數值，如下圖所示：

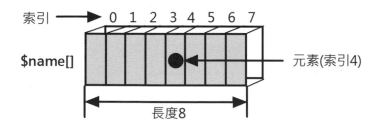

上述圖例的 $name[] 陣列中，每一個「陣列元素」（Array Elements）預設是從索引 0 開始到陣列長度減 1。

結合陣列

結合陣列（Associative Arrays）的鍵值是使用者自訂的值，可以是正整數或字串，每一個鍵值對應一個陣列元素值，鍵值不能重複；元素值可以重複。例如：PHP 內建 getdate() 函數取得的日期 / 時間資料，就是一個結合陣列，如下所示：

```
$today = getdate($stamps);
$month = $today["month"];
$day = $today["mday"];
$year = $today["year"];
```

在上述程式碼在方括號中是陣列鍵值的字串，透過鍵值字串來取得對應的陣列元素值，這就是結合陣列。

7-1-2　一維索引陣列

「一維陣列」（One-dimensional Arrays）是最基本的陣列結構，只有一個索引值，如同現實生活中的單排信箱，可以使用信箱號碼取出指定門牌的信件。

建立索引陣列

PHP 陣列不需要事先宣告，我們可以使用兩種方式建立陣列。第一種方式是直接指定陣列元素值，如下所示：

```
$names[] = "江小魚";
$names[] = "陳允傑";
$names[] = "楊過";
```

上述程式碼的陣列沒有指定索引值，索引值預設從 0 開始增加，每次加 1 來建立 $names[] 陣列，相當於使用下列索引值來指定陣列元素值，如下所示：

```
$names[0] = "江小魚";
$names[1] = "陳允傑";
$names[2] = "楊過";
```

上述陣列共有 3 個陣列元素，如下圖所示：

$names[0] = "江小魚"	$names[1] = "陳允傑"	$names[2] = "楊過"

第二種方式是使用 array() 語言建構子（Language Construct）建立陣列，這不是函數，而是 PHP 語言的關鍵字，如下所示：

```
$grades = array(78, 55, 69, 93);
```

上述程式碼建立陣列 $grades[] 後，使用 array() 以「,」逗號分隔指定陣列元素值，以此例的陣列共有 4 個陣列元素，如下圖所示：

grades[0]=78	grades[1]=55	grades[2]=69	grades[3]=93

存取與走訪陣列元素

索引陣列是使用索引值來存取陣列元素，索引值是從 0 開始。例如：指定陣列第 3 個元素的值，如下所示：

```
$grades[2] = 65;
```

上述程式碼指定陣列索引值 2 的陣列元素值，即第 3 個元素。PHP 程式可以使用相同方法取得指定陣列元素的內容，如下所示：

```
$total += $grades[$i];
```

上述程式碼取得陣列索引 $i 的值。如果需要走訪整個陣列內容，我們可以使用 for 迴圈逐次增加索引，來顯示陣列的每一個元素，如下所示：

```
for ( $i = 0; $i < count($grades); $i++ )
   echo "$i=>$grades[$i] ";
```

上述程式碼使用陣列索引取得每一個陣列元素值，for 迴圈的結束條件是使用 count() 函數取得陣列尺寸，即元素個數。

新增陣列元素

在 PHP 陣列只需指定陣列變數值即可新增陣列元素，並不用指定索引值，如下所示：

```
$names[] = "陳會安";
```

上述程式碼並沒有指定陣列的索引值，PHP 會自動增加陣列索引來新增 $names[] 陣列的元素，以此例是索引值 3。

程式範例：ch7-1-2.php

在 PHP 程式建立兩個陣列，分別儲存整數的成績和姓名清單後，使用 for 迴圈計算總分和顯示姓名清單，如下圖所示：

上述圖例顯示陣列索引和元素值，接著是總分，最後在新增元素後，顯示新增前後的陣列元素值。

程式內容

```
01: <!DOCTYPE html>
02: <html>
03: <head>
04: <meta charset="utf-8" />
05: <title>ch7-1-2.php</title>
06: </head>
```

→ 接下頁

```
07: <body>
08: <?php
09: // 指定陣列元素
10: $grades = array(78, 55, 69, 93);
11: $names[] = "江小魚";
12: $names[] = "陳允傑";
13: $names[] = "楊過";
14: // 計算成績總分
15: $grades[2] = 65;   // 更改陣列值
16: $total = 0;
17: for ( $i = 0; $i < count($grades); $i++ ) {
18:     echo "$i=>$grades[$i] ";
19:     $total += $grades[$i];
20: }
21: echo "<br/>成績總分: ".$total."分<br/>";
22: // 顯示名稱清單
23: for ( $i = 0; $i < count($names); $i++ )
24:     echo "$i=>$names[$i] ";
25: echo "<br/>";
26: $names[] = "陳會安";   // 新增陣列元素
27: // 顯示名稱清單
28: for ( $i = 0; $i < count($names); $i++ )
29:     echo "$i=>$names[$i] ";
30: echo "<br/>";
31: ?>
32: </body>
33: </html>
```

程式說明

● 第 10 列：使用 array() 建立陣列變數 $grades[]。

● 第 11~13 列：指定陣列元素值來建立陣列 $names[]。

● 第 15 列：更改索引 2 的陣列元素值。

● 第 17~20 列：使用 for 迴圈顯示和計算 $grades[] 陣列元素的總分。

● 第 26 列：新增 $names[] 陣列的元素。

● 第 23~25 列和第 28~30 列：在新增元素前後顯示陣列的所有元素。

7-1-3　foreach 迴圈走訪陣列

PHP 除了使用 for 迴圈顯示和走訪索引陣列元素外，還支援 foreach 迴圈來走訪陣列的每一個元素，例如：計算籃球四節得分的總和，如下所示：

```
foreach ($scores as $element) {
   echo "$element ";
   $total += $element;
}
```

在上述 foreach 迴圈的括號中，位在 as 關鍵字前是走訪的陣列變數；之後是取得每一個陣列元素值的變數，迴圈可以依序取出陣列元素，指定給變數 $element。

PHP 提供的 print_r() 函數可以使用可閱讀方式來顯示陣列內容，例如：$scores[] 陣列，如下所示：

```
print_r($scores);
```

程式範例：ch7-1-3.php

在 PHP 程式建立陣列儲存籃球四節的得分後，使用 foreach 迴圈顯示陣列元素和計算元素和，然後使用 print_r() 函數顯示所有陣列元素，如下圖所示：

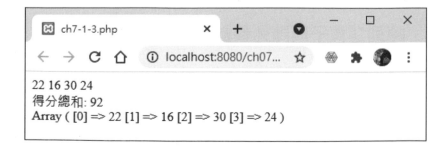

```
01: <!DOCTYPE html>
02: <html>
03: <head>
04: <meta charset="utf-8" />
05: <title>ch7-1-3.php</title>
06: </head>
07: <body>
08: <?php
09: // 指定陣列元素
10: $scores = array(22, 16, 30, 24);
11: $total = 0;
12: // 使用foreach迴圈計算得分總和
13: foreach ($scores as $element) {
14:     echo "$element ";
15:     $total += $element;
16: }
17: echo "<br/>得分總和: ". $total. "<br/>";
18: print_r($scores);    // 顯示陳列值
19: echo "<br/>";
20: ?>
21: </body>
22: </html>
```

程式說明

- 第 13~16 列：使用 foreach 迴圈走訪陣列元素。

- 第 18 列：使用 print_r() 函數顯示陣列元素。

7-1-4 陣列運算子與陣列參數

PHP 陣列變數可以使用指定敘述指定成其他陣列變數，如下所示：

```
$c = $b + $a;
```

上述程式碼將陣列運算式指定給陣列變數 $c，「+」符號是 PHP 陣列運算子，可以執行兩個陣列變數的「聯集」運算。

PHP 陣列運算子：ch7-1-4.php

PHP 陣列運算子可以執行聯集和陣列是否相等的比較運算，其說明如下表所示：

運算子	說明	範例
+	聯集運算，取得第 1 個運算元的所有元素，再加第 2 個運算元陣列索引不存在第 1 個陣列的元素	$a + $b
==	比較兩個陣列元素是否相等，相等回傳 true	$a == $b
===	比較兩個陣列元素是否相等，不只元素相等，順序也需相同，相等回傳 true	$a === $b
!=	比較兩個陣列元素是否不相等，不相等回傳 true	$a != $b
<>	比較兩個陣列元素是否不相等，不相等回傳 true	$a <> $b
!==	比較兩個陣列元素是否不相等，不只元素不相等，順序也不相同時，回傳 true	$a !== $b

函數的陣列參數 (傳值呼叫)：ch7-1-4a.php

PHP 函 數 參 數 如 果 是 陣 列，預 設 是 使 用 傳 值 呼 叫。 例 如：arrayByValue() 函數可以將陣列第 1 個元素清除為 0，如下所示：

```
function arrayByValue($a) {
    $a[0] = 0;
    return $a;
}
```

上述函數因為是傳值呼叫，並不會清除傳入陣列參數的第 1 個元素。因為 PHP 函數會回傳陣列，我們一樣可以將陣列的第 1 個元素清為 0，如下所示：

```
$b = array(1, 2, 3, 4);
$c = arrayByValue($b);
```

上述陣列變數 $b 在呼叫函數後，並不會更改第 1 個元素值；變數 $c 就會更改第 1 個元素值，如下圖所示：

執行$c = arrayByValue($b);後
$b=>Array ([0] => 1 [1] => 2 [2] => 3 [3] => 4)
$c=>Array ([0] => 0 [1] => 2 [2] => 3 [3] => 4)

函數的陣列參數（傳址呼叫）：ch7-1-4b.php

　　PHP 函數如果需要更改參數陣列的元素，請使用傳址呼叫，如此就會清除傳入陣列參數的第 1 個元素，如下所示：

```php
function arrayByRef(&$a) {
   $a[0] = 0;
}
```

　　接著呼叫 arrayByRef() 傳址函數，如下所示：

```php
$b = array(1, 2, 3, 4);
arrayByRef($b);
```

　　可以看到參數陣列的第 1 個元素已經變更成 0，如下圖所示：

呼叫arrayByRef($b)函數後:
$b=>Array ([0] => 0 [1] => 2 [2] => 3 [3] => 4)

7-1-5　索引陣列的相關函數

　　PHP 提供索引陣列的相關函數，可以擴充、刪除、取代和反轉陣列元素。索引陣列相關函數的說明（PHP 程式範例：ch7-1-5.php），如下表所示：

函數	說明
array_pad(array, int, value)	將第 1 個參數的傳值陣列擴充成第 2 個參數 int 的尺寸,如果是正值向右擴充;負數是向左,新增的元素值是參數 value 的值
array_unique(array)	刪除傳址參數陣列中的重複元素
array_splice(array, offset, len, arr)	刪除第 1 個傳址參數陣列中指定範圍的元素,offset 是位移,如果是正值,從位移開始刪除之後的所有元素;0 是全部刪除;負值是刪除倒數幾個元素之後的所有元素。如有 len 參數表示刪除 len 個元素。如有 arr 參數,表示將刪除元素的位置取代成 arr 陣列
array_reverse(array)	反轉參數的傳值陣列,即第 1 個元素變成最後 1 個;最後 1 個成為第 1 個
list(var1, var2, ….)	將參數列指定成對應的陣列元素值

上表陣列函數除 list() 函數外,其他函數的傳回值都是陣列,可以使用指定敘述取得函數的回傳值,如下所示:

```
$result = array_pad($tips, -5, 40);
```

PHP 的 list() 函數可以使用參數列取得對應的陣列元素值,只需使用指定敘述就可以取得對應的陣列元素值,如下所示:

```
list($var1, $var2, $var3) = $tips;
```

上述 list() 函數的 3 個參數 $var1、$var2 和 $var3,可以取得陣列變數 $tips 的前 3 個元素值。

7-1-6　常數陣列

在 PHP 5.6 版可以使用 const 關鍵字來建立「常數陣列」(Constant Arrays),這是一個在建立後,就不能再更改元素值的陣列,例如:儲存水果名稱的一維常數陣列(PHP 程式範例:ch7-1-6.php),如下所示:

```
const FRUITS = array(
    "西瓜",
    "草莓",
    "蘋果",
    "藍莓",
);
print_r(FRUITS);
```

　　上述程式碼使用 const 關鍵字建立常數陣列 FRUITS 後，呼叫 print_r() 函數顯示水果陣列的每一個元素。PHP 7 版除了使用 const 關鍵字，也可以使用 define() 函數建立常數陣列（PHP 程式範例：ch7-1-6a.php），如下所示：

```
define("ANIMALS", [
    "狗",
    "貓",
    "猴子",
    "鳥",
]);
echo ANIMALS[1];
echo "<br/>";
echo ANIMALS[2];
echo "<br/>";
```

　　上述程式碼是使用 define() 函數建立常數陣列，然後使用陣列索引取出第 2 和第 3 個元素。

7-2 二維與結合陣列

　　「二維陣列」（Two-dimensional Arrays）是指擁有 2 個索引的陣列，屬於一維陣列的擴充，如果將一維陣列想像成一度空間的線；二維陣列就是二度空間的平面。

　　結合陣列儲存的是一種擁有對應關係的成對元素，我們可以使用正整數或字串作為鍵值，使用鍵值對應到儲存的元素值。

7-2-1　建立二維索引陣列

　　PHP 陣列的元素可以是其他陣列，當陣列元素是另一個陣列時，我們就可以建立二維陣列或多維陣列。

建立二維陣列

　　在 PHP 建立二維陣列前，需要先建立每一列的一維陣列，如下所示：

```
$row0 = array(64, 65);
$row1 = array(77, 81);
$row2 = array(89, 93);
```

　　上述陣列變數是二維陣列的元素，每一個元素是 1 個一維陣列 (64, 65)、(77, 81) 和 (89, 93)，各有 2 個元素。接著建立二維陣列，如下所示：

```
$grades = array($row0, $row1, $row2);
```

　　上述程式碼的二維陣列 $grades[][] 是先建立一維陣列，其元素是 3 個一維陣列，所以，二維陣列共有 3X2 = 6 個元素，如下圖所示：

$grades[0][0]=64	$grades[0][1]=65
$grades[1][0]=77	$grades[1][1]=81
$grades[2][0]=89	$grades[2][1]=93

在 PHP 建立二維陣列後，就可以使用 2 個索引值來存取陣列元素值，如下所示：

```
$grades[1][0] = 56;
```

上述程式碼指定二維陣列的元素值，第 1 個索引值 1 是第 2 列；第 2 個索引值是 0，就是第 1 欄。取得元素值也是使用 2 個索引值，如下所示：

```
$sum += $grades[$j][$i];
```

上述程式碼取得索引 $j 和 $i 的二維陣列元素值，因為二維陣列是 2 個一維陣列，我們需要使用二層 for 巢狀迴圈來走訪陣列元素。同樣技巧，我們只需使用相同方式，就可以將二維陣列擴充成多維陣列。

程式範例：ch7-2-1.php

在 PHP 程式建立二維陣列儲存成績資料後，顯示二維陣列每一欄的成績小計，最後顯示成績總分，如下圖所示：

程式內容

```
01: <!DOCTYPE html>
02: <html>                                    → 接下頁
```

```
03: <head>
04: <meta charset="utf-8" />
05: <title>ch7-2-1.php</title>
06: </head>
07: <body>
08: <?php
09: $row0 = array(64, 65); // 各列的一維陣列元素
10: $row1 = array(77, 81);
11: $row2 = array(89, 93);
12: // 建立二維陣列
13: $grades = array($row0, $row1, $row2);
14: $grades[1][0] = 56;   // 指定元素值
15: // 使用巢狀迴圈計算總和
16: $total = 0;
17: for ( $j=0; $j < count($grades); $j++) {
18:    $sum = 0;
19:    for ( $i=0; $i < count($grades[$j]); $i++) {
20:       print($grades[$j][$i] . " ");
21:       $sum += $grades[$j][$i];
22:       $total += $grades[$j][$i];
23:    }
24:    print("=>成績小計: ".$sum."<br/>");
25: }
26: print("==>成績總分: ".$total."<br/>");
27: ?>
28: </body>
29: </html>
```

程式說明

- 第 9~11 列：建立 3 個一維陣列，這是二維陣列的每一列。

- 第 13~14 列：建立二維陣列 $grades[][] 後，指定二維陣列的元素值。

- 第 17~25 列：二層巢狀 for 迴圈計算 $grades[][] 陣列各欄小計和所有元素的總分。

7-2-2　結合陣列

「結合陣列」（Associative Arrays）是指陣列元素儲存的是對應的鍵值和元素值，其中鍵值不可重複；元素值可重複。結合陣列各元素的鍵值可以是字串或正整數，然後使用鍵值來存取陣列元素值。

建立結合陣列

PHP 結合陣列也不需要事先宣告，同樣也有兩種方式來建立結合陣列。第一種方式是直接指定陣列元素值，如下所示：

```
$arr["color"] = "紅色";
$arr["name"] = "江小魚";
$arr["shape"] = "圓形";
$arr[] = 50;
```

上述程式碼指定陣列元素值，可以看到方括號的索引是字串的鍵值，最後一個沒有指定索引值，PHP 自動指定為從 0 開始的正整數（如同索引陣列）。

第二種方式是使用 array() 建立陣列，如下所示：

```
$arr = array( "color"=>"黑色", "name"=> "陳會安",
              "shape"=>"三角形", 100 );
```

上述程式碼建立陣列 $arr[]，使用 array() 指定陣列元素值，元素是使用「,」逗號分隔，每一個元素位在「=>」符號前是鍵值；之後是對應的元素值，最後一個沒有指定鍵值，預設鍵值是 0。

新增和刪除結合陣列元素

在結合陣列新增元素是使用指定敘述指定新元素，不過，除非是取代，在新增前請別忘了使用 isset() 檢查鍵值是否重複，如下所示：

```
if (!isset($arr["type"]))
    $arr["type"] = "PHP";
```

上述 if 條件使用 isset() 檢查 "type" 鍵值的陣列元素是否存在，如果不存在，才使用指定敘述新增元素。PHP 還提供 array_key_exists() 函數來檢查鍵值是否已經存在，其說明如下表所示：

函數	說明
array_key_exists(key, array)	檢查第 2 個參數的結合陣列是否有第 1 個參數的鍵值，如果有，回傳 true

刪除結合陣列元素是使用 unset()，如下所示：

```
unset($arr["type"]);
```

上述程式碼刪除結合陣列中鍵值是 "type" 的元素。

走訪結合陣列元素

結合陣列一樣可以使用 foreach 迴圈來走訪陣列元素，如下所示：

```
foreach($arr as $key=>$value) echo "$key=>$value  ";
```

上述 foreach 迴圈括號中，位在 as 關鍵字前是走訪的結合陣列；之後使用「=>」符號，可以分別取得每一個陣列元素的鍵值 $key 和元素值 $value。

從 1 開始的索引陣列

PHP 索引陣列預設索引值是從 0 開始，因為 PHP 結合陣列可以自訂索引值，我們可以建立正整數鍵值的結合陣列，將陣列改為從 1 開始（事實上是結合陣列），如下所示：

```
$weekday = array( 1=>"Mon", "Tue", "Wed", "Thu",
                  "Fri", "Sat", "Sun");
```

上述索引陣列 $weekday 的第 1 個元素指定索引值為 1，所以，之後元素就是從 1 開始依序增加陣列的索引值。

程式範例：ch7-2-2.php

在 PHP 程式建立結合陣列後，依序新增和刪除元素，使用 foreach 迴圈走訪結合陣列，最後顯示從 1 開始的索引陣列元素，如下圖所示：

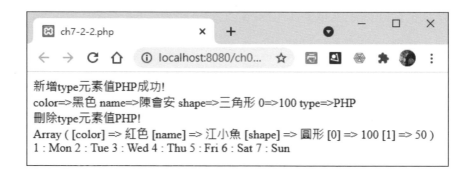

上述圖例顯示在新增元素成功後，使用 foreach 迴圈顯示結合陣列元素，然後使用 print_r() 函數顯示結合陣列元素，最後顯示從 1 開始的索引陣列內容。

程式內容

```
01: <!DOCTYPE html>
02: <html>
03: <head>
04: <meta charset="utf-8" />
05: <title>ch7-2-2.php</title>
06: </head>
07: <body>
08: <?php
09: // 使用array()指定結合陣列的元素
10: $arr = array( "color"=>"黑色", "name"=> "陳會安",
```

→ 接下頁

```
11:                    "shape"=>"三角形", 100 ); // 沒有指定,鍵值是0
12: if (!isset($arr["type"])) {   // 新增元素
13:    $arr["type"] = "PHP";   // 不存在,所以新增
14:    echo "新增type元素值PHP成功!<br/>";
15: }   // 顯示陣列元素
16: foreach($arr as $key=>$value) echo "$key=>$value ";
17: echo "<br/>";
18: $arr["color"] = "紅色";   // 更改陣列元素值
19: $arr["name"] = "江小魚";
20: $arr["shape"] = "圓形";
21: $arr[] = 50;    // 沒有指定, 鍵值為0
22: unset($arr["type"]);    // 刪除結合陣列元素
23: echo "刪除type元素值PHP!<br/>";
24: print_r($arr); echo "<br/>"; // 顯示陣列元素
25: // 建立索引從1開始的索引陣列
26: $weekday = array( 1=>"Mon", "Tue", "Wed", "Thu",
27:                    "Fri", "Sat", "Sun");
28: // 顯示陣列元素
29: for ( $i = 1; $i <= count($weekday); $i++ )
30:    echo "$i : $weekday[$i] ";
31: echo "<br/>";
32: ?>
33: </body>
34: </html>
```

程式説明

● 第 10~11 列：使用 array() 建立結合陣列變數 $arr[]。

● 第 12~15 列：if 條件檢查陣列元素是否存在，不存在，在第 13 列新增
結合陣列元素。

● 第 16~17 列：使用 foreach 迴圈顯示結合陣列元素。

● 第 18~21 列：指定陣列變數值來建立結合陣列 $arr[]，就是取代之前使
用 array() 建立結合陣列的元素。

● 第 22 列：刪除結合陣列元素。

● 第 26~27 列：建立從 1 開始的索引陣列 $weekday[]。

7-2-3　結合陣列的相關函數

PHP 陣列函數可以使用「內部陣列指標」（Array's Internal Pointer）走訪陣列，和提供相關函數將結合陣列分拆成鍵值陣列和對應的元素值陣列。結合陣列的相關函數說明（PHP 程式範例：ch7-2-3.php），如下表所示：

函數	說明
array_keys(array)	回傳參數結合陣列之中鍵值的陣列
array_values(array)	回傳參數結合陣列之中元素值的陣列
reset(array)	將內部陣列指標指向參數陣列的第 1 個元素
current(array)	回傳參數陣列內部陣列指標目前的元素值
key(array)	回傳參數陣列內部陣列指標目前元素的鍵值
next(array)	將內部陣列指標指向參數陣列的下 1 個元素
end(array)	將內部陣列指標指向參數陣列的最後 1 個元素
prev(array)	將內部陣列指標指向參數陣列的前 1 個元素

我們可以使用上述函數的內部陣列指標來走訪陣列 $arr[]，如下所示：

```
reset($arr);
next($arr);
end($arr);
prev($arr);
```

上述程式碼重設內部陣列指標至開頭後，使用 next() 函數移至下一個陣列元素；end() 函數是最後一個元素；prev() 函數移至前一個元素。

7-2-4　函數的可變長度參數列

PHP 5.5 版的 PHP 函數支援「可變長度參數列」（Variable-Length Arguments），函數參數不用指明，而是呼叫相關 PHP 函數來取得傳入的參數資料，其說明如下表所示：

函數	說明
func_num_args()	取得傳入的參數個數
func_get_args()	取得傳入參數的陣列
func_get_arg($i)	取得參數 $i 的第幾個參數值,參數是從 0 開始

建立可變長度參數列的 PHP 函數

PHP 函數如果使用可變長度參數列,就不需指明參數列,直接使用空括號即可,如下所示:

```
function sum() {      }
```

上述 sum() 函數沒有參數列,但並不表示不能傳入參數,例如:呼叫 sum() 函數的程式碼,如下所示:

```
sum(34, 56);
sum(23, 56, 90);
```

上述函數呼叫依序傳入 2 和 3 個參數,在 sum() 函數可以使用上表 PHP 函數取得傳入的參數個數和值。

「...」符號的可變長度參數列

PHP 5.6 版的可變長度參數列支援「...」符號來指明參數名稱,如下所示:

```
function sum(int ...$array) {
    $count = count($array);
    echo "參數個數: $count <br/>";
    $total = 0;
    for ( $i = 0; $i < $count; $i++ ) {
        echo "參數$i=>$array[$i] ";
        $total += $array[$i];
    }
    echo "<br/>參數總和: $total<br/>";
}
```

上述 sum() 函數的參數名稱 $array 使用「...」符號開頭,並且指明型態是 int,因為參數可能有多個,所以參數 $array 是一個陣列,我們可以直接使用此陣列來取得傳入的參數值,而不再需要使用上表的 PHP 函數。

因為指明參數型態是 int,如果傳入的參數值是字串,也會自動轉換成整數來執行加總計算,如下所示:

```
sum(34, "56");        // 2個參數
```

程式範例:ch7-2-4.php

在 PHP 程式使用可變長度參數列來計算傳入參數的總和,如下圖所示:

上述圖例可以看到分別傳入 2 和 3 個參數,sum() 函數顯示傳入的參數個數、值和計算總和。

程式內容

```
01: <!DOCTYPE html>
02: <html>
03: <head>
```

→ 接下頁

```
04: <meta charset="utf-8" />
05: <title>ch7-2-4.php</title>
06: </head>
07: <?php
08: function sum() {
09:     $count = func_num_args();
10:     echo "參數個數: $count <br/>";
11:     // 顯示參數值
12:     for ( $i = 0; $i < $count; $i++ ) {
13:         $para = func_get_arg($i);
14:         echo "參數$i=>$para ";
15:     }
16:     $total = 0;
17:     $array = func_get_args();   // 取得陣列
18:     // 計算總和
19:     for ( $i = 0; $i < $count; $i++ )
20:         $total += $array[$i];
21:     echo "<br/>參數總和: $total<br/>";
22: }
23: ?>
24: </head>
25: <body>
26: <?php
27: sum(34, 56);        // 2個參數
28: echo "--------------------<br/>";
29: sum(23, 56, 90);  // 3個參數
30: ?>
31: </body>
32: </html>
```

程式說明

● 第 9 列：取得傳入的參數個數。

● 第 12~15 列：使用 for 迴圈顯示傳入的參數值。

● 第 17~20 列：在取得參數值的陣列後，使用 for 迴圈計算陣列元素的總和。

PHP 程式範例：ch7-2-4a.php 的 sum() 函數改用「...」符號的可變長度參數列，資料型態是 int 整數，如下所示：

```
function sum(int ...$array) {   }
```

上述函數使用參數陣列計算參數的總和，其執行結果和 ch7-2-4.php 完全相同。PHP 程式範例：ch7-2-4b.php 改用 PHP 8 的 Mixed 型態，sum() 函數不只可以計算整數和，也可以計算浮點數參數的總和，如下所示：

```
function sum(mixed ...$array) {   }
```

PHP 也可以使用 array_sum() 函數來計算參數陣列的元素總和（PHP 程式範例：ch7-2-4c.php），其說明如下表所示：

函數	說明
array_sum(array)	計算參數陣列元素的總和，參數可以是整數或浮點數陣列

7-3 陣列的搜尋與排序

「排序」（Sorting）和「搜尋」（Searching）是處理大量資料時最常使用的資料處理方法，其主要目的是為了更有效率的使用資料。

7-3-1 排序與搜尋的基礎

PHP 提供函數在陣列中執行排序和搜尋，可以在陣列中找出指定元素和排序陣列元素。

排序的基礎

排序工作是將一些資料依照特定原則排列成遞增或遞減順序。例如：整數陣列 $data[] 的內容，如下所示：

```
$data[0]=89 $data[1]=34 $data[2]=78 $data[3]=45
```

上述陣列 $data[] 是以整數大小將陣列元素依遞增的順序排序，排序的結果如下所示：

```
$data[0]=34 $data[1]=45 $data[2]=78 $data[3]=89
```

上述陣列 $data[] 已經排序，其大小順序如下所示：

```
$data[0] < $data[1] < $data[2] < $data[3]
```

搜尋的基礎

搜尋工作是在資料中找出是否存在與特定值相同的資料，搜尋的值稱為「鍵值」（Key），如果資料存在，就進行後續的資料處理。例如：查詢電話簿是為了找朋友的電話號碼，然後與他聯絡；在書局找書是為了找到後買回家閱讀。

搜尋方法依照搜尋的資料分為兩種，如下所示：

● 沒有排序的資料：針對沒有排序的資料執行搜尋，需要從資料的第 1 個元素開始比較，從頭到尾確認資料是否存在。

● 已經排序的資料：不需要從頭開始一個一個的比較。例如：在電話簿找電話，相信沒有人是從電話簿的第一頁開始找，而是直接從姓出現的頁數開始找，因為電話簿已經依照姓名中的姓進行排序。

7-3-2 陣列排序與搜尋函數

PHP 提供陣列排序和搜尋函數，可以排序索引或結合陣列的元素，和在陣列中搜尋指定元素資料。其相關函數的說明，如下表所示：

函數	說明
sort(array [, int])	將參數索引陣列的元素從小到大排序，第 2 個參數指定比較方式
rsort(array [, int])	如同 sort()，只是改為從大到小
asort(array [, int])	將參數結合陣列的值從小到大排序，第 2 個參數指定比較方式
arsort(array [, int])	如同 asort()，只是改為從大到小
ksort(array [, int])	將參數結合陣列的鍵值從小到大排序，第 2 個參數指定比較方式
krsort(array [, int])	如同 ksort()，只是改為從大到小
in_array(value, $array [, bool])	檢查第 1 個參數值是否在第 2 個參數的陣列中，如果是，回傳 true；否則回傳 false，如果第 3 個參數為 true，表示同時檢查型態是否相同
array_search(value, $array[, bool])	如同 in_array() 函數，只是回傳的是找到元素的索引或鍵值，沒有找到回傳 false

上表排序函數的第 2 個參數是選項，可以指定排序時，陣列元素的比較方式，其常數值如下所示：

● SORT_REGULAR：以預設方式進行比較。

● SORT_NUMERIC：將元素以數值方式進行比較。

● SORT_STRING：將元素以字串方式進行比較。

程式範例：ch7-3-2.php

在 PHP 程式使用上表排序和搜尋函數來分別排序和搜尋索引和結合陣列的元素，如下圖所示：

Array ([0] => 200 [1] => 140 [2] => 50 [3] => 67 [4] => 56 [5] => 320)
陣列$data有50
50 56 67 140 200 320
Array ([d] => Blue藍色 [a] => Red紅色 [b] => Green綠色 [c] => White白色)
陣列$colors沒有red
array(4) { ["d"]=> string(10) "Blue藍色" ["b"]=> string(11) "Green綠色" ["a"]=> string(9) "Red紅色"
["c"]=> string(11) "White白色" }
array(4) { ["a"]=> string(9) "Red紅色" ["b"]=> string(11) "Green綠色" ["c"]=> string(11) "White白色"
["d"]=> string(10) "Blue藍色" }

程式內容

```
01: <!DOCTYPE html>
02: <html>
03: <head>
04: <meta charset="utf-8" />
05: <title>ch7-3-2.php</title>
06: </head>
07: <body>
08: <?php
09: // 指定陣列元素
10: $data = array(200, 140, 50, 67, 56, 320);
11: print_r($data); echo "<br/>"; // 顯示陣列元素
12: if (in_array("50", $data)) {  // in_array()函數
13:     print "陣列\$data有50<br/>";
14: }
15: sort($data);  // 排序索引陣列元素
16: foreach($data as $ele) echo "$ele  ";
17: echo "<br/>";
18: // 指定陣列元素
19: $colors = array("d"=>"Blue藍色","a"=>"Red紅色",
20:                 "b"=>"Green綠色","c"=>"White白色");
21: print_r($colors); echo "<br/>"; // 顯示陣列元素
22: // array_search()函數
23: if (($k = array_search("red",$colors)) != false) {
24:     print "陣列\$colors有red => $k <br/>";
25: }
```

→ 接下頁

```
26: else {
27:     print "陣列\$colors沒有red<br/>";
28: }
29: asort($colors);   // 排序結合陣列的值
30: // 顯示陣列元素
31: var_dump($colors);
32: echo "<br/>";
33: ksort($colors);   // 排序結合陣列的鍵值
34: // 顯示陣列元素
35: var_dump($colors);
36: echo "<br/>";
37: ?>
38: </body>
39: </html>
```

程式説明

- 第 12~14 列：if 條件使用 in_array() 函數檢查是否找到指定元素。

- 第 15 列：使用 sort() 函數排序索引陣列的元素。

- 第 23~28 列：if 條件使用 array_search() 函數檢查是否找到指定元素，並且將找到元素的索引或鍵值顯示出來。

- 第 29 列：使用 asort() 函數排序結合陣列的元素值。

- 第 33 列：使用 ksort() 函數排序結合陣列的鍵值。

7-4 字串處理函數

　　PHP 字串是一序列的字元集合，這是使用單引號「'」或雙引號「"」括起的文字內容，如下所示：

```
$str1 = 'PHP與MySQL網頁設計範例教本';
$str2 = "Hello World!";
```

在 PHP 變數可以使用指定敘述指定字串值,和提供字串函數來處理字串變數。

7-4-1　字串長度、剪裁與大小寫轉換

PHP 字串函數可以取得字串長度、剪裁和進行英文字串內容的大小寫轉換。其相關函數的說明(PHP 程式範例:ch7-4-1.php),如下表所示:

函數	說明
strlen(string)	取得字串長度,回傳字串擁有多少個字元
strtolower(string)	將字串的英文字母轉換成小寫字母
strtoupper(string)	將字串的英文字母轉換成大寫字母
trim(string)	刪除字串前後端的空白字元
ltrim(string)	刪除字串開頭的空白字元
rtrim(string)	刪除字串結尾的空白字元
chop(string)	同 rtrim() 函數

7-4-2　子字串與字元搜尋

PHP 提供多種功能強大的子字串與字元搜尋函數,可以在字串中搜尋指定子字串或字元。其相關函數的說明如下表所示:

函數	說明
strpos(string, mixed [, int])	回傳第 2 個參數字串或字元在第 1 個參數中第 1 次搜尋到的索引位置,第 3 個參數是指定開始搜尋位置,以 0 開始,沒有找到回傳 false
strrpos(string, mixed)	回傳從最後一個字元開始反向搜尋第 2 個參數的字串或字元在第 1 個參數中第 1 次出現的索引位置,以 0 開始,沒有找到回傳 false

→ 接下頁

函數	說明
strstr(string, mixed)	回傳第 2 個參數字串或字元在第 1 個參數中第 1 次搜尋到的位置至最後的子字串,沒有找到回傳 false,比較時區分英文字母大小寫
stristr(string, mixed)	回傳第 2 個參數字串或字元在第 1 個參數中第 1 次搜尋到的位置至最後的子字串,沒有找到回傳 false,比較時不區分英文字母大小寫
strchr(string, mixed)	同 strstr() 函數
strrchr(string, mixed)	回傳從最後一個字元開始反向搜尋第 2 個參數字元(如為字串就是第 1 個字元)在第 1 個參數中第 1 次出現的位置到結束的子字串,沒有找到回傳 false

程式範例：ch7-4-2.php

在 PHP 程式指定 3 個中英文字串變數值後,使用上表函數搜尋字元和子字串,和取出所需的子字串,如下圖所示:

上述圖例可以看到測試字串的內容,和顯示字元和子字串的搜尋結果,在最後取出所需的子字串。

程式內容

```
01: <!DOCTYPE html>
02: <html>
03: <head>
04: <meta charset="utf-8" />
05: <title>ch7-4-2.php</title>
06: </head>
07: <body>
08: <?php
09: $str1 = "PHP與MySQL網頁設計範例教本"; // 字串變數
10: $str2 = "username@company.com.tw";
11: $str3 = 'C:\xampp\htdocs\ch07';
12: print("測試字串1: \"".$str1."\"<br/>");
13: print("測試字串2: \"".$str2."\"<br/>");
14: print("測試字串3: \"".$str3."\"<br/>");
15: $pos = strpos($str1,"ASP");  // 搜尋子字串的位置
16: if ($pos === false)
17:    echo "在字串1沒有找到字串: \"ASP\"<br/>";
18: $pos = strpos($str1, "範例");
19: echo "在字串1找尋字串: \"範例\" 位置: $pos <br/>";
20: $pos = strrpos($str1, "PHP");
21: echo "在字串1找尋字元: \"PHP\" 位置: $pos <br/>";
22: $domain = strstr($str2, '@');  // 搜尋子字串
23: print "網域名稱 => " . $domain . "<br/>";
24: $dir = strchr($str3, "\\");
25: print "取得路徑 => " . $dir . "<br/>";
26: $dir = strrchr($str3, "\\");  // 反向搜尋子字串
27: print "反向取得路徑 => " . $dir . "<br/>";
28: ?>
29: </body>
30: </html>
```

程式說明

● 第 9~11 列：建立 3 個字串變數。

● 第 15~21 列：測試 strpos() 和 strrpos() 函數，在第 16~17 列的 if 條件使用「===」3 個等號的識別運算子，表示型態也需相同。

● 第 22~26 列：測試 strstr()、strchr() 和 strrchr() 函數。

7-4-3　子字串和字元處理

PHP 提供函數來取代和取出字串中指定字元和子字串。相關函數的說明如下表所示：

函數	說明
chr(int)	取得參數 int 的 ASCII 碼字元
substr(string, int [, int])	從第 1 個參數字串的第 2 個參數 int 開始取出剩下字元的字串，如有第 3 個參數是取出的長度
substr_count(string, string)	計算第 2 個參數字串在第 1 個參數字串出現的次數
substr_replace(string, string , int [, int])	在第 1 個參數字串中的第 3 個參數位置開始取代成第 2 個參數的字串，如有第 4 個 int 參數是取代長度
strrev(string)	回傳參數字串的反轉字串，例如："username" 反轉成 "emanresu"
str_repeat(string, int)	重複第 1 個參數字串，共可重複第 2 個參數的次數
explode(string, string [, int])	回傳第 2 個參數字串中，以第 1 個參數分割成元素的陣列，如有第 3 個參數是最大分割的陣列元素數
implode(string, array)	將第 2 個參數的陣列元素使用第 1 個參數的字串連接起來

程式範例：ch7-4-3.php

在 PHP 程式建立字串變數後，使用上表函數執行子字串和字元的處理，並且將字串分割成陣列，如下圖所示：

程式內容

```
01: <!DOCTYPE html>
02: <html>
03: <head>
04: <meta charset="utf-8" />
05: <title>ch7-4-3.php</title>
06: </head>
07: <body>
08: <?php
09: $str1 = "username@company.com.tw";  // 字串變數
10: $str2 = 'C:\xampp\htdocs\ch07';
11: $str3 = "江小魚||陳會安||小龍女||張無忌";
12: print("測試字串1: \"".$str1."\"<br/>");
13: print("測試字串2: \"".$str2."\"<br/>");
14: print("測試字串3: \"".$str3."\"<br/>");
15: $A = chr(65);   // 取得ASCII碼的字元
16: echo "ASCII碼65是字元: $A <br/>";
17: echo "ASCII碼56是字元: ".chr(56)."<br/>";
18: // 取出子字串
19: $domain = substr(strstr($str1, '@'), 1);
20: print "網域名稱 => ".$domain."<br/>";
```

→ 接下頁

```
21: $dir = substr($str2,2,6);
22: print "substr(\$str2,2,6)取得路徑 => ".$dir."<br/>";
23: $no = substr_count($str1, "com");  // 計算次數
24: print "計算字串1中com出現的次數 => ".$no."<br/>";
25: $str = substr_replace($str2, "TEST1", 3, 5); // 取代字串
26: print "取代字串2的xampp => ".$str."<br/>";
27: print "反轉字串1 => ".strrev($str1)."<br/>";// 反轉字串
28: // 重複字串
29: print "重複字串2兩次 => ".str_repeat($str2, 2)."<br/>";
30: // 將字串以分隔字元轉換成陣列
31: $users = explode("||",$str3);
32: print "分割字串3: ";  print_r($users);
33: // 將陣列元素輸出成字串
34: $user_string = implode("||", $users);
35: print "<br/>組成字串3: ".$user_string."<br/>";
36: ?>
37: </body>
38: </html>
```

程式說明

● 第 15~35 列：測試字串和字元處理函數，在第 31~32 列將字串分割成
  陣列元素，然後再將陣列組合成分隔字串組成的字串。

7-4-4　字串的比較

PHP 函數的字串比較是一一比較字元的內碼值，直到分出大小為止。
其相關函數的說明（PHP 程式範例：ch7-4-4.php），如下表所示：

函數	說明
strcmp(string, string)	比較 2 個參數字串的內容，傳回值是整數，0 表示相等；<0 表示第 2 個參數的字串比較大；>0 表示第 2 個參數的字串比較小
strncmp(string, string, int)	只比較 2 個字串的前 int 個字元
strcasecmp(string, string)	忽略英文字母大小寫，比較 2 個字串的內容
strncasecmp(string,string,int)	忽略英文字母大小寫，比較 2 個字串的前 int 個字元

7-4-5 Web 使用的字串函數

PHP 提供多種支援 Web 網站開發的相關函數。其相關函數的說明
（PHP 程式範例：ch7-4-5.php），如下表所示：

函數	說明
addslashes(string)	在單引號「'」、雙引號「"」、反斜線「\」前加上反斜線
stripslashes(string)	刪除參數字串中的反斜線
htmlentities(string)	將字串的字元轉換成 HTML 字元集
nl2br(string)	將參數字串中的 '\n' 字元轉換成 HTML 的換行標籤
strip_tags(string)	刪除參數字串中的 HTML 標籤

學習評量

選擇題

(　　) 1. 請問下列哪一個是存取 $test 索引陣列第 1 個元素的程式碼？

    A. $test(0)　　　　　　B. $test(1)

    C. $test[0]　　　　　　D. $test[1]

(　　) 2. 如果不使用陣列索引來走訪陣列，PHP 程式可以使用下列哪一
種迴圈來走訪索引陣列？

    A. foreach　　　　　　B. while

    C. do/while　　　　　　D. for

(　　) 3. 請問 PHP 程式碼：$test[] = 65; 的用途為何？

    A. 刪除元素　　　　　　B. 新增元素

    C. 指定第 1 個元素值　　D. 比較元素值

( ) 4. 請問下列哪一個 PHP 程式碼一定是存取結合陣列的元素值？

A. $c["type"] = "red";　　B. $s[1][0] = 80;

C. $q[4] = 80;　　　　　　D. $a[] = 50;

( ) 5. 請問 PHP 程式碼：$wd = array(2=>"Mon", "Tue", "Wed", "Thu", "Fri", "Sat", "Sun"); 建立的陣列中，$wd[3] 陣列元素是下列哪一個值？

A. "Mon"　　　　　　B. "Tue"

C. "Wed"　　　　　　D. "Sun"

( ) 6. PHP 函數如果使用內部陣列指標走訪陣列，請問下列哪一個函數不能移動指標？

A. next(arr)　　　　B. end(arr)

C. each(arr)　　　　D. current(arr)

( ) 7. 請問 PHP 函數的可變長度參數列（Variable-length Arguments）可以使用下列哪一個函數取得傳入的參數個數？

A. func_get_arg()　　　B. func_get_args()

C. func_num_args()　　D. func_read_arg()

( ) 8. 在 PHP 程式可以使用下列哪一個函數將「\n」換行符號替換成 HTML 換行標籤？

A. htmlentities()　　　B. nl2br()

C. strip_tags()　　　　D. stripslashes()

( ) 9. 在 PHP 程式可以使用下列哪一個函數將字串分割成陣列？

A. strrev()　　　　　B. str_repeat()

C. implode()　　　　D. explode()

(　) 10. 在 PHP 程式可以使用下列哪一個函數來反轉字串？

A. strrev()　　　　　　B. str_repeat()

C. implode()　　　　　　D. explode()

簡答題

1. 請說明 PHP 陣列的種類可以分為哪兩種？

2. PHP 的陣列元素儲存的是一種對應關係的 2 個值：_____（Keys）和 _____（Values）。

3. PHP 語言的索引陣列，其索引值預設從 _____ 開始。

4. 結合陣列（Associative Arrays）是指元素是對應的鍵值和元素值，鍵值 ____ 重複；元素值 ____ 重複。

5. 在 array() 指定結合陣列元素的值時，各元素是使用 ____ 號分隔，元素位在 _____ 符號前是鍵值，以後是值。刪除結合陣列元素 $arr["type"] 的程式碼：_____。

6. 請問什麼是常數陣列？

7. 請問 PHP 函數的可變長度參數列參數有幾種作法？為什麼在可變長度參數列使用 Mixed 資料型態？

8. 請舉例說明什麼是搜尋和排序？

實作題

1. 請建立 PHP 程式宣告 15 個元素的一維索引陣列，使用 for 迴圈初始元素值為其索引值後，再使用 foreach 迴圈計算元素值的總和。

2. 請建立 PHP 程式宣告一維索引陣列 $grades[]，在初始學生成績資料 95、85、76、56 後，計算成績總分和平均。

3. 請建立 PHP 程式使用二維陣列儲存成績資料，然後計算每位學生的平均和總分，所有學生的總分和平均，學生成績如下表所示：

姓名	成績 1	成績 2
陳會安 (Joe)	88	58
江小魚 (Jane)	75	67
小龍女 (Mary)	46	94

4. 請將實作題 3 的陣列改為結合陣列來實作，鍵值是英文姓名。

5. 請建立 PHP 程式宣告 PHP 字串變數：$str = 'PHP Programming';，然後顯示下列字串函數的輸出結果，如下所示：

```
strlen($str)
strpos($str, "r")
strrev($str)
substr($str, 3, 6)
```

08

PHP 狀態管理

本章學習目標

8-1　PHP 預定變數

「預定變數」（Predefined Variables）是讓網站的 PHP 程式在執行時可以隨時存取的重要資訊，這是一組結合陣列的變數，可以取得伺服器、Session、Cookie、環境和 HTML 表單欄位資料等資訊。

8-1-1　認識 PHP 預定變數

因為 HTTP 通訊協定傳送的不只有 URL 網址，在 HTTP 標頭（Header）資訊擁有瀏覽器版本、伺服器、Cookie 和 HTML 表單欄位等相關資訊。

在 PHP 提供一組結合陣列的預定變數，這是 PHP 引擎建立的變數，可以取得 PHP 程式和 HTTP 標頭的相關資訊。這些預定變數預設擁有全域變數範圍，稱為「自動全域」（Autoglobals）或「超全域」（Superglobals）變數，其說明如下表所示：

超全域變數	說明
$GLOBALS	包含目前執行 PHP 程式的所有全域變數，其鍵值是全域變數名稱
$_SERVER	Web 伺服器的變數，屬於目前 PHP 程式執行環境的相關資料，詳見第 8-1-2 節的說明
$_GET	儲存 HTTP GET 方法傳入 PHP 程式表單欄位值或 URL 參數的結合陣列，其鍵值是欄位或參數名稱
$_POST	儲存 HTTP POST 方法傳入 PHP 程式表單欄位值的結合陣列，其鍵值是欄位名稱
$_COOKIE	儲存 HTTP 傳遞 Cookie 資料的結合陣列
$_FILES	儲存使用 HTTP POST 方法上傳檔案相關資訊的結合陣列，詳見第 9-4 節的說明
$_ENV	儲存 PHP 執行時或 CGI 環境變數的結合陣列
$_REQUEST	儲存 $_GET、$_POST 和 $_COOKIE 變數內容的結合陣列
$_SESSION	儲存目前 PHP 程式 Session 變數的結合陣列，詳見第 8-6 節的說明

8-1-2 伺服器的系統資訊

$_SERVER 預定變數可以取得 Web 伺服器的系統資訊，其值是結合陣列，我們可以使用鍵值的變數名稱來取得所需資訊。常用變數名稱的說明（PHP 程式範例：ch8-1-2.php），如下表所示：

變數名稱	說明
GATEWAY_INTERFACE	伺服端 CGI 版本
PHP_SELF	目前執行 PHP 程式的檔案名稱
DOCUMENT_ROOT	目前執行 PHP 程式的根目錄
QUERY_STRING	URL 參數的資料
REMOTE_ADDR	客戶端的 IP 位址
REMOTE_PORT	客戶端與主機連線的埠號
REQUEST_METHOD	HTTP 請求方法是 GET、PUT 或 POST 等
SCRIPT_NAME	目前執行 PHP 程式的虛擬路徑
SCRIPT_FILENAME	目前執行 PHP 程式的實際路徑
SERVER_NAME	伺服器網域名稱或 IP 位址
SERVER_PORT	HTTP 通訊協定的埠號
SERVER_PROTOCOL	HTTP 通訊協定的版本
SERVER_SOFTWARE	使用的伺服器軟體和版本

在 PHP 程式可以指定變數名稱的鍵值來取得所需的系統資訊，如下所示：

```
$ip = $_SERVER["REMOTE_ADDR"];
$path = $_SERVER["SCRIPT_NAME"];
$server = $_SERVER["SERVER_SOFTWARE"];
```

上述程式碼的鍵值是變數名稱，以此例可以取得使用者 IP 位址、目前執行 PHP 程式的路徑和 Web 伺服器的軟體。我們可以搭配使用 foreach 迴圈顯示伺服器的所有變數值，如下所示：

```
foreach ($_SERVER as $key=>$value) {
    echo "<tr><td>" . $key . "</td>";
    echo "<td>" . $value . "</td></tr>";
}
```

8-2 HTTP 標頭與輸出緩衝區處理

PHP 程式可以透過送出 HTTP 標頭資訊來轉址或定時更新網頁內容、指定文件類型和保留期限。輸出緩衝區可以等到執行完 PHP 程式後,才一次送到瀏覽器顯示。

8-2-1 HTTP 標頭處理

PHP 的 header() 函數可以送出 HTML 網頁的標頭資訊,透過送出標頭資訊來轉址或定時更新網頁、指定文件類型和保留期限,其說明如下表所示:

函數	說明
header(string [, boolean])	回傳第 1 個參數的 HTTP 標頭資料,預設取代前一個標頭中相同型態的資料,如果第 2 個參數是 false,表示允許多個同型態的資料

在 PHP 程式只需送出指定型態的標頭資料,就可以轉址(Location)、更新(Refresh)、指定資料類型(Content-type)和指定網頁內容的保留期限(Expires)。

轉址到其他網頁或 PHP 程式:ch8-2-1~b.php

轉址功能是指執行 PHP 程式來轉址到其他網址的其他網頁或 PHP 程式,換句話說,在瀏覽器執行 PHP 程式並不會顯示內容,而是馬上轉址到其他 PHP 程式或 URL 網址,如下所示:

- PHP 程式：ch8-2-1.php 是在 header() 函數使用 Location 型態指定轉址的 URL 網址，在「:」符號後是網址或檔案路徑，以此例是轉址到同一目錄的 ch8-1-2.php，如下所示：

```
header("Location: ch8-1-2.php");
```

- PHP 程式：ch8-2-1a.php 是轉址至 HiNet 網站的 URL 網址，如下所示：

```
header("Location: http://www.hinet.net");
```

- PHP 程式：ch8-2-1b.php 是轉址至 ch03 子目錄的 HTML 網頁 ch3-1-1.html，如下所示：

```
header("Location: http://localhost:8080/ch03/ch3-1-1.html");
```

為了保證 header() 函數之後的程式碼在轉址後不會執行，可以在之後加上 exit() 來中止目前 PHP 程式的執行。

定時更新網頁：ch8-2-1c~d.php

PHP 的 header() 函數可以使用 Refresh 型態指定間隔時間來自動定時更新網頁，如下所示：

- PHP 程式：ch8-2-1c.php 是使用 Refresh 型態，位在「:」符號後是間隔時間，以此例是 2 秒，可以定時更新網頁來顯示不同的亂數值，如下所示：

```
header("Refresh: 2");
```

- PHP 程式：ch8-2-1d.php 可以在 2 秒後，自動轉址到指定 PHP 程式，在「;」分號後的 url 參數就是轉址的 URL 網址或 PHP 檔案路徑，如下所示：

```
header("Refresh:2;url=ch8-1-2.php");
```

在 header() 函數可以使用 Content-type 型態指定 HTTP 通訊協定傳送資料到瀏覽器的資料種類，其值是 MIME 資料類型。常用類型的說明如下表所示：

MIME 資料類型	說明
text/html	HTML 網頁檔案
text/xml	XML 文件的檔案
text/plain	一般文字檔
image/jpeg	JPEG 格式的圖片檔
image/png	PNG 格式的圖片檔

上表 text/html 是預設值，如果需要輸出成其他類型，請使用 header() 函數來指定 MIME 資料類型，如下所示：

```
header("Content-type: text/xml");
```

上述程式碼指定 Content-type 型態為 text/xml，表示傳送內容是 XML 文件。PHP 程式：ch8-2-1e.php 使用 header() 函數設定輸出的網頁內容是 XML 文件，然後使用 print 輸出 XML 元素的內容，如下圖所示：

8-2-2　設定在快取保留的期限

　　雖然 PHP 程式、HTML 網頁和圖片等多媒體資料是儲存在 Web 伺服器，為了加速網頁存取，在伺服端、客戶端電腦或 Proxy 伺服器都會將網頁內容保留在快取空間（Cache）的資料夾或磁碟，以便加速網頁瀏覽。

客戶端快取的基礎

　　在客戶端電腦啟動瀏覽器瀏覽網頁時，網頁內容同時會保留在客戶端電腦的資料夾，此資料夾是一個快取空間，可以加速網頁瀏覽。當使用者重複瀏覽相同網頁時，瀏覽器會先到快取找找看是否檔案已經存在，如果有，就直接從快取取出網頁內容，而不是每次都連線網站下載網頁內容，可以節省下載檔案時間，提高瀏覽效率。

　　在實務上，當輸入個人保密資料的網頁時，例如：使用者密碼，為了保密、安全原因或希望每次都連線網站下載網頁內容，我們並不希望將網頁內容保留在客戶端快取，或只允許保留一段時間，此時可以設定 PHP 程式的保留期限。

指定 PHP 程式的保留期限：ch8-2-2.php

　　PHP 程式可以使用 header() 函數的 Expires 型態來指定網頁在快取保留的時間，此時間為 GMT 格林威治時間，如下所示：

```
header("Expires: ". gmdate("D, d M Y H:i:s",
        mktime(0,0,0,12,31,2021))." GMT" );
```

　　上述程式碼使用 gmdate() 函數取得 GMT 時間，mktime() 函數指定日期／時間為 31 Dec 2021 00:00:00 GMT。如果不想將 PHP 程式保留在快取，只需將 Expires 設為過去時間即可。

8-2-3　輸出緩衝區處理

在 PHP 程式啟用輸出緩衝區（Output Buffer）的目的是針對 header() 或第 8-5 節的 setcookie() 函數，因為這 2 個函數會更改 HTTP 標頭資訊，可以避免產生重複寫入標頭資訊的錯誤（如果關閉輸出緩衝區，就會產生此錯誤）。

在 PHP 程式啟用輸出緩衝區可以在 php.ini 檔案指定 output_buffering 屬性為 On 或指定緩衝區尺寸來開啟（XAMPP 預設啟用輸出緩衝區），我們也可以自行使用 PHP 函數來啟用輸出緩衝區。

輸出緩衝區的基礎

PHP 引擎在執行 PHP 程式碼時，可以選擇將處理結果馬上輸出到客戶端的瀏覽器顯示，或先輸出到暫存的輸出緩衝區，等到 PHP 程式執行完畢或緩衝區已滿，才送到瀏覽器來顯示，如下圖所示：

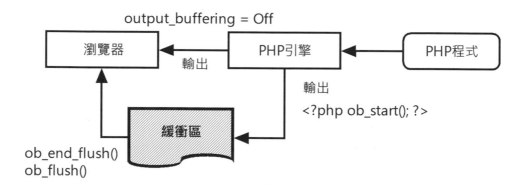

上述圖例的 output_buffering 設為 Off，表示不使用輸出緩衝區，程式可以使用 ob_start() 函數啟用輸出緩衝區。PHP 程式在送到 PHP 引擎執行後，如果沒有啟用輸出緩衝區，就會直接將輸出內容送到瀏覽器來顯示；如果有啟用，輸出結果是先輸出到緩衝區，當遇到下列情況才將輸出內容送到瀏覽器，如下所示：

● 執行完 PHP 程式後。

● 執行到 ob_end_flush() 或 ob_flush() 函數將緩衝區內容送出。

PHP 輸出緩衝區處理函數

PHP 提供輸出緩衝區函數來啟用、使用和關閉輸出緩衝區。相關函數的說明，如下表所示：

函數	說明
ob_start()	啟用輸出緩衝區
ob_end_clean()	清除輸出緩衝區內容和關閉輸出緩衝區
ob_end_flush()	送出輸出緩衝區內容和關閉輸出緩衝區
ob_flush()	送出輸出緩衝區內容到瀏覽器
ob_clean()	清除輸出緩衝區內容，表示不顯示內容

程式範例：ch8-2-3.php

在 PHP 程式使用輸出緩衝區的相關函數來顯示 1~29 之間的偶數，如下圖所示：

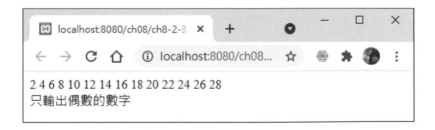

程式內容

```
01: <?php ob_start(); ?>
02: <!DOCTYPE html>
```

→ 接下頁

```
03: <html>
04: <head>
05: <meta charset="utf-8" />
06: <title>ch8-2-3.php</title>
07: </head>
08: <body>
09: <?php
10: for ( $i = 1; $i < 30; $i++ ) {
11:     echo "$i ";   // 輸出字串的一個字
12:     if (( $i % 2 ) == 0)
13:         ob_flush();   // 輸出緩衝區
14:     else
15:         ob_clean();   // 清除緩衝區
16: }
17: echo "<br/>只輸出偶數的數字<br/>";
18: ob_end_flush();
19: ?>
20: </body>
21: </html>
```

程式說明

- 第 1 列：啟用輸出緩衝區，因為 XAMPP 預設啟用，刪除此行也不會影響執行結果。

- 第 10~16 列：for 迴圈是從 1 到 29，在第 12~15 列的 if/else 條件判斷是偶數或奇數，偶數，就在第 13 列使用 ob_flush() 函數輸出數字；奇數是在第 15 列使用 ob_clear() 函數清除緩衝區，所以並不會輸出奇數。

- 第 18 列：ob_end_flush() 函數送出輸出緩衝區的內容和關閉輸出緩衝區。

8-3 PHP 狀態管理的基礎

　　PHP 程式在伺服端執行時，因為 HTTP 通訊協定並不會持續保持連線和保留客戶端的使用者狀態，所以在瀏覽不同 PHP 程式時，PHP 程式需要將使用者狀態傳遞給下一頁瀏覽的 PHP 程式，以便保留使用者狀態，稱為「狀態管理」（State Management）。

　　基本上，PHP 的狀態管理依儲存位置的不同，分成客戶端和伺服端狀態管理。

客戶端狀態管理

　　客戶端狀態管理是將資料儲存在使用者電腦，或儲存在 HTML 網頁或 PHP 程式碼建立的 HTML 標籤之中，以便將資料傳遞給下一頁 PHP 程式。常用方法如下表所示：

狀態管理方法	說明
表單欄位	使用 HTML 表單欄位內容傳遞資料到其他 PHP 程式
URL 參數	使用 URL 網址的參數傳遞資料
Cookies	Cookies 是保留在使用者電腦的小檔案，檔案內容是一些執行時所需的使用者資料

伺服端狀態管理

　　伺服端狀態管理是將資料儲存在伺服端電腦，所以這些狀態資訊會佔用伺服器資源。常用方法如下表所示：

狀態管理方法	說明
Session 變數	使用 Session 變數儲存使用者資料
文字檔案	使用伺服端文字檔案儲存使用者資料
資料庫	使用資料庫儲存使用者資料
XML 文件	使用 XML 文件儲存使用者資料

8-4 HTML 表單處理與 URL 參數

HTML 表單是 Web 網站的使用介面，與使用者互動的窗口，可以將使用者輸入資料送到伺服端 PHP 程式來進行處理。

8-4-1 HTML 表單處理的基礎

HTML 表單處理和 URL 參數十分相似，都可以將輸入資料傳遞至下一頁 PHP 程式，請注意！ HTML 表單處理與 URL 參數的狀態保留範圍只限於這 2 頁，即輸入資料的 HTML 表單和處理的 PHP 程式。

HTML 表單的用途

PHP 程式是在伺服端執行，客戶端網頁只負責取得使用者輸入的資料，其輸入資料需要送到伺服端 PHP 程式來進行處理，使用的就是 HTML 表單，如下圖所示：

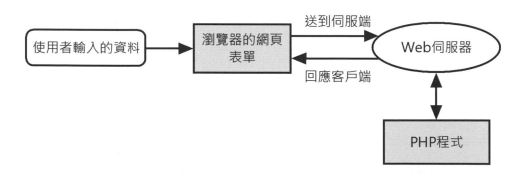

上述 HTML 表單是與使用者對話互動的窗口，輸入資料需要送到伺服端 PHP 程式進行處理後，再將執行結果回應到客戶端瀏覽器。

請注意！ PHP 程式取得的表單欄位資料有可能錯誤，錯誤小者只影響 PHP 程式運作，大者可能造成系統錯誤，因此 HTML 表單欄位驗證也是 HTML 表單處理的重要工作。

$_POST 與 $_GET 預定變數

HTML 表單處理是使用 PHP 預定變數 $_POST 和 $_GET 來取得欄位資料。例如：在 HTML 表單有名為 Username 的欄位，在 PHP 程式碼可以使用預定變數取得此欄位值，如下所示：

```
$name = $_POST["Username"];
$name = $_GET["Username"];
```

上述程式碼取得預定變數結合陣列的元素值，鍵值字串就是欄位名稱，可以取得此欄位輸入的內容。

PHP 程式碼如何判斷是用 $_POST 或 $_GET 變數，我們可以從 HTML 表單 <form> 標籤的 method 屬性值 POST | post（使用 $_POST 預定變數）或 GET | get（使用 $_GET 預定變數）來決定，如下所示：

```
<form name="name" method="post | get" action="URL">
    ......
</form>
```

上述 method 屬性值就是使用 HTTP 通訊協定的 POST 和 GET 方法，其差異如下表所示：

HTTP POST 方法	HTTP GET 方法
欄位值不會顯示在 URL 網址	欄位值會顯示在 URL 網址
資料長度不限	資料長度不可超過 255 個字元
支援多種資料型態	只能使用 string 字串型態
PHP 是使用 $_POST 預定變數	PHP 是使用 $_GET 預定變數

8-4-2 URL 參數傳遞資料

PHP 除了使用 HTML 表單傳遞資料外，還可以使用超連結的 URL 參數或 header() 函數轉址來傳送資料給其他 PHP 程式，如下所示：

```
<a href="ch8-4-2.php?Id=5612&amp;Name=陳會安">
登入學校網站
</a>
```

上述 <a> 標籤的超連結傳遞 Id 和 Name 兩個參數，因為參數不只一個，請使用「&」分隔（即「&」符號）。

在 PHP 程式取得超連結傳遞的參數值，如同 HTML 表單使用 GET 方法，可以使用 $_GET 預定變數來取得參數或欄位值，如下所示：

```
$id = $_GET["Id"];
$name = $_GET["Name"];
```

上述程式碼取得傳遞資料的變數 $id 和 $name，結合陣列的鍵值字串就是 URL 參數或 HTML 欄位名稱字串。

程式範例：ch8-4-2.html、ch8-4-2.php

在 HTML 網頁建立超連結連接 ch8-4-2.php，和傳遞學生的學號和姓名資料，在 PHP 程式是使用 $_GET 預定變數來取得 URL 參數值，如下圖所示：

點選**登入學校網站**超連結，可以在**網址**欄看到傳遞參數到 PHP 程式 ch8-4-2.php，如下圖所示：

上述圖例顯示 URL 參數傳遞的值，在**網址**欄可以看到傳遞的參數名稱和值，如下圖所示：

ⓘ localhost:8080/ch08/ch8-4-2.php?Id=5612&Name=陳允傑　　☆

程式內容：ch8-4-2.html

```
01: <!DOCTYPE html>
02: <html>
03: <head>
04: <meta charset="utf-8" />
05: <title>ch8-4-2.html</title>
06: </head>
07: <body>
08: <a href="ch8-4-2.php?Id=5612&amp;Name=陳允傑">
09: 登入學校網站</a>
10: </body>
11: </html>
```

程式說明

● 第 8~9 列：超連結傳遞 URL 參數 Id 和 Name。

程式內容：ch8-4-2.php

```
01: <!DOCTYPE html>
02: <html>
03: <head>
04: <meta charset="utf-8" />
```

→ 接下頁

```
05: <title>ch8-4-2.php</title>
06: </head>
07: <body>
08: <?php
09: $id = $_GET["Id"];   //  取得URL參數
10: $name = $_GET["Name"];
11: // 顯示參數值
12: echo "學號: " . $id . "<br/>姓名: " . $name . "<br/>";
13: ?>
14: </body>
15: </html>
```

程式說明

● 第 9~12 列：使用 $_GET 預定變數取得參數 Id 和 Name 的值後，在第 12 列顯示參數值。

8-4-3　取得文字欄位的內容

在第 3-5-2 節我們已經建立文字欄位的 HTML 表單，這一節就可以建立 PHP 程式來取得使用者在文字欄位輸入的內容。

文字與密碼方塊

在 HTML 表單建立文字與密碼方塊後，文字與密碼欄位是直接將輸入資料送至伺服器，PHP 程式只需使用 $_POST 預定變數，就可以取得欄位值，如下所示：

```
$username = $_POST["User"];
$password = $_POST["Pass"];
```

上述程式碼取得結合陣列的元素值，鍵值是表單欄位的 name 名稱屬性，分別是：User 文字方塊和 Pass 密碼方塊的內容。

多行文字方塊

在 HTML 表單建立多行文字方塊欄位後，就可以撰寫 PHP 程式碼來取得欄位值，如下所示：

```php
$address = $_POST["Address"];
print "地址: <br/>".nl2br($address)."<br/>";
```

上述程式碼取得名為 Address 多行文字方塊的內容，因為 HTML 標籤顯示欄位內容時，不會將新行字元 "\n" 顯示成換行，所以呼叫 nl2br() 函數將新行字元 "\n" 替換成
 換行標籤。

隱藏欄位

在 HTML 表單建立隱藏欄位後，因為隱藏欄位不用輸入值，所以傳送的值就是欄位 value 屬性的值。我們可以撰寫 PHP 程式碼來取得名為 Type 欄位的值，如下所示：

```php
$type = $_POST["Type"];
```

程式範例：ch3-5-2.html、ch8-4-3.php

PHP 程式就是第 3 章 ch3-5-2.html 表單的處理程式，請在瀏覽器輸入 URL 網址，如下所示：

```
http://localhost:8080/ch08/ch3-5-2.html
```

在開啟 HTML 表單輸入使用者註冊資料後，**按註冊使用者**鈕，可以執行 ch8-4-3.php 的 PHP 程式顯示使用者輸入的註冊資料，如下圖所示：

程式內容

```
01: <!DOCTYPE html>
02: <html>
03: <head>
04: <meta charset="utf-8" />
05: <title>ch8-4-3.php</title>
06: </head>
07: <body>
08: <?php
09: $username = $_POST["User"];
10: $password = $_POST["Pass"];
11: print "姓名: ".$username."<br/>";
12: print "密碼: ".$password."<br/>";
13: $address = $_POST["Address"];
14: print "地址: <br/>".nl2br($address)."<br/>";
15: $type = $_POST["Type"];
16: print "種類: ".$type."<br/>";
17: ?>
18: </body>
19: </html>
```

程式說明

● 第 9~10 列：使用 $_POST 預定變數取得表單欄位 User 和 Pass 的值。

● 第 13~14 列：使用 $_POST 預定變數取得表單欄位 Address 的值，然後呼叫 nl2br() 函數處理換行。

● 第 15 列：取得隱藏欄位 Type 的內容。

8-4-4　取得選擇欄位值

在第 3-5-3 節已經建立選擇欄位的 HTML 表單，這一節我們準備建立 PHP 程式來取得選擇欄位值。

選擇鈕

選擇鈕是一個單選題，其處理方式和單選的下拉式清單方塊相同，可以將標籤屬性 value 值傳送到伺服器，我們可以使用 $_POST 預定變數取得選擇鈕的值，如下所示：

```
$gender = $_POST["Gender"];
```

上述程式碼取得選擇鈕 Gender 的值，此值是選取選項的 value 屬性值，然後使用 if 或 switch 條件敘述判斷使用者的選擇。

下拉式清單方塊

下拉式清單方塊是將 <option> 選項標籤屬性 value 的值傳送到伺服器，PHP 程式可以使用 $_POST 預定變數來取得欄位值，如下所示：

```
$computer = $_POST["Computer"];
```

上述程式碼取得下拉式清單方塊 Computer 的值，此值是使用者選取選項的 value 屬性值，然後使用 if 或 switch 條件敘述判斷使用者的選擇。

核取方塊

核取方塊是一個開關，在 PHP 程式取得核取方塊欄位值是使用 isset() 檢查欄位是否勾選，回傳值是欄位的 value 屬性值，如下所示：

```
if (isset($_POST["GC"]))
   print "使用Google Chrome<br/>";
```

上述 if 條件檢查 GC 核取方塊是否被勾選，如果 isset() 回傳 true，表示勾選此核取方塊，每一個核取方塊都可以使用相同方式進行檢查。

清單方塊

清單方塊如果是單選，取得方式和下拉式清單方塊相同，如果是複選的清單方塊欄位，HTML 表單標籤的欄位名稱是陣列 Webs[]，表示 PHP 取得的欄位值是一個陣列，如下所示：

```
$webs = $_POST["Webs"];
```

上述程式碼取得清單方塊欄位 Webs[] 陣列值後，可以使用 foreach 迴圈配合 switch 條件進一步判斷使用者複選的選項，如下所示：

```
foreach ($webs as $value) {
   switch (trim($value)) {
     case "w1":
        print "Yahoo!奇摩<br/>";
     ...
   }
}
```

上述程式碼使用 trim() 函數刪除字串前後的空白字元後，使用 switch 條件顯示選擇的選項。

> **說明** 核取方塊也可以使用相同技巧來取得使用者的選擇，只需指定相同 name 屬性的一組核取方塊，例如：types[]，就可以使用 foreach 迴圈取得複選的選項值。

程式範例：ch3-5-3.html、ch8-4-4.php

PHP 程式就是第 3 章 ch3-5-3.html 表單的處理程式，請在瀏覽器輸入 URL 網址，如下所示：

```
http://localhost:8080/ch08/ch3-5-3.html
```

在開啟 HTML 表單選擇使用者的調查資料後，按**送出**鈕，可以執行 PHP 程式 ch8-4-4.php 顯示使用者的選擇，如下圖所示：

程式內容

```
01: <!DOCTYPE html>
02: <html>
03: <head>
04: <meta charset="utf-8" />
05: <title>ch8-4-4.php</title>
06: </head>
07: <body>
08: <?php
09: $gender = $_POST["Gender"];  // 取得選擇鈕值
10: switch (strtoupper($gender)) {
11:    case "MALE":
12:       print "性別-男<br/>"; break;
13:    case "FEMALE":
14:       print "性別-女<br/>"; break;
15: }  // 取得下拉式清單方塊值
16: $computer = $_POST["Computer"];
17: switch ($computer) {
18:    case "PC":
19:       print "使用PC<br/>";  break;
20:    case "MAC":
```

→ 接下頁

```
21:          print "使用MAC<br/>"; break;
22: }   // 取得核取方塊值
23: if (isset($_POST["GC"]))
24:     print "使用Google Chrome<br/>";
25: if (isset($_POST["SF"]))
26:     print "使用Safari<br/>";
27: if (isset($_POST["FF"]))
28:     print "使用Mozilla Firefox<br/>";
29: // 取得清單方塊複選的陣列
30: $webs = $_POST["Webs"];
31: // 取得清單方塊選項陣列的各元素
32: foreach ($webs as $value) {
33:     switch (trim($value)) {
34:       case "w1":
35:           print "Yahoo!奇摩<br/>";        break;
36:       case "w2":
37:           print "PC Home Online<br/>"; break;
38:       case "w3":
39:           print "中華電信Hinet<br/>";   break;
40:       case "w4":
41:           print "Google台灣<br/>";        break;
42:     }
43: }
44: ?>
45: </body>
46: </html>
```

程式說明

- 第 9~15 列：使用 $_POST 預定變數取得欄位 Gender 的值後，就可以使用 switch 條件判斷選擇的性別，條件是呼叫 strtoupper() 函數轉換成大寫後，再顯示出來。

- 第 16~22 列：使用 $_POST 預定變數取得欄位 Computer 的值後，使用 switch 條件判斷選擇的電腦種類。

- 第 23~28 列：使用 3 個 if 條件呼叫 isset() 函數檢查是否勾選核取方塊。

- 第 30 列：使用 $_POST 預定變數取得欄位 Webs[] 的陣列變數。

- 第 32~43 列：foreach 迴圈取出選擇的選項後，使用 switch 條件判斷選項，條件是使用 trim() 函數刪除多餘空白字元，最後顯示複選的推薦網站清單。

8-4-5　HTML 表單欄位驗證

在 PHP 程式取得 HTML 表單欄位資料後，我們需要考量使用者輸入的資料是否正確，在處理取得資料前需要進行欄位資料驗證，檢查使用者輸入資料是否符合所需。

PHP 程式是如何驗證 HTML 表單欄位

PHP 程式使用 $_POST 或 $_GET 預定變數取得欄位資料後，在真正處理資料前，我們可以使用 if 等條件檢查使用者輸入的欄位值是否正確，或忘了輸入某欄位的資料。

如果使用者輸入資料有錯誤，PHP 程式並不會執行表單處理，而是顯示錯誤訊息，然後回到 HTML 表單要求使用者重新輸入，表單欄位驗證的流程圖，如下圖所示：

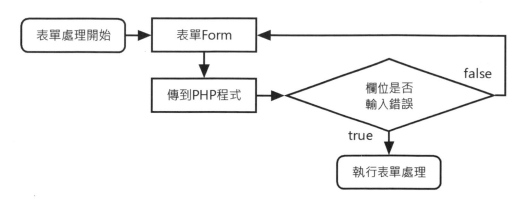

上述圖例的 HTML 表單將欄位值傳到伺服端的 PHP 程式，在檢查欄位值後，如果發現錯誤，就回到 HTML 表單顯示錯誤訊息，直到輸入正確格式的欄位值後，才真正執行表單處理。實作表單欄位驗證可以使用兩個方式，如下所示：

- 兩個 PHP 程式：一是 HTML 表單網頁顯示錯誤訊息；一是 PHP 處理程式，當錯誤產生時，使用 header() 轉址回到 HTML 表單網頁。

- 一個 PHP 程式：將 HTML 表單和 PHP 處理程式寫在同一個 PHP 程式，使用 if 條件判斷是否是表單送回，如果是，再執行表單欄位驗證和處理。

HTML 表單欄位驗證：ch8-4-5.php

PHP 程式範例可以輸入註冊資料，表單處理程式在執行欄位資料驗證後，如果沒有問題，就顯示使用者輸入的欄位值。

因為 HTML 表單和處理程式是在同一檔案，PHP 程式需要判斷顯示 HTML 表單介面或處理 HTML 表單送回，以便執行所需的 HTML 表單欄位驗證，如下所示：

```
if ( isset($_GET["Reg"]) ) { // 表單處理 }
```

上述 if 條件判斷使用者是否按下 HTML 表單按鈕，因為 HTML 表單是使用 get 方法，所以在 PHP 程式是使用 $_GET 預定變數。

如果按下按鈕，表示使用者已經輸入資料，將 HTML 表單欄位資料送回進行處理，PHP 程式就可以執行欄位值檢查。如果欄位值有錯誤，就不執行 HTML 表單處理，而是顯示 HTML 表單介面，可以讓使用者重新輸入正確的欄位值。

因為 HTTP 通訊協定不會保留狀態，當錯誤發生回到表單後，就算是一些輸入正確格式的欄位值也一樣需要重新輸入，為了保留使用者輸入的欄位值，HTML 表單欄位在欄位的 value 屬性有預設值，如下所示：

```
<input type="text" name="Name" size ="10"
    value="<?php echo $name ?>"><br/>
```

上述程式碼可以將輸入正確的欄位值填入欄位，如此，使用者就不用重新輸入這些已輸入正確的欄位值，如下圖所示：

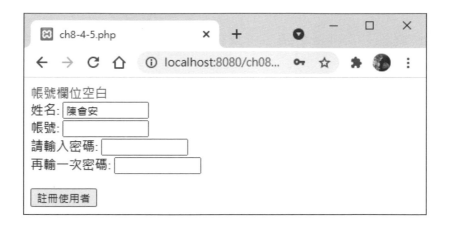

8-5 Cookies 的處理

網站一般來說都需要保留一些使用者的瀏覽記錄，例如：使用者是否曾經瀏覽過網站，或一些個人資訊、偏好或選擇。Cookies 就是儲存這些資料的解決方法之一。

8-5-1 Cookies 的基礎

Cookies 的英文原意是小餅乾，源於這些儲存在客戶端電腦的檔案尺寸都很小（最大尺寸 4KB），Cookies 不是儲存在伺服器，而是儲存在瀏覽器所在電腦，所以不會浪費伺服器資源。

HTTP 標頭的 Cookie 資料

當客戶端瀏覽器使用 HTTP 通訊協定向伺服器提出瀏覽請求後，如果需要存取 Cookie 資料，伺服器回應客戶端請求的 HTTP 標頭資訊，就會包含 Cookie 資料，如下所示：

```
Set-Cookie:name=value;expires=date;path=pname;domain=dname;secure
```

上述 Set-Cookie 是類型，欄位值是使用「;」符號分隔成數個屬性，其說明如下所示：

- name 屬性：Cookie 名稱，可以使用此名稱取出 Cookie 值和刪除 Cookie。

- expires 屬性：此為選項，可有可無，expires 指定 Cookie 存在的有效期限，使用的是 GMT 時間，其格式如下所示：

```
Weekday, DD-MM-YY HH:MM:SS GMT
```

- domain 屬性：伺服器的網域名稱，預設是建立 Cookie 的伺服器網域名稱。

- path 屬性：在 domain 屬性下的路徑名稱，此屬性和 domain 屬性主要是為了區分 Cookie 是哪一個網站建立，path 屬性可以進一步在同一個網站分辨是哪一頁網頁建立的 Cookies。

- secure 屬性：如果指定此屬性，表示 Cookie 需要在保密情況下，才能在客戶端和伺服端之間傳送。

Cookie 的基本應用

Cookies 應用相當多，通常網站使用 Cookies 保留的資料大都是幾個方面，如下所示：

- 個人資訊：使用 Cookies 保留個人資訊，例如：姓名、地址、時區、帳號和是否曾經進過此網站的記錄。

- 個人化的內容：Cookies 可以儲存個人化網站外觀和個人偏好網站內容，或提供使用者有興趣的資訊。

- 網站購物車：線上購物車需要保留使用者選擇商品，Cookies 可以用來記錄選購的商品清單。

8-5-2 Cookie 的基本操作

PHP 提供函數可以處理 Cookie 新增和刪除，至於取得 Cooke 值是使用 PHP 預定變數 $_COOKIE。

新增 Cookie

在 PHP 程式是呼叫 setcookie() 函數新增 Cookie，其語法如下所示：

```
setcookie ( string name [, string value [, int expire [, string
path [, string domain [, int secure]]]]])
```

上述函數參數是對應 HTTP 標頭 Cookie 資料的屬性，value 是 Cookie 值，expire 是 Cookie 保留在客戶端的期限，其值是整數的 UNIX 時間戳記。

因為 setcookie() 函數會更改 HTTP 標頭資料，如果在 <html> 標籤內嵌的 PHP 程式碼新增 Cookie，需要啟用輸出緩衝區。在 PHP 程式新增 Cookie 主要是使用 setcookie() 函數的前 3 個參數，如下所示：

```
setcookie("ItemName", $itemName, $date);
```

上述程式碼的第 1 個參數字串是 Cookie 名稱，變數 $itemName 是 Cookie 值，$date 是時間戳記的整數值，即 Cookie 儲存在客戶端電腦的有效期限，日期計算的運算式，如下所示：

```
$date = strtotime("+10 days", time());
```

上述程式碼使用 time() 函數取得目前時間戳記後，使用 strtotime() 函數加上 10 天，所以，10 天後 Cookie 就會刪除。

取得 Cookie 值

在客戶端電腦如果有 Cookie，PHP 程式可以使用 $_COOKIE 預定變數的結合陣列來取得指定的 Cookie 值，如下所示：

```
$itemName = $_COOKIE["ItemName"];
$quantity = $_COOKIE["Quantity"];
```

上述程式碼取得 Cookie 名稱 ItemName 和 Quantity 值，然後將它指定給變數 $itemName 和 $quantity。

刪除 Cookie

客戶端的 Cookie 如果不再需要，PHP 程式可以使用 setcookie() 函數刪除 Cookie，刪除 Cookie 是將 expire 參數設為過期，如下所示：

```
setcookie("ItemName", "", time()-3600);
```

上述程式碼將有限期限設定為 1 個小時前，因為 Cookie 已經過期，所以，就是刪除客戶端名為 ItemName 的 Cookie。

程式範例：ch8-5-2.php

在 PHP 程式判斷是否有新增 Cookie，如果沒有，就使用 setcookie() 函數建立 2 個 Cookie，否則在取得 Cookie 值後，刪除 Cookie，如下圖所示：

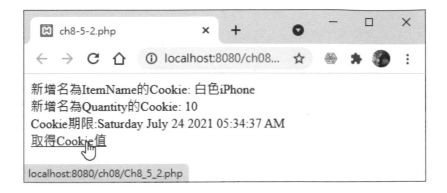

上述圖例可以看到已經成功新增 Cookie，點選下方超連結可以取得
和顯示 2 個 Cookie 值，並且刪除 Cookie，如下圖所示：

程式內容

```
01: <!DOCTYPE html>
02: <html>
03: <head>
04: <meta charset="utf-8" />
05: <title>ch8-5-2.php</title>
06: </head>
07: <body>
08: <?php
09: // 檢查Cookie是否存在
10: if (isset($_COOKIE["ItemName"])) {    // 存在
11:    $itemName = $_COOKIE["ItemName"]; // 取得Cookie值
12:    $quantity = $_COOKIE["Quantity"];
13:    print "取得ItemName的Cookie值 : ".$itemName."<br/>";
```

→ 接下頁

```
14:     print "取得Quantity的Cookie值 : ".$quantity."<br/>";
15:      // 刪除Cookie
16:     setcookie("ItemName", "", time()-3600);
17:     setcookie("Quantity", "", time()-3600);
18: }
19: else {   // 不存在
20:     $itemName = "白色iPhone";   // 指定變數值
21:     $quantity = "10";
22:     // 有效期限為10天後
23:     $date = strtotime("+10 days", time());
24:     setcookie("ItemName", $itemName, $date); // 新增Cookie
25:     setcookie("Quantity", $quantity, $date);
26:     // 顯示建立的Cookie資料
27:     print "新增名為ItemName的Cookie: ".$itemName."<br/>";
28:     print "新增名為Quantity的Cookie: ".$quantity."<br/>";
29:     print "Cookie期限:".date("l F j Y h:i:s A",$date);
30: }
31: ?>
32: <br/><a href="ch8-5-2.php">取得Cookie值</a>
33: </body>
34: </html>
```

> [!程式說明]

- 第 10~30 列：if/else 條件使用 isset() 函數檢查 Cookie 是否存在，如果存在，在第 11~12 列取得 Cookie 值，第 13~14 列顯示 Cookie 值，在第 16~17 列刪除 Cookie，即將 Cookie 期限設為 1 小時前。

- 第 23~25 列：在計算 Cookie 保留期限後，新增 2 個 Cookie。

8-6 交談期追蹤與 Session 變數

　　PHP 交談期追蹤和 Cookie 擁有密切關係，因為 PHP 交談期追蹤是透過 Cookie 建立的使用者狀態保留機制。Session 變數可以在伺服端保留資料（可保留比 Cookie 更多資料），其儲存資料能夠在整個交談期間，跨越不同 PHP 程式來分享資料。

8-6-1 交談期追蹤與 Session 變數的基礎

PHP 程式如果啟用交談期（Session）功能，當使用者進入網站，PHP 引擎就會自動指定 Session ID 編號建立一個新的交談期，交談期是指使用者第一次進入網站，直到使用者離開網站為止的整個過程。

Session 變數的基礎

Session 變數類似儲存在客戶端的 Cookie，可以在伺服端保留一些資源來儲存資料，PHP 程式可以建立不定數量的 Session 變數，事實上，PHP 是使用檔案儲存這些 Session 變數。

當建立 Session 變數後，所有啟用交談期功能的 PHP 程式都可以存取這些變數。如果同時有多位使用者進入網站，因為每位使用者都會指定不同 Session ID 編號，所以，每個人都可以擁有專屬的 Session 變數，如下圖所示：

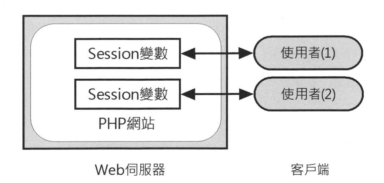

交談期追蹤

交談期追蹤（Session Tracking）是一種機制，可以在一段時間內，讓網站維持一系列從同一位使用者提出（通常是指同一瀏覽器提出）請求的狀態保留機制，以便追蹤使用者的狀態。

交談期追蹤也是一種狀態管理，強調的是使用者在整個交談期和跨過多頁 PHP 程式的狀態保留。PHP 引擎實作交談期追蹤是使用 Session 變數，指定每一位瀏覽網站的使用者一個 Session ID 編號作為識別，使用者每一次的 HTTP 請求都需附上 Session ID 編號，以便判斷是否是同一位使用者提出的請求，如下圖所示：

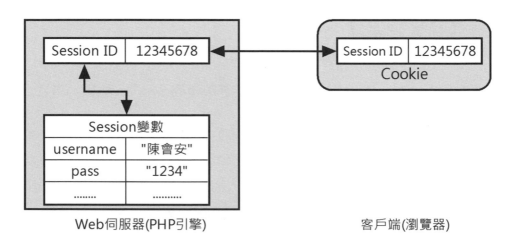

上述圖例是使用客戶端 Cookie 儲存 Session ID（如果瀏覽器不支援 Cookie，PHP 是使用 URL 參數傳遞 Session ID），當客戶端提出 HTTP 請求時，就會連 Cookie 的 Session ID 也一併送到伺服端。

此時，PHP 引擎即可使用 Session ID 取出對應的 Session 變數，在交談期取得指定使用者的 Session 變數值，和自動保留同一位使用者的資訊從一個 HTTP 請求到另一個 HTTP 請求。

8-6-2 Session 變數的處理

在 PHP 程式啟用交談期功能需要呼叫 session_start() 函數，以便讓 PHP 引擎將 Session 變數等相關資訊載入記憶體。相關函數的說明如下表所示：

函數	說明
session_start()	啟用交談期，也就是將此 PHP 程式加入交談期
session_destroy()	關閉交談期和刪除所有 Session 變數
session_id()	回傳 Session ID 編號的字串
isset($_SESSION[string])	檢查參數的 Session 變數是否存在
unset($_SESSION[string])	刪除參數的 Session 變數

　　PHP 程式可以使用 $_SESSION 預定變數來建立與取得 Session 變數值，如下所示：

```
if ( !isset($_SESSION["page_counter"]) ) {
    $_SESSION["page_counter"] = 1;
} else {
    $_SESSION["page_counter"]++;
}
```

　　上述 if/else 條件使用 isset() 函數檢查 Session 變數 page_counter 是否存在，如果不存在，建立 Session 變數和指定成 1；如果存在，就將 Session 變數加一。刪除 Session 變數是使用 unset() 函數，如下所示：

```
unset($_SESSION["page_counter"]);
```

程式範例：ch8-6-2.php

　　在 PHP 程式使用 Session 變數 page_counter 計算每位使用者瀏覽指定 PHP 程式的次數，如果大於等於 5 次，就刪除 Session 變數和結束交談期，如下圖所示：

上述圖例可以看到 Session ID，使用者已經進入網頁 2 次（請按 F5 鍵）。如果啟用另一個瀏覽器執行此 PHP 程式，可以看到不同的 Session ID。

若進入網頁次數大於等於 5（請按 F5 鍵），就刪除 Session 變數和結束交談期，如下圖所示：

程式內容

```
01: <!DOCTYPE html>
02: <html>
03: <head>
04: <meta charset="utf-8" />
05: <title>ch8-6-2.php</title>
06: </head>
07: <body>
```

→ 接下頁

```
08: <?php
09: session_start();   // 啟用交談期
10: echo "啟用交談期<br/>";
11: if ( !isset($_SESSION["page_counter"]) ) {
12:    $_SESSION["page_counter"] = 1; // 新增Session變數
13: } else {   // 將使用者進入網頁的次數加一
14:    $_SESSION["page_counter"]++;
15: }
16: $value = $_SESSION["page_counter"]; // 取得Session變數
17: echo "使用者Session ID:" . session_id() ."<br/>";
18: echo "進入網頁次數: $value<br/>";
19: if ( $value >= 5 ) {   // 如果次數大於等於5次
20:    // 刪除Session變數
21:    unset($_SESSION["page_counter"]);
22:    if ( !isset($_SESSION["page_counter"]) ) {
23:       echo "Session變數page_counter不存在!<br/>";
24:       session_destroy();   // 關閉交談期
25:       echo "關閉交談期<br/>";
26:    }
27: }
28: ?>
29: </body>
30: </html>
```

程式說明

- 第 9 列：啟用 Session 交談期功能。

- 第 11~15 列：if/else 條件使用 isset() 函數檢查 Session 變數是否存在，如果不存在，在第 12 列建立 Session 變數和初始為 1，否則在第 14 列將 Session 變數 page_counter 加一，即進入網頁的訪客計數。

- 第 16~17 列：取得 Session ID 和 Session 變數值。

- 第 19~27 列：if 條件判斷進入網頁次數是否大於等於 5 次，如果是，在第 21 列刪除 Session 變數，第 24 列關閉交談期。

8-7 應用實例：建立購物車

購物車（Shopping Cart）是網路商店的重要元件，因為網路商店是模擬現實生活的方式來採購商品，將選購商品放入購物車。

8-7-1 購物車程式架構

網路商店的購物車可以使用多種方式來實作，在本節是使用 Cookie 建立購物車；第 13 章改用 PHP 類別來建立購物車。

購物車程式架構是由 HTML 表單處理，Session 變數傳遞資料和陣列 Cookie 儲存選購商品等 PHP 程式組成，如下圖所示：

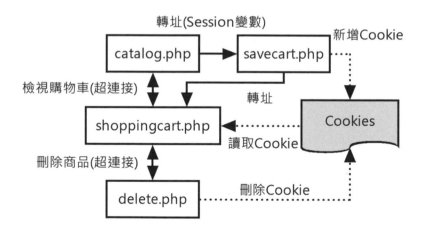

上述 catalog.php 擁有 HTML 表單的下拉式清單方塊來選擇商品，在輸入數量後，按下按鈕，就使用 Session 變數將選擇的商品資料傳遞至 savecart.php 儲存成陣列 Cookie。

PHP 程式 shoppingcart.php 取出陣列 Cookie 顯示購物車內容，提供超連結連接 delete.php 刪除選購商品。

8-7-2 購物車的使用

請啟動 Google Chrome 輸入 PHP 程式 catalog.php 的網址：http://
localhost:8080/ch08/shoppingcart/catalog.php，可以看到執行結果，如下
圖所示：

在下拉式清單方塊選擇商品，輸入數量後，按**訂購**鈕，可以將商品存
入購物車，和看到目前的購物車內容，如下圖所示：

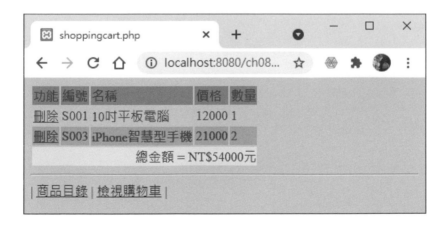

點選商品項目前的**刪除**超連結，可以刪除選購的商品。

8-7-3 購物車的程式說明

購物車應用實例共有 4 個 PHP 程式檔案，程式是使用表單處理來選
購商品、Session 變數傳遞資料，和陣列 Cookie 儲存選購商品。

PHP 程式：catalog.php

PHP 程式 catalog.php 是表單處理，處理程式是第 9~29 列 if 條件的程式碼，在第 7 列啟用交談期，如下所示：

```
......
06: <?php
07: session_start();  // 啟用交談期
08: // 檢查是否是表單送回
09: if ( isset($_POST["Item"]) ) {
10:    // 取得購買的數量
11:    $_SESSION["Quantity"] = $_POST["Quantity"];
12:    $id = $_POST["Item"];  // 取得選擇商品
13:    $_SESSION["ID"] = $id; // 建立Session變數
14:    switch (strtoupper($id)) {
15:       case "S001":
16:          $_SESSION["Name"] = "10吋平板電腦";
17:          $_SESSION["Price"] = 12000;
18:          break;
19:       case "S002":
20:          $_SESSION["Name"] = "15.6吋筆記型電腦";
21:          $_SESSION["Price"] = 27000;
22:          break;
23:       case "S003":
24:          $_SESSION["Name"] = "iPhone智慧型手機";
25:          $_SESSION["Price"] = 21000;
26:          break;
27:    }
28:    header("Location: savecart.php");  // 轉址
29: }
30: ?>
......
```

上述第 11~13 列建立 Session 變數 Quantity 和 ID 後，在第 14~27 列使用 switch 條件建立 Session 變數 Name 和 Price，以便第 28 列將資料傳遞給 PHP 程式 savecart.php。

PHP 程式：savecart.php

PHP 程式 savecart.php 在啟用 Session 交談期後，可以取得 catalog. php 建立的 Session 變數值，如下所示：

```
01: <!-- 程式範例：savecart.php -->
02: <?php
03: session_start();  // 啟用交談期
04: if ( isset($_SESSION["ID"]) ) {
05:     $id = $_SESSION["ID"]; // 取得Session變數
06:     $name = $_SESSION["Name"];
07:     $price = $_SESSION["Price"];
08:     $quantity = $_SESSION["Quantity"];
```

上述第 5~8 列取得 Session 變數傳遞的資料後，建立成陣列 Cookie，如下所示：

```
09:     // 儲存選購商品的陣列Cookie
10:     setcookie($id."[ID]", $id, time()+3600);
11:     setcookie($id."[Name]", $name, time()+3600);
12:     setcookie($id."[Price]", $price, time()+3600);
13:     setcookie($id."[Quantity]", $quantity, time()+3600);
14: }
15: header("Location: shoppingcart.php");  // 轉址
16: ?>
```

PHP 的 Cookie 可以儲存成結合陣列，上述第 10~13 列是在同一 Cookie 名稱（即 $id 變數值）下，使用多個鍵值儲存不同資料，鍵值依序為：ID、Name、Price 和 Quantity。例如：S001，如下所示：

```
setcookie("S001[ID]", "S001", time()+3600);
setcookie("S001[Name]", "10吋變形平板", time()+3600);
setcookie("S001[Price]", 12000, time()+3600);
setcookie("S001[Quantity]", 2, time()+3600);
```

PHP 程式 shoppingcart.php 使用表格顯示所有陣列 Cookie 儲存的商品清單。在第 7~18 列的 each() 函數，可以切割結合陣列的鍵值成為二維陣列，索引 0 是鍵值陣列；1 是元素值陣列，如下所示：

```
......
07: function each(&$array) {
08:     $res = array();
09:     $key = key($array);
10:     if($key !== null){
11:         next($array);
12:         $res[1] = $res['value'] = $array[$key];
13:         $res[0] = $res['key'] = $key;
14:     }else{
15:         $res = false;
16:     }
17:     return $res;
18: }
......
```

因為 Cookie 值是結合陣列，所以使用第 29~54 列的 while 迴圈配合 list() 和 each() 函數取得每一個鍵值的內容，如下所示：

```
......
29: while ( list($arr, $value) = each($_COOKIE) ) {
30:     // 檢查COOKIE名稱是否存在，且為陣列
31:     if ( isset($_COOKIE[$arr]) &&
32:                     is_array($_COOKIE[$arr]) ) {
33:         if ($flag) {    // 切換顯示色彩
34:             $flag = false;
35:             $color="#FF99CC";
36:         } else {
37:             $flag = true;
38:             $color="#99FFC";
39:         }
40:         echo "<tr bgcolor='".$color."'><td>";
41:         echo "<a href='delete.php?Id=".$arr."'>";
42:         echo "刪除</a></td>";
43:         $price = 0;
```

→ 接下頁

```
44:     $quantity = 0; // 顯示選購的商品資料
45:     while ( list($name, $value)=each($_COOKIE[$arr])) {
46:        // 使用表格顯示
47:        echo "<td>" . $value . "</td>";
48:        if ($name == "Price")  $price = $value;
49:        if ($name == "Quantity") $quantity = $value;
50:     }
51:     $total += $price * $quantity;  // 計算總金額
52:     echo "</tr>";
53:  }
54: }
......
```

上述第 45~50 列的 while 迴圈取得每一個鍵值和元素值來建立表格的
儲存格，在第 48~49 列取得價格和數量，第 51 列計算購物車的總金額。

PHP 程式：delete.php

　　PHP 程式 delete.php 可以刪除指定名稱的陣列 Cookie，也就是
重新指定 setcookie() 函數的 expire 參數值為過期，在第 3~14 列是和
shoppingcart.php 相同的 each() 函數，如下所示：

```
01: <!-- 程式範例：delete.php -->
02: <?php
03:  function each(&$array) {
......
14: }
15: $id = $_GET["Id"];  // 取得URL參數
16: if ( isset($_COOKIE[$id]) ) { // 檢查Cookie是否存在
17:    // 存在, 刪除陣列Cookie
18:    while ( list($name, $value) = each($_COOKIE[$id]) )
19:       setcookie($id."[".$name."]", "", time()-3600);
20: }
21: header("Location: shoppingcart.php");  // 轉址
22: ?>
```

　　上述第 18~19 列使用 while 迴圈配合 list() 和 each() 函數取得每一個
鍵和值，然後重新指定 expire 參數值是過期的時間。

學習評量

( ) 1. 請問下列哪一個預定變數可以取得 Web 伺服器的系統資訊？

A. $GLOBALS   B. $_SERVER

C. $_GET   D. $_POST

( ) 2. 請問下列哪一個 PHP 函數可以轉址到其他網頁或 PHP 程式？

A. header()   B. ob_start()

C. ob_flush()   D. ob_clean()

( ) 3. header() 函數如果使用 Content-type 型態指定文件內容，請問下列哪一個是輸出圖檔？

A. text/html   B. image/plain

C. text/xml   D. image/png

( ) 4. 請問下列哪一個 PHP 函數可以送出輸出緩衝區的內容？

A. header()   B. ob_start()

C. ob_flush()   D. session_start()

( ) 5. 請問下列哪一個並不是客戶端狀態管理？

A. Session   B. URL 參數

C. Cookie   D. 表單欄位

( ) 6. 請問在 PHP 程式之間分享使用者的專屬資料，下列哪一種方法並不可行？

A. Session 變數   B. PHP 變數

C. Cookie   D. 資料庫

(   ) 7. PHP 程式可以使用下列哪一個預定變數取得 POST 方法的表單欄位值？

      A. $_POST   B. $_GET

      C. $GET   D. $POST

(   ) 8. PHP 程式可以使用下列哪一個函數檢查欄位是否有輸入資料？

      A. gettype()   B. isset()

      C. is_var()   D. unset()

(   ) 9. 請問 Session 變數和 Cookie 是儲存在哪裡（Session、Cookie）？

      A. 都在客戶端   B. 都在伺服端

      C. 伺服端、客戶端   D. 客戶端、伺服端

(   ) 10. 請問下列哪一個 PHP 函數可以啟用交談期？

      A. unset()   B. session_destroy()

      C. session_id()   D. session_start()

簡答題

1. 請說明什麼是 PHP 預定變數？

2. 請說明下列 header() 函數的用途為何？

```
header("Location: http://www.flag.com.tw");
header("Refresh:4;url=myHome.php");
header("Content-type: text/plain");
```

3. PHP 程式可以使用 header() 函數指定 _____ 型態來設定網頁檔案在快取保留的時間。

4. 請使用圖例說明什麼是輸出緩衝區？ PHP 程式為什麼需要使用輸出緩衝區？

5. 請簡單說明什麼是狀態管理？PHP 狀態管理可以分成哪兩大類？

6. 請使用圖例說明 PHP 與網頁表單之間的關係？並且繪出表單欄位驗證的流程圖和說明其驗證的過程？

7. 請簡單說明 Cookie 是什麼？和舉例說明 Cookie 有哪些應用？

8. PHP 程式是呼叫 _____ 函數建立 Cookie。請問我們需要如何刪除 Cookie？

9. 請說明什麼是交談期？何謂交談期追蹤？Session ID 是儲存在哪裡？

10. PHP 程式可以使用預定變數 _____ 建立與取得 Session 變數。_____ 函數可以檢查 Session 變數是否存在，刪除 Session 變數是使用 _____ 函數。

實作題

1. 請建立 PHP 程式使用預定變數取得伺服器的相關資訊，如下所示。

```
REMOTE_ADDR、SCRIPT_NAME、SERVER_NAME
```

2. 請建立 PHP 程式使用 header() 函數馬上轉址和 5 秒後轉址到 URL 網址：https://tw.yahoo.com/。

3. 請建立 PHP 程式設定不保留在瀏覽器快取。

4. 請建立 PHP 程式新增 Cookie 資料，儲存的是使用者的電子郵件地址。

5. 請建立 PHP 程式處理第 3 章實作題 4 和 5 表單欄位的表單處理程式，可以使用表格顯示訂購的電腦規格和顯示取得的個人資料。

6. 在第 8-4-5 節的表單欄位驗證程式，HTML 表單和 PHP 處理程式是同一 PHP 程式，請分割成 HTML 表單網頁和 PHP 程式。

7. 請建立 PHP 程式執行表單欄位驗證,可以檢查使用者帳號是否是輸入電子郵件地址的帳號,例如:hueyan@ms2.hinet.net 的使用者帳號是 hueyan。

8. 請建立三個步驟 HTML 表單的 3 個 PHP 程式,在 PHP 程式之間是使用隱藏欄位傳遞欄位值,最後在第 4 個 PHP 程式顯示各步驟輸入或選擇的欄位值,如下所示:

第一步:輸入使用者名稱和密碼。
第二步:選擇個人職業、生日等資料。
第三步:選擇個人興趣。

9. 請將實作題 8 分別改用 Cookie 和 Session 變數來傳遞欄位值。

10. 在第 8-7 節的購物車有 2 個 PHP 程式都會呼叫 each() 函數,請活用第 6-5 節的 require() 與 include() 引入檔案,將函數獨立成 each.inc。

MEMO

伺服端檔案與電子
郵件處理

本章學習目標

9-1 伺服器檔案操作

PHP 提供處理 Web 伺服器檔案操作的相關函數，可以複製、更名、刪除、取得檔案屬性和檢查檔案是否存在。

 請注意！部分 PHP 檔案操作函數，例如：複製，需要使用者擁有寫入伺服器檔案的權限，即新增網站使用者寫入指定目錄的權限，才能呼叫這些函數。

9-1-1 檔案操作相關函數

伺服器檔案操作可以使用 PHP 函數來處理路徑、檢查檔案是否存在、執行更名、複製和刪除檔案的操作。

路徑處理

PHP 提供取得路徑中的檔案名稱、副檔名，實際路徑等檔案與路徑資訊相關函數的說明，如下表所示：

函數	說明
basename(string [,string]))	回傳第 1 個參數路徑字串的檔案名稱，包含副檔案，如果有第 2 個參數字串，就會在檔案名稱刪除此字串，例如：刪除副檔名 ".php"
dirname(string)	回傳參數路徑字串中的路徑
realpath(string)	回傳參數路徑字串的完整路徑，如果是檔案名稱，回傳檔案實際路徑，轉換失敗回傳 false
pathinfo(string)	回傳參數路徑字串中相關資訊的結合陣列，鍵值依序是 dirname（路徑）、basename（檔案名稱）和 extension（副檔名）

檢查檔案是否存在

PHP 程式可以使用 file_exists() 函數檢查伺服器檔案是否存在，參數是檔案完整路徑字串，如下所示：

```
if ( file_exists($file. ".php") )
      print "檔案: $file.php 存在<br/>";
else  print "檔案: $file.php 不存在<br/>";
```

上述 if/else 條件使用 file_exists() 函數檢查參數檔案是否存在，檔案存在回傳 true；否則為 false。

檔案複製

PHP 提供複製檔案的 copy() 函數，可以在第 9-4 節將上傳的暫存檔案複製成伺服器檔案，參數依序為來源和目的檔案名稱，如下所示：

```
if (!copy($file. ".php", $file. ".bak"))
   print ("檔案: $file.php複製成bak失敗<br/>");
else
   print "檔案: $file.php 複製成bak成功<br/>";
```

上述 if/else 條件判斷 copy() 函數的檔案複製是否成功，如果成功，回傳 true；否則為 false。

檔案更名

PHP 的 rename() 函數可以將檔案更名成全新檔名，如下所示：

```
rename($file. ".bak", "test.txt");
```

上述程式碼使用 rename() 函數將第 1 個參數的檔案更名成第 2 個參數的新檔名，更名成功回傳 true；失敗回傳 false。

刪除檔案

PHP 提供兩個相似功能的函數來刪除伺服器檔案，其說明如下表所示：

函數	說明
unlink(string)	刪除參數檔案，成功回傳 true；否則為 false
delete(string)	刪除參數檔案，此函數沒有回傳值

程式範例：ch9-1-1.php

在 PHP 程式依序使用函數處理路徑，檢查網站伺服器是否擁有指定檔案，在複製檔案後更名成 test.txt 和刪除此檔案，如下圖所示：

上述圖例顯示檔案 ch9-1-1.php 路徑後，檢查檔案是否存在，接著複製成 ch9-1-1.bak 後，更名成 test.txt，最後刪除此檔案。

程式內容

```
01: <!DOCTYPE html>
02: <html>
03: <head>
04: <meta charset="utf-8" />
05: <title>ch9-1-1.php</title>
06: </head>
07: <body>
08: <?php                                    → 接下頁
```

```
09: $file = basename($_SERVER["PHP_SELF"],".php");
10: $path = realpath($file.".php"); // 取得檔案實際路徑
11: echo "實際路徑: $path<br/>";
12: $parts = pathinfo($path);  // 取得路徑資訊
13: echo "路徑: ".$parts["dirname"]."<br/>";
14: echo "檔名: ".$parts["basename"]."<br/>";
15: echo "副檔名: ".$parts["extension"]."<hr/>";
16: // 檢查檔案是否存在
17: if ( file_exists($file. ".php") )
18:      print "檔案: $file.php 存在<br/>";
19: else  print "檔案: $file.php 不存在<br/>";
20: // 複製檔案
21: if (!copy($file. ".php", $file. ".bak"))
22:    print ("檔案: $file.php複製成bak失敗<br/>");
23: else
24:    print "檔案: $file.php 複製成bak成功<br/>";
25: rename($file. ".bak", "test.txt");  // 檔案更名
26: print "檔案: $file.bak 更名成test.txt<br/>";
27: $file = "test.txt";
28: unlink($file);   // 刪除檔案
29: print "檔案: $file 已經刪除<br/>";
30: ?>
31: </body>
32: </html>
```

程式説明

- 第 9 列：使用 $_SERVER 預定變數取得 PHP 程式檔本身的路徑後，取得檔案名稱，不包含副檔名。

- 第 10~15 列：顯示檔案實際路徑後，可以取得路徑資訊的路徑、檔名和副檔名。

- 第 17~19 列：if/else 條件呼叫 file_exists() 函數檢查檔案是否存在。

- 第 21~24 列：if/else 條件呼叫 copy() 函數複製 PHP 程式檔案。

- 第 25 列：呼叫 rename() 函數更改檔名。

- 第 28 列：呼叫 unlink() 函數刪除檔案。

9-1-2　顯示檔案屬性

PHP 提供函數可以取得指定檔案的相關資訊。其相關函數的說明（PHP 程式範例：ch9-1-2.php），如下表所示：

函數	說明
filetype(string)	回傳參數檔案的種類字串，可能的回傳值有：fifo、char、dir、block、link、file 和 unknown，如果有錯誤回傳 false
fileatime(string)	回傳參數檔案的最後存取時間，單位是 UNIX 的時間戳記，如果錯誤回傳 false
filemtime(string)	回傳參數檔案的最後更改時間，單位是 UNIX 的時間戳記，如果錯誤回傳 false
filesize(string)	回傳參數檔案尺寸，以位元組為單位，如果錯誤回傳 false
is_dir(string)	如果參數路徑存在且是路徑，回傳 true；否則為 false
is_file(string)	如果參數的檔案存在且是檔案，回傳 true；否則為 false
is_readable(string)	如果參數檔案存在且可讀，回傳 true；否則為 false
is_writeable(string)	如果參數檔案存在且可寫，回傳 true；否則為 false，如果是路徑，檢查路徑是否可寫
is_uploaded_file(string)	如果參數檔案是使用 HTTP POST 上傳的檔案，就回傳 true；否則為 false

9-2　文字檔案讀寫與圖檔讀取

「檔案」（Files）是儲存在電腦周邊裝置的位元組資料集合。PHP 提供相關函數來處理檔案讀寫，其處理的檔案類型有：文字內容的「文字檔案」（Text Files），或圖檔等「二進位檔案」（Binary Files）。請注意！使用者需要足夠權限才能建立或寫入檔案。

9-2-1　開啟與關閉文字檔案

PHP 程式在讀取或寫入檔案前，需要呼叫函數開啟伺服器檔案，在完成檔案讀寫後，關閉此檔案。PHP 程式範例：ch9-2-1.php 是使用 fopen()

函數開啟 PHP 程式檔案本身後，顯示檔案是否開啟成功和檔案尺寸 (使用 filesize() 函數)，最後呼叫 fclose() 函數關閉檔案，如下圖所示：

> 檔案名稱: **ch9-2-1.php**開啟成功
> 檔案尺寸: 472
> 已經關閉檔案: **ch9-2-1.php**

開啟檔案

PHP 程式是使用 fopen() 函數開啟檔案，以便取得外部資源 stream 串流，如下所示：

```
$fp = fopen($file, "r")
    or exit("檔案 $file 開啟錯誤<br/>");
```

上述 fopen() 函數有 2 個參數，其說明如下所示：

● 第 1 個參數：開啟檔案的路徑或 URL 網址字串，一些範例如下所示：

```
"/ch09/data.txt"
"http://www.company.com/data.txt"
"ftp://user:password@company.com/data.txt"
```

 說明 請注意！ Apache 伺服器如果是在 Windows 作業系統執行，可以使用「/」斜線，路徑如果使用「\」反斜線，需要使用 Eacape 逸出字元，如下所示：

```
"c:\\xampp\\htdocs\\ch09\\data.txt"
```

● 第 2 個參數：指定開啟的檔案模式，其說明如下表所示：

檔案模式	說明
"r"	開啟唯讀檔案
"r+"	開啟讀寫檔案，檔案指標位在檔頭，寫入資料會覆寫存在的檔案內容

→ 接下頁

檔案模式	說明
"w"	開啟寫入檔案，清除目前檔案的所有內容，檔案指標指向檔頭，如果檔案不存在，建立此檔案
"w+"	開啟可讀且可寫的檔案，並且清除目前檔案的所有內容，檔案指標指向檔頭，如果檔案不存在，建立此檔案
"a"	開啟寫入檔案，檔案指標是指向檔尾，所以是在檔尾寫入資料，如果檔案不存在，就建立此檔案
"a+"	開啟讀寫檔案，檔案指標是指向檔尾，所以是在檔尾寫入資料，如果檔案不存在，就建立此檔案
"b"	開啟二進位檔案，例如：圖檔，不過，不可單獨使用，需要配合之前的檔案模式，例如："wb" 和 "rb"

fopen() 函數開啟成功回傳指向外部資源檔案的檔案指標（File Pointer），這是資源型態的變數；失敗回傳 false。

關閉檔案

在開啟檔案後，PHP 程式可以使用檔案指標呼叫其他函數來讀寫檔案，在完成檔案讀寫後，請使用 fclose() 函數關閉檔案，如下所示：

```
fclose($fp);
```

上述函數參數是 fopen() 函數回傳的檔案指標，表示關閉此指標的檔案。

9-2-2　寫入資料到文字檔案

當 PHP 程式呼叫 fopen() 函數使用 "w" 檔案模式開啟寫入檔案，如果檔案不存在就會建立全新檔案，在成功開啟後，可以使用 fwrite() 函數將參數字串寫入開啟的檔案，如下所示：

```
if ( fwrite($fp, $content) ) { … }
```

上述 fwrite() 函數可以將參數 $content 字串變數的內容寫入檔案指標 $fp，回傳值是寫入多少個字元；寫入錯誤回傳 -1。

請注意！UNIX/Linux 和 Windows 作業系統的換行符號不同，UNIX/Linux 系統只需「\n」即可；Windows 需要「\r\n」，如下所示：

```
$content = "PHP與MySQL網頁設計範例教本\r\n";
```

上述字串變數 $content 是使用「\r\n」換行，所以在 Windows 作業系統的編輯工具**記事本**，可以正確的顯示換行。

程式範例：ch9-2-2.php

在 PHP 程式使用 fwrite() 函數寫入 1 行文字資料到檔案 books.txt，因為檔案不存在，所以 fopen() 函數開啟時會建立此檔案，如下圖所示：

上述圖例顯示已經將資料寫入檔案，Windows 作業系統可以使用**記事本**開啟 mybooks.txt 檔案，檔案內容就是 PHP 程式寫入的字串，如下圖所示：

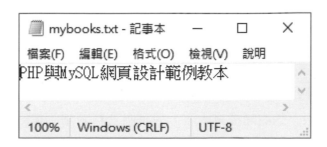

```
01: <!DOCTYPE html>
02: <html>
03: <head>
04: <meta charset="utf-8" />
05: <title>ch9-2-2.php</title>
06: </head>
07: <body>
08: <?php
09: $file = 'mybooks.txt';      // 檔案名稱
10: $content = "PHP與MySQL網頁設計範例教本\r\n";
11: $fp = fopen($file, "w")   // 開啟檔案
12:      or exit("檔案 $file 開啟錯誤<br/>");
13: if (fwrite($fp, $content))   // 寫入檔案
14:    print "寫入檔案 $file 成功<br/>";
15: else
16:    print "寫入檔案 $file 錯誤<br/>";
17: fclose($fp); // 關閉檔案
18: ?>
19: </body>
20: </html>
```

程式說明

- 第 9~10 列：指定開啟的檔案名稱和寫入字串。

- 第 11~12 列：開啟寫入檔案 mybooks.txt，如果檔案不存在就建立此檔。

- 第 13~16 列：if/else 條件呼叫 fwrite() 函數寫入字串 $content。

9-2-3 新增文字到文字檔案

在上一節開啟的是寫入檔案，在寫入資料前會清除檔案內容，如同是全新檔案。如果不想清除檔案內容，只是將資料新增到檔尾，開啟檔案模式是使用 "a"，表示檔案可以新增內容，如下所示：

```
$fp = fopen($file, "a");
```

上述程式碼開啟寫入檔案，檔案指標是指向檔尾，程式是從檔尾開始寫入資料。本節 PHP 程式範例是使用 fputs() 函數，此函數的功能和 fwrite() 函數相似，如下所示：

```
fputs($fp, $content, 19);
```

上述函數可以將參數 $content 字串變數的內容寫入檔案指標 $fp，fwrite() 和 fputs() 函數都有第 3 個參數可以指定寫入字串的長度，以此例的參數值是 19，表示只寫入前 19 個位元組。

程式範例：ch9-2-3.php

請繼續使用上一節建立的 mybooks.txt 檔案，在 PHP 程式開啟新增資料的檔案，然後新增 2 行文字內容到存在檔案 mybooks.txt，如下圖所示：

上述圖例顯示已經將資料新增到檔案最後，在使用**記事本**開啟 mybooks.txt 檔案，可以看到目前檔案內容有三列，如下圖所示：

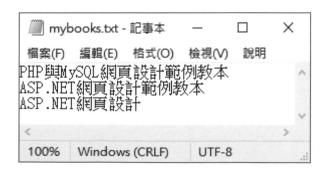

上述圖例可以看出上一節寫入的文字內容依然存在，只是將資料新增至檔尾，第 2 行寫入整個字串，第 3 行寫入前 19 個位元組，因為使用 UTF-8 編碼，一個中文字佔 3 個位元組，「ASP.NET」是 7 個字元；「網頁設計」是 3*4=12 字元，加起來共 19 個字元。

程式內容

```
01: <!DOCTYPE html>
02: <html>
03: <head>
04: <meta charset="utf-8" />
05: <title>ch9-2-3.php</title>
06: </head>
07: <body>
08: <?php
09: $file = 'mybooks.txt';   // 檔案名稱
10: $content = "ASP.NET網頁設計範例教本\r\n";
11: // 檢查檔案是否可寫
12: if (is_writeable($file)) {
13:     // 開啟新增的檔案
14:     $fp = fopen($file, "a");
15:     fwrite($fp, $content);   // 寫入檔案內容
16:     fputs($fp, $content, 19);
17:     print "新增檔案 $file 成功<br/>";
18:     fclose($fp);   // 關閉檔案
19: } else
20:     print "檔案 $file 開啟錯誤<br/>";
21: ?>
22: </body>
23: </html>
```

程式說明

- 第 12~20 列：if/else 條件使用 is_writeable() 函數檢查檔案是否允許寫入。

- 第 14 列：開啟新增資料的文字檔案 mybooks.txt。

● 第 15~16 列：分別呼叫 fwrite() 和 fputs() 函數寫入字串，這些字串是新增在原文字檔內容的最後。

9-2-4　讀取整個文字檔案

PHP 提供 fread() 函數讀取指定位元組數的檔案內容，如下所示：

```
$contents = fread($fp, filesize($file));
```

上述 fread() 函數可以讀取第 1 個參數檔案指標 $fp 的檔案內容，第 2 個參數是讀取的位元組數，filesize() 函數取得檔案尺寸，所以是讀取整個檔案內容。

因為檔案內容包含換行符號，但是，瀏覽器並無法正確的顯示換行，所以使用 nl2br() 函數將換行符號取代成
 標籤來顯示換行，如下所示：

```
echo nl2br($contents);
```

程式範例：ch9-2-4.php

在 PHP 程式使用 fread() 函數讀取上一節 mybooks.txt 檔案的全部檔案內容，如下圖所示：

上述圖例能夠正確顯示換行，因為已經將換行符號取代成
 標籤。

程式內容

```
01: <!DOCTYPE html>
02: <html>
03: <head>
04: <meta charset="utf-8" />
05: <title>ch9-2-4.php</title>
06: </head>
07: <body>
08: <?php
09: $file = 'mybooks.txt';  // 檔案名稱
10: // 檢查檔案是否存在
11: if (file_exists($file)) {
12:    $fp = fopen($file, "r"); // 開啟檔案
13:    // 讀取檔案內容.
14:    $contents = fread($fp, filesize($file));
15:    print "檔案內容: <br/>";
16:    echo nl2br($contents);
17:    fclose($fp);  // 關閉檔案
18: } else
19:    print "檔案 $file 不存在<br/>";
20: ?>
21: </body>
22: </html>
```

程式說明

● 第 14 列：呼叫 fread() 函數讀取整個檔案內容。

● 第 16 列：呼叫 nl2br() 函數取代換行符號成
 標籤。

9-2-5 讀取文字檔案到陣列

在 PHP 程式可以呼叫 file() 函數讀取整個文字檔案內容的每一行（以換行符號分隔），然後將每一行轉換成陣列元素，參數是檔案路徑字串，我們可以配合 foreach 迴圈讀取和顯示每一行內容，如下所示：

```php
$lines = file($file);
foreach ($lines as $line_num => $line) {
   echo "$line_num : " . $line . "<br/>";
}
```

上述 foreach 迴圈將讀取的檔案陣列一行一行的顯示，和顯示每一行的列號。PHP 程式範例：ch9-2-5.php 使用 foreach 迴圈顯示 file() 函數讀取 books.txt 檔案內容的陣列，檔案的每一列是一個陣列元素，前面是列號，如下圖所示：

9-2-6 另一種方式讀取文字檔案

PHP 提供 readfile() 函數可以將參數檔案路徑的檔案內容輸出到輸出緩衝區，因為是直接輸出到緩衝區，所以不需要 echo 或 print 即可顯示檔案內容，如下所示：

```php
$num = readfile($filename);
```

PHP 程式範例：ch9-2-6.php 呼叫 readfile() 函數顯示文字檔案 books.txt 內容和字元數，這是使用 <pre> 標籤以原編排格式來顯示，如下圖所示：

9-2-7 讀取圖檔

PHP 程式可以使用 readfile() 函數讀取圖檔來輸出，或讀取圖檔字串，然後使用 Base64 編碼來顯示圖檔。

使用 readfile() 函數讀取圖檔：ch9-2-7.php

PHP 程式可以使用 exif_read_data() 函數和 readfile() 函數來讀取和顯示圖檔，如下所示：

```
$file = "Cabo.JPG";
$fileData = exif_read_data($file);
header("Content-Type: " . $fileData['MimeType']);
header("Content-Length: " . $fileData['FileSize']);
readfile($file);
```

上述程式碼首先呼叫 exif_read_data() 函數讀取圖檔 Cabo.JPG 的 EXIF 標頭資訊，然後指定 HTTP 標頭的 Content-Type 和 Content-Length 後，呼叫 readfile() 函數讀取參數的圖檔輸出至緩衝區。其執行結果可以顯示圖檔內容，如下圖所示：

在 HTML 網頁顯示 Base64 編碼的圖檔：ch9-2-7a.php

在 HTML 網頁的 <img> 標籤可以顯示 Base64 編碼的圖檔字串，這是使用 Data URI，其格式如下所示：

```
data:[<mime type>][;base64],<data>
```

上 data: 就是 Data URI，這是一種檔案格式，其資料是經過 Base64 編碼後的字串，換句話說，圖檔是使用文字方式直接儲存在 HTML 網頁之中，而不需透過外部檔案來儲存。在 HTML 的 <img> 標籤可以在 src 屬性使用 Data URI，如下所示：

```
<img src="data:image/jpg;base64,iVBOR…zH "/>
```

PHP 程式是呼叫 file_get_contents() 函數將圖檔讀取成字串後，再呼叫 base64_encode() 函數進行 Base64 編碼，如下所示：

```php
$file = "Cabo.JPG";
$fileData = exif_read_data($file);
$fileEncode = base64_encode(file_get_contents($file));
echo '<img src="data:'.$fileData['MimeType'].';base64,'.$fileEnco
de.'"/>';
```

上述 <img> 標籤就可以在 src 屬性指定 Data URI 來顯示圖檔 Cabo. JPG 的 Base64 編碼字串，如下圖所示：

9-3 應用實例：網站的訪客計數

網站的訪客計數是一種網站的必備元件，其目的是顯示有多少位訪客曾經瀏覽過此網站，在作法上可以計算開站至目前為止的訪客數，或只計算一段時間內的訪客數。

9-3-1 訪客計數的程式架構與使用

訪客計數的程式架構只有一個 counter.php 程式，計數是使用文字檔案儲存計數值，HTML 圖片標籤 <img> 顯示訪客計數的數字圖片。請 啟 動 Google Chrome 輸 入 PHP 程 式 counter.php 的 網 址：http://localhost:8080/ch09/counter/counter.php，可以看到執行結果的訪客計數，如下圖所示：

上述圖例顯示圖片組合出的訪客計數，每次重新整理網頁，就會將計數值加一。

9-3-2　訪客計數的程式說明

訪客計數只有 1 個 PHP 程式檔案，程式將計數儲存在文字檔案 counter.txt，使用位在「images」資料夾下的 GIF 圖片組合出計數。

PHP 程式：counter.php

PHP 程式 counter.php 是使用文字檔案讀寫來增加計數值，如下所示：

```
......
08: <?php
09: $maxlength = 6;  // 設定最大位數
```

上述第 9 列設定訪客計數的最大位數。在下方第 11~21 列的 if/else 條件判斷 counter.txt 檔案是否存在，如下所示：

```
10: //  檢查計數檔案是否存在
11: if (!file_exists("counter.txt")) {
12:     $counter = 0;
13:     $file = fopen("counter.txt","w"); //  開啟檔案
14:     fputs($file, $counter); //  將計數寫入檔案
15:     fclose($file); //  關閉檔案
16: } else {    //  開啟檔案
17:     $file = fopen('counter.txt','r+');
```

→ 接下頁

```
18:     // 以位元組的方式讀取檔案
19:     $counter = fread($file, filesize("counter.txt"));
20:     fclose($file); // 關閉檔案
21: }
```

上述第 13~15 列因為檔案不存在，所以建立新檔案，$counter 變數的初值是 0，如果文字檔案存在，就執行第 17~20 列開啟文字檔案來讀取儲存的訪客計數值。

在下方第 22 列將 $counter 變數值加 1，第 24~26 列將 $counter 變數值寫回文字檔案，如下所示：

```
22: $counter += 1;  // 增加計數
23: // 以寫入模式開啟檔案，並將新計數寫入檔案
24: $file = fopen("counter.txt","w+");
25: fputs($file, $counter);
26: fclose($file);
27: // 顯示網站的訪客計數，在計數前填入0
28: $str = str_repeat("0", $maxlength-strlen($counter));
29: $str .= $counter;
30: // 使用HTML圖片標籤顯示數字的GIF圖片
31: for ( $i = 0; $i < $maxlength; $i++ )
32:    echo "<img src='images\\".substr($str,$i,1).".gif'>";
33: ?>
......
```

上述第 28 列呼叫 str_repeat() 函數依 $counter 變數的長度在前方補 0 到變數 $maxlength 值的長度，第 29 列連接 $counter 變數值建立訪客計數字串（例如：000399）。

在第 31~32 列使用 for 迴圈配合 substr() 函數一次一個位數顯示 HTML 圖片標籤 <img>。

9-4 檔案上傳

PHP 程式可以在客戶端使用 HTML 檔案欄位標籤選擇檔案後，使用 HTTP POST 方法將檔案資料上傳到伺服器，然後呼叫 copy() 函數將上傳檔案複製成伺服器檔案。

9-4-1 上傳單一檔案

在 PHP 程式使用 HTML 檔案欄位標籤選擇上傳檔案後，就可以呼叫 copy() 函數將暫存檔儲存成伺服器檔案來完成檔案上傳。

HTML 檔案欄位標籤

HTML 檔案欄位可以在瀏覽器檢視或選擇客戶端的檔案清單，選擇檔案是位在客戶端電腦，然後將選擇檔案使用 HTTP POST 方法上傳到 Web 伺服器，其基本語法如下所示：

```
<input type="file" name="file"/>
```

上述 HTML 標籤建立選擇檔案的表單欄位，因為檔案欄位的目的是上傳檔案，所以表單 <form> 標籤需要指定 enctype 屬性，如下所示：

```
<form action="ch9-4-1.php" method="post"
      enctype="multipart/form-data">
</form>
```

上述表單處理程式是 PHP 程式 ch9-4-1.php，使用 post 方法送出，encytype 屬性為上傳檔案資料的編碼 "multipart/form-data"，可以將選擇檔案上傳到 Web 伺服器。

取得上傳檔案的相關資訊

在 HTML 表單建立選擇上傳檔案欄位後，表單處理的 PHP 程式只需使用 $_FILES 預定變數的結合陣列，即可取得上傳檔案的相關資訊，如下所示：

```
echo "檔案名稱: ".$_FILES["file"]["name"]."<br/>";
echo "暫存檔名: ".$_FILES["file"]["tmp_name"]."<br/>";
echo "檔案尺寸: ".$_FILES["file"]["size"]."<br/>";
echo "檔案種類: ".$_FILES["file"]["type"]."<hr/>";
```

上述程式碼取得上傳檔案名稱、暫存檔名、尺寸和檔案類型，其中暫存檔案是隨著網頁送回伺服器的上傳檔案資料。

儲存成伺服器檔案

在 PHP 程式是使用 copy() 函數將暫存檔儲存成伺服器檔案來完成檔案上傳，如下所示：

```
if ( copy($_FILES["file"]["tmp_name"],
          $_FILES["file"]["name"])) {
   echo "檔案上傳成功<br/>";
   unlink($_FILES["file"]["tmp_name"]);
}
else
   echo "檔案上傳失敗<br/>";
```

上述 if/else 條件呼叫 copy() 函數將暫存檔案儲存成 $_FILES["file"]["name"]) 的上傳檔案名稱，在成功複製檔案後，執行 unlink() 函數刪除暫存檔案。

程式範例：ch9-4-1.php

在 PHP 程式的表單欄位選擇上傳檔案後，可以將檔案上傳到 Web 伺服器，如下圖所示：

按**選擇檔案**鈕選擇上傳檔案 Cabo.JPG，按**上傳檔案**鈕，稍等一下，可以看到上傳檔案資訊和成功上傳檔案的訊息，如下圖所示：

在伺服器 PHP 程式的同一目錄，可以看到上傳的 .jpg 圖檔。

程式內容

```
01: <!DOCTYPE html>
02: <html>
03: <head>
04: <meta charset="utf-8" />
05: <title>ch9-4-1.php</title>
06: </head>
07: <body>
08: <?php
09: if (isset($_FILES["file"])) {
10:     echo "上傳檔案資訊: <hr/>";
11:     echo "檔案名稱: ".$_FILES["file"]["name"]."<br/>";
12:     echo "暫存檔名: ".$_FILES["file"]["tmp_name"]."<br/>";
13:     echo "檔案尺寸: ".$_FILES["file"]["size"]."<br/>";
14:     echo "檔案種類: ".$_FILES["file"]["type"]."<hr/>";
15:     // 儲存上傳的檔案
16:     if ( copy($_FILES["file"]["tmp_name"],
17:             $_FILES["file"]["name"])) {
18:         echo "檔案上傳成功<br/>";
19:         unlink($_FILES["file"]["tmp_name"]);
20:     }
21:     else echo "檔案上傳失敗<br/>";
22: }
23: ?>
24: <form action="ch9-4-1.php" method="post"
25:         enctype="multipart/form-data">
26: 選擇上傳檔案: <input type="file" name="file"/><hr/>
27: <input type="submit" value="上傳檔案"/>
28: </form>
29: </body>
30: </html>
```

程式說明

● 第 9~22 列：HTML 表單處理的 PHP 程式碼，在確定是表單送回後，
第 11~14 列顯示 $_FILES 預定變數的上傳檔案資訊。

- 第 16~21 列：if/else 條件呼叫 copy() 函數複製檔案，如果成功，在第 19 列刪除暫存檔案。

- 第 24~28 列：上傳檔案的 <form> 表單標籤，使用 post 方法，其處理程式是 ch9-4-1.php，enctype 屬性為 multipart/form-data，在第 26 列是 HTML 檔案欄位標籤。

9-4-2　同時上傳多個檔案

在第 9-4-1 節的 PHP 程式範例只能上傳單一檔案，我們只需在 HTML 表單新增多個 HTML 檔案標籤，就可以同時上傳多個檔案，如下所示：

```
選擇上傳檔案: <input type="file" name="file[]"><br/>
選擇上傳檔案: <input type="file" name="file[]"><br/>
選擇上傳檔案: <input type="file" name="file[]"><br/>
```

上述檔案標籤的 name 屬性是陣列，當選擇好多個上傳檔案後，PHP 程式可以取得這些上傳檔案的結合陣列，如下所示：

```
$name = $_FILES["file"]["name"][$i];
$tmp = $_FILES["file"]["tmp_name"][$i];
```

上述程式碼使用索引 $i 變數取得每一個上傳檔案和暫存檔案，這是使用 for 迴圈配合 copy() 函數來同時上傳多個檔案。

程式範例：ch9-4-2.php

在 PHP 程式的 HTML 表單最多可以選擇 3 個上傳檔案，能夠同時將多個檔案上傳到伺服器，如下圖所示：

上述圖例選擇 2 個圖檔後，按**上傳檔案**鈕，可以看到成功上傳 2 個檔案，如下圖所示：

在伺服器 PHP 程式的同一目錄可以看到 2 個上傳的圖檔，和上一節的 1 個，共有 3 個，如下圖所示：

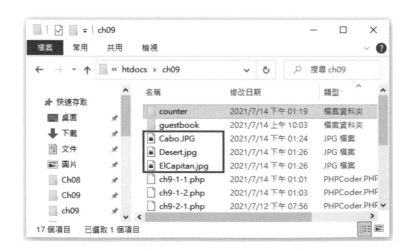

程式內容

```
01: <!DOCTYPE html>
02: <html>
03: <head>
04: <meta charset="utf-8" />
05: <title>ch9-4-2.php</title>
06: </head>
07: <body>
08: <?php
09: if (isset($_FILES["file"])) {
10:     //  處理多個檔案
11:     for ( $i = 0; $i < 3; $i++) {
12:         $name = $_FILES["file"]["name"][$i];
13:         $tmp = $_FILES["file"]["tmp_name"][$i];
14:         if ( !empty($name) ) {   // 上傳檔案
15:             copy($tmp, $name);
16:             echo "檔案$name 上傳成功<br/>";
17:             unlink($tmp);
18:         }
19:     }
20: }
21: ?>
22: <form action="ch9-4-2.php" method="post"
23:         enctype="multipart/form-data">
24: 選擇檔案:<input type="file" name="file[]"/><br/>
25: 選擇檔案:<input type="file" name="file[]"/><br/>
26: 選擇檔案:<input type="file" name="file[]"/><hr/>
27: <input type="submit" name="Upload" value="上傳檔案"/>
28: </form>
29: </body>
30: </html>
```

程式說明

● 第 9~20 列：HTML 表單處理的 PHP 程式碼，在確定是表單送回後，
使用 for 迴圈上傳多個檔案，第 11~19 列的 for 迴圈在取得 $_FILES

預定變數的每一個元素後，在第 14~18 列的 if 條件檢查是否有此檔案，如果有，呼叫 copy() 函數複製成伺服器檔案。

- 第 22~28 列：選擇上傳檔案的 HTML 表單，在第 23 列指定 enctype 屬性，第 24~26 列是 3 個 HTML 檔案標籤。

9-5　寄送電子郵件

在網頁我們常常可以看到網站管理者的電子郵件超連結或網頁表單的電子郵件寄送。在 PHP 程式可以呼叫 mail() 函數透過 SMTP 伺服器來寄送電子郵件。

9-5-1　設定 PHP 的郵件功能

PHP 是在 php.ini 檔案指定電子郵件使用的 SMTP 伺服器、埠號和寄件者，其說明如下表所示：

參數	說明
SMTP	SMTP 伺服器的網域名稱或 IP 位址，預設值是 "localhost"
smtp_port	SMTP 伺服器的埠號，預設值是 "25"
sendmail_from	寄件者的電子郵件地址

在 XAMPP 設定電子郵件功能的步驟，如下所示：

Step 1：請開啟 XAMPP 的控制面板，按 Apache 哪一列的 **Config** 鈕，執行「PHP (php.ini)」命令。

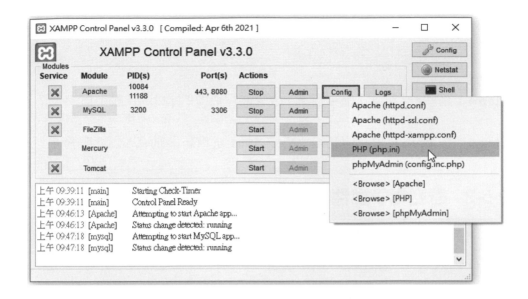

Step 2：可以看到記事本開啟的 PHP 設定檔，如下圖所示：

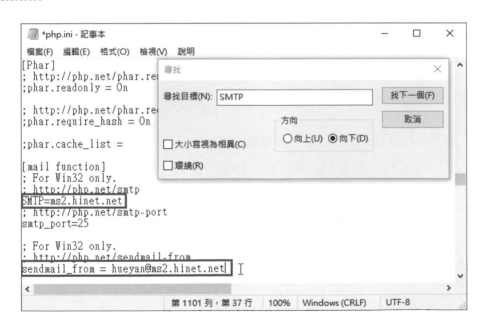

Step 3：執行「編輯 / 尋找」命令搜尋 **SMTP** 關鍵字後，取消 sendmail_
from 之前的「;」號，更改 SMTP 和 sendmail_from 的設定成為
讀者 ISP 的 SMTP 伺服器和電子郵件地址，如下所示：

```
SMTP=ms2.hinet.net
...
sendmail_from=hueyan@ms2.hinet.net
```

Step 4：請執行「檔案 / 儲存檔案」命令儲存更改的 php.ini 設定檔。

Step 5：按 **Stop** 鈕停止服務後，再按 **Start** 鈕重新啟動 Apache 服務。

9-5-2　寄送電子郵件

在 PHP 程式寄送電子郵件是使用 HTML 表單取得郵件內容後，呼叫 mail() 函數來寄送郵件，如下所示：

```
if (mail($to, $subject, $body, $header))
    echo "郵件已經成功的寄出! <br/>";
else
    echo "郵件寄送失敗!<br/>";
```

上述 if/else 條件的 mail() 函數擁有 4 個參數，依序是收件者、主旨、郵件內容和郵件標頭，寄送成功回傳 true；否則為 false。

雖然 mail() 函數沒有寄件者參數（在 php.ini 可以指定），不過，我們仍然可以在最後一個參數的郵件標頭指定寄件者，如下所示：

```
$header = "From: $from\nReply-To: $from\n";
```

上述 $header 變數是郵件標題，指明寄件者 From 和回信的郵件地址 Reply-To，此參數是郵件實際內容的標頭資訊。如果想寄送 HTML 格式郵件，請使用下列郵件標頭，如下所示：

```
$header = "\nMIME-Version: 1.0\n";
$header .= "Content-Type: text/html;charset=utf8\n";
```

程式範例：ch9-5-2.php

在 PHP 程式建立電子郵件表單和處理程式，在取得表單欄位的郵件內容後，呼叫 mail() 函數寄送電子郵件，如下圖所示：

上述欄位在輸入電子郵件地址、主旨和郵件內容後，按**寄送郵件**鈕寄送電子郵件，如下圖所示：

稍等一下，即可啟動郵件工具看到收到的電子郵件，如下圖所示：

程式內容

```
01: <!DOCTYPE html>
02: <html>
03: <head>
04: <meta charset="utf-8" />
05: <title>ch9-5-2.php</title>
06: </head>
07: <body>
08: <font color="red">
09: <?php
10: // 是否是表單送回
11: if (isset($_POST["Send"])) {
12:     $to = $_POST["To"]; // 取得表單欄位內容
13:     $from = $_POST["From"];
14:     $subject = $_POST["Subject"];
15:     $body = $_POST["TextBody"];
16:     // 建立郵件標頭
17:     $header = "From: $from \nReply-To: $from \n";
18:     // 送出郵件
19:     if (mail($to, $subject, $body, $header))
20:         echo "郵件已經成功的寄出! <br/>";
21:     else
22:         echo "郵件寄送失敗!<br/>";
23: }
24: ?>
25: </font>
26: <form action="ch9-5-2.php" method="post">
27: <table>
28:     <tr><td>收件者:</td>
29:     <td><input type="text" size="30" name="To"/>
30:     </td></tr>
31:     <tr><td>寄件者:</td>
32:     <td><input type="text" size="30" name="From"/>
33:     </td></tr>
34:     <tr><td>主旨:</td>
35:     <td><input type="text" size="40" name="Subject"/>
36:     </td></tr>
37:     <tr><td>郵件內容:</td><td>
38:     <textarea rows="5" cols="40" name="TextBody">
39:     </textarea>
40:     </td></tr>
```

→ 接下頁

```
41: </table>
42: <input type="submit" name="Send" value="寄送郵件"/>
43: </form>
44: </body>
45: </html>
```

程式説明

● 第 11~23 列：if 條件是 HTML 表單的處理程式，在第 12~15 列取得表單欄位值，第 17 列建立郵件標頭的 $header 字串變數，內含寄件者資訊，在第 19~22 列的 if/else 條件呼叫 mail() 函數送出郵件。

● 第 26~43 列：輸入電子郵件內容的 HTML 表單，處理程式是自己 ch9-5-2.php。

9-6 應用實例：PHP 留言簿

　　PHP 留言簿是 HTML 表單處理的應用實例，提供網友發表言論的園地，留言簿可以依序顯示訪客張貼的訊息。如果想留言，只需在表單輸入基本資料和留言內容，即可新增留言。

9-6-1 PHP 留言簿的程式架構

　　PHP 留言簿的留言是儲存在文字檔案，文字檔案作為資料庫角色，提供 PHP 程式儲存使用者的留言，其架構如下圖所示：

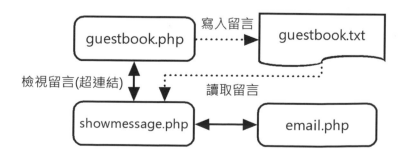

上述 guestbook.php 表單在輸入留言後，就是送到自己的表單處理程式，可以使用 PHP 檔案函數將留言儲存到文字檔案 guestbook.txt。

在 guestbook.php 擁有超連結連接 showmessage.php 顯示訪客留言，留言者是一個超連結，可以連接 email.php 寄送電子郵件給留言者。

9-6-2　PHP 留言簿的使用

PHP 留言簿共提供三種功能：新增留言、檢視留言和寄送郵件給留言者。

新增留言

請 啟 動 Google Chrome 輸 入 PHP 程 式 guestbook.php 的 網 址：http://localhost:8080/ch09/guestbook/guestbook.php，可以看到執行結果的 PHP 留言簿，如下圖所示：

在上述表單欄位輸入留言內容後，**按送出留言鈕**，稍等一下，可以在下方看到新增留言成功的訊息文字。

檢視留言

在留言表單下方點選**檢視留言**超連結，可以看到目前所有的訪客留言，如下圖所示：

寄送郵件給留言者

在檢視留言時，點選姓名超連結，可以看到電子郵件表單，能夠直接寄送電子郵件給留言者。

9-6-3　PHP 留言簿的程式說明

PHP 留言簿有 3 個 PHP 程式檔案，可以分別新增、顯示訪客留言和寄送電子郵件，程式是將留言內容儲存在 guestbook.txt 文字檔案。

PHP 程式：guestbook.php

PHP 程式 guestbook.php 是表單處理的應用，可以將使用者輸入的留言存入文字檔案，在第 9~28 列是表單處理程式碼，如下所示：

```
......
06: <?php
07: $msg = "";
08: // 檢查是否是表單送回
09: if ( isset($_POST["Name"]) ) {
10:     $file = "guestbook.txt";
11:     if ( !file_exists($file) ) { // 檔案不存在
12:         $fp = fopen($file, "w");  // 建立檔案
13:         fclose($fp);
14:     }
```

上述第 10 列是儲存留言的檔案名稱，在第 11~14 列的 if 條件檢查檔案是否存在，如果不存在，就建立此文字檔案。

在下方第 15~18 列取得表單欄位 Email 和 Message 的欄位內容，第 18 列的留言訊息呼叫 nl2br() 函數將換行符號轉換成
 換行標籤，如下所示：

```
15:     $email = $_POST["Email"];  // 取得郵件地址
16:     $name = "<a href='email.php?address=";
17:     $name .= $email."'>".$_POST["Name"]."</a>";
18:     $messages = nl2br($_POST["Message"]);
19:     $fp = fopen($file, "a");  // 開啟檔案
20:     $today = date("Y年m月d日 h:i:s");
21:     // 建立留言訊息
22:     $msg  = "<b>留言時間：</b>".$today."<br/>";
23:     $msg .= "<b>姓名：</b>".$name."<br/>";
24:     $msg .= "<b>留言：</b>".$messages."<br/><hr/>";
25:     fputs($fp, $msg);  // 寫入檔案
26:     fclose($fp);       // 關閉檔案
27:     $msg = "新增留言成功!<br/>";
28: }
29: ?>
......
```

上述第 19 列開啟新增資料的文字檔案，在第 22~24 列建立留言訊息字串，第 25 列寫入檔案。

PHP 程式：showmessage.php

PHP 程式 showmessage.php 是讀取文字檔案來顯示留言內容，如下所示：

```
......
08: <?php
09: $file = "guestbook.txt";
10: // 檢查檔案是否存在，且不是空檔案
11: if ( !file_exists($file) or filesize($file) == 0 )
12:     echo "<h2>目前沒有任何留言！</h2><hr/>";
13: else
14:     readfile($file);  // 讀取和顯示留言
15: ?>
......
```

上述第 9 列是留言內容的檔案名稱，在第 11~14 列的 if/else 條件檢查檔案是否存在，或檔案尺寸等於 0。if 條件成立表示沒有留言，在第 12 列顯示沒有留言的訊息，反之第 14 列讀取全部檔案內容和顯示出來。

PHP 程式：email.php

PHP 程式 email.php 是修改自 ch9-5-2.php，可以寄送電子郵件給留言者。

學習評量

選擇題

(　　) 1. PHP 程式可以使用下列哪一個函數來檢查檔案是否存在？

A. exists()　　　　　　B. isset()

C. file_exists()　　　　D. path_exists()

(　　) 2. 請問 PHP 程式可以使用下列哪一個函數來刪除檔案？

      A. delete()   B. rlink()

      C. remove()   D. delete_file()

(　　) 3. PHP 的 fopen() 函數開啟唯讀檔案的模式字串是下列哪一個？

      A. "r+"   B. "a"

      C. "w"   D. "r"

(　　) 4. PHP 的 fopen() 函數如果是開啟在檔尾新增資料的檔案，使用的模式字串是下列哪一個？

      A. "r+"   B. "a"

      C. "w"   D. "r"

(　　) 5. PHP 的下列哪一個函數可以讀取整個檔案內容輸出到輸出緩衝區？

      A. readfile()   B. fopen()

      C. fread()   D. file()

(　　) 6. PHP 的下列哪一個函數可以讀取整個檔案內容至陣列？

      A. readfile()   B. fopen()

      C. fread()   D. file()

(　　) 7. 在 PHP 程式取得上傳檔案相關資訊是使用下列哪一個預定變數？

      A. $_FILES   B. GLOBALS

      C. $_COOKIE   D. $_SESSION

(　　) 8. PHP 是在 php.ini 檔案指定下列哪一個參數的郵件伺服器來寄送電子郵件？

      A. server   B. SMTP

      C. smtp_port   D. sendmail_from

(　) 9. PHP 是使用下列哪一個函數來寄送電子郵件？

　　　A. send() 　　　　　　B. file()

　　　C. mail() 　　　　　　D. mail_to()

(　) 10. PHP 的電子郵件函數並沒有下列哪一個郵件內容的參數？

　　　A. 主旨 　　　　　　B. 郵件內容

　　　C. 寄件者 　　　　　　D. 收件者

簡答題

1. PHP 處理的檔案類型有：＿＿＿＿＿ 和 ＿＿＿＿＿。

2. UNIX/Linux 和 Windows 作業系統的換行符號不同，UNIX/Linux 只需使用「＿＿＿＿」即可，Windows 系統需要使用「＿＿＿＿」。

3. 請簡單說明 PHP 讀取文字檔案內容的步驟？如何讀取圖檔？

4. HTML 檔案欄位標籤 <input> 的 type 屬性值是 ＿＿＿＿＿＿。

5. 請問在 PHP 程式寄送電子郵件時需要如何指定寄件者？

6. 請問寄送 HTML 格式的電子郵件時，需要使用的郵件標頭為何？

實作題

1. 請建立 PHP 程式檢查 students.txt 檔案是否存在，如果不存在就建立此檔案。

2. 請建立 PHP 程式在實作題 1 的 students.txt 檔案寫入 2 位學生姓名，每一位學生是一行，如下所示：

```
陳小安
江小魚
```

3. 以實作題 2 建立的 students.txt 檔案為例，請依序撰寫下列功能的 PHP
   程式，如下所示：

   ▶新增 3 行姓名陳允傑、張三和李四，和在之前加上編號 0~2。

   ▶讀取檔案輸出到輸出緩衝區。

   ▶讀取檔案內容轉換成陣列，顯示索引 1 陣列元素的文字內容。

4. 請修改第 9-3 節的網站訪客計數，改用第 9-2-7 節的方式來顯示圖片的
   計數。

5. PHP 程式範例 ch9-4-2.php 最多可以同時上傳 3 個檔案，請修改程式
   顯示上傳檔案的類型和尺寸，並且能夠同時上傳 5 個檔案。

6. 請使用文字檔案 users.txt 儲存客戶的電子郵件地址，每一列是一位客
   戶，另一個文字檔案 body.txt 是郵件內容，建立 PHP 程式讀取檔案內
   容作為郵件內容，然後寄送電子郵件給所有客戶。

10

MySQL 資料庫
系統的基本使用

本章學習目標

10-1 網頁資料庫的基礎

PHP 伺服端網頁技術的主要目的是建立 Web 網站。事實上，大部分 PHP 建立的網站都是一種網頁資料庫（Web Database）的應用，在伺服端提供資料來源的資料庫系統（Database System）。

10-1-1 資料庫系統

資料庫（Database）是一種資料儲存單位，一些經過組織的資料集合，眾多出勤管理系統、倉庫管理系統、進銷存系統或小至錄影帶店管理系統，這些都屬於不同應用的資料庫系統。

資料庫系統

資料庫系統是資料庫和資料庫管理系統所組成，資料庫管理系統是一套管理資料庫的應用程式。關聯式資料庫系統（Relational Database System）是目前資料庫系統的主流，市面上大部分資料庫管理系統都是關聯式資料庫管理系統（Relational Database Management System），例如：Access、MySQL、SQL Server 和 Oracle 等。

使用者操作資料庫是下達 SQL 結構化查詢語言，然後透過資料庫管理系統來儲存和管理資料庫儲存的資料。開發資料庫系統就是在針對需求設計資料庫、建立應用程式使用介面和決策架構，資料庫管理系統本身只負責管理和存取資料庫，作為應用系統的資料來源。

關聯式資料庫

關聯式資料庫（Relational Database）是使用一到多個資料表所組成，在多個資料表之間使用欄位資料值來建立連接關係，這就是資料表之間的關聯性。

　　關聯式資料庫是使用類似 Excel 的二維表格資料表來儲存記錄資料，在資料表之間使用欄位值建立關聯性，可以透過關聯性來存取其他資料表的記錄資料。例如：使用**學號**欄位值建立兩個資料表之間的關聯性，如下圖所示：

學號	姓名	電話	生日
S0201	周傑倫	02-11111111	1993/10/3
S0202	林俊傑	02-22222222	1998/2/2
S0203	張振嶽	03-33333333	1992/3/3
S0204	許慧幸	03-44444444	1991/4/4

學號	課程編號	課程名稱	學分
S0201	CS302	專題製作	2
S0202	CS102	資料庫系統	3
S0202	CS104	程式語言(1)	3
S0203	CS201	區域網路實務	3
S0203	CS102	資料庫系統	3
S0203	CS301	專案研究	2
S0204	CS301	專案研究	2

關聯式資料庫的組成：資料表、記錄與欄位

　　關聯式資料庫的資料是儲存在資料庫的「資料表」（Tables），每一個資料表使用「欄位」（Fields）分類成多個群組，每一個群組是一筆「記錄」（Records），例如：通訊錄資料表的記錄，如下表所示：

編號	姓名	地址	電話	生日	電子郵件地址
1	陳小安	新北市五股成泰路1000號	02-11111111	1997/9/3	hueyan@ms2.hinet.net
2	江小魚	新北市中和景平路1000號	02-22222222	1998/2/2	jane@ms1.hinet.net
3	劉得華	桃園市三民路1000號	02-33333333	1992/3/3	lu@tpts2.seed.net.te
4	郭富成	台中市中港路三段500號	03-44444444	1991/4/4	ko@gcn.net.tw
5	離明	台南市中正路1000號	04-55555555	1998/5/5	light@ms11.hinet.net
6	張學有	高雄市四維路1000號	05-66666666	1999/6/6	geo@ms10.hinet.net
7	陳大安	台北市羅斯福路1000號	02-99999999	1999/9/9	an@gcn.net.tw

上述表格是一個資料表的記錄資料，在表格的每一列是一筆記錄的群組，這個群組分成欄位：編號、姓名、地址、電話、生日和電子郵件地址，一個資料庫可以同時擁有多個資料表。

在資料表需要選擇「主鍵」（Primary Key），這是用來識別資料表唯一記錄的欄位資料，可以是一到多個欄位的集合。例如：在**通訊錄**資料表選擇**編號**欄位作為主鍵。

資料庫儲存資料的目的是為了提昇排序和查詢效率，在資料表可以使用「索引」（Index）將資料系統化整理，以便在大量記錄中快速找到記錄或進行排序。例如：在資料表建立主鍵是建立此欄位的索引，可以使用主鍵欄位來加速記錄的搜尋和排序。

10-1-2　PHP 與資料庫

PHP 提供函數可以配合資料庫系統來建立網頁資料庫，直接在伺服端存取資料庫的記錄資料，其結構如下圖所示：

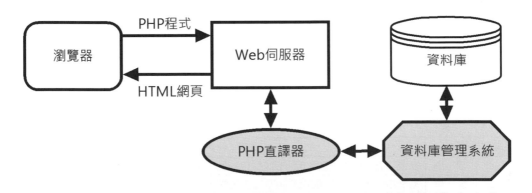

上述圖例的瀏覽器在瀏覽 PHP 程式時，Web 伺服器使用 PHP 直譯器執行 PHP 程式，透過資料庫管理系統存取資料庫的記錄資料，例如：MySQL，然後使用取得的記錄資料產生 HTML 網頁，這就是回傳瀏覽器所顯示 PHP 程式的執行結果。

PHP 提供各種資料庫管理系統所需的函式庫，常用的資料庫有：MySQL、SOL Server、ODBC 和 Oracle 等，PHP 程式只需透過函數就可以輕鬆開發網頁資料庫。

10-2 MySQL 資料庫系統

PHP 網頁資料庫最常搭配的資料庫管理系統是 MySQL，MariaDB 是一套完全相容 MySQL 的資料庫系統，目前已經有相當多網路公司改用 MariaDB 取代 MySQL 資料庫系統。

10-2-1 認識 MySQL 與 MariaDB

一般來說，PHP 技術主要搭配的資料庫管理系統是 MySQL，因為 Oracle 公司對開放原始碼（Open Source）MySQL 的支援不佳，MySQL 原開發團隊已經開發出另一套完全相容 MySQL，名為 MariaDB 的資料庫系統來延續 MySQL 開放原始碼的精神。

MySQL 資料庫系統

MySQL 是開放原始碼的關聯式資料庫管理系統，跨平台支援 Linux/UNIX 和 Windows 作業系統。原來是 MySQL AB 公司開發與提供技術支援（已經被 Oracle 購併），這是 David Axmark、Allan Larsson 和 Michael Monty Widenius 在瑞典設立的公司，其官方網址為：http://www.mysql.com。

MySQL 資料庫管理系統是目前市面上最快的資料庫伺服器產品之一，這是一套多執行緒（Multi-threaded）、多使用者（Multi-user）和使用標準 SQL 語言的資料庫伺服器，提供資料庫設計師多種選項和各種語言的資料庫函式庫。

MariaDB 是 MySQL 原開發團隊開發的資料庫系統，保證永遠開放原始碼，目前已經成為最普遍使用的資料庫伺服器之一，Facebook 和 Google 公司都已改用 MariaDB 取代 MySQL 資料庫伺服器，其官方網址是：https://mariadb.org/。

在本書使用的 XAMPP 套件，其安裝的 MySQL 就是 MariaDB 資料庫系統，因為完全相容 MySQL，PHP 程式不用任何修改就可以存取 MariaDB 資料庫。

10-2-2　啟動與停止 MySQL 伺服器

在第 1 章安裝 XAMPP 整合套件時已經安裝 MySQL 資料庫管理系統（正確的說是 MariaDB，為了方便說明本書仍然稱為 MySQL），請啟動 XAMPP 控制面板後，就可以看到 MySQL 伺服器的管理介面，如下圖所示：

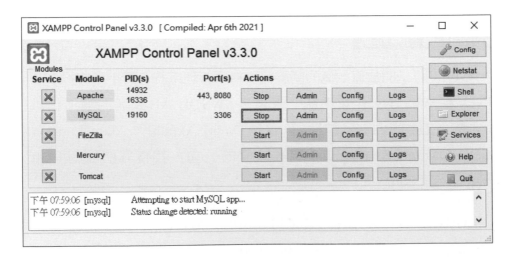

上述 MySQL 哪一列提供多個按鈕來管理 MySQL 資料庫，相關按鈕的說明如下表所示：

按鈕	說明
Start	啟動 MySQL 伺服器
Stop	停止 MySQL 伺服器
Config	設定 MySQL 伺服器
Admin	啟動 phpMyAdmin 管理工具
Logs	檢視 MySQL 錯誤記錄檔

10-3 使用 phpMyAdmin 建立 MySQL 資料庫

phpMyAdmin 是 Web 介面功能強大的免費 MySQL 管理工具，支援中文使用介面，在本書就是使用 phpMyAdmin 管理工具來建立本書所需的 MySQL 資料庫。

10-3-1 啟動與結束 phpMyAdmin

XAMPP 安裝套件包含 phpMyAdmin，在第 1 章安裝 XAMPP 套件時，就已經安裝 phpMyAdmin。現在，我們準備使用 phpMyAdmin 管理工具建立本書後各章節測試所需的 MySQL 資料庫。

啟動 phpMyAdmin

請在 XAMPP 控制面板的 MySQL 哪一列，如果埠號顯示 3306，表示 MySQL 伺服器已經在執行中，請按之後 **Admin** 鈕，可以啟動瀏覽器看到使用 root 使用者（預設沒有密碼）登入系統，可以看到 phpMyAdmin 管理工具的頁面，如下圖所示：

上述管理工具網頁左邊是主目錄，可以顯示資料庫和資料表清單，右邊顯示其相關資訊。以此例在右上方訊息框顯示 MySQL 伺服器的版本（顯示 MariaDB）、網址和登入的使用者名稱。

MySQL 預設管理者帳號 root 並沒有密碼，在第 10-6 節就會說明如何更改密碼成 **A12345678**，這也是本書之後 PHP 程式範例連接 MySQL 伺服器使用的 root 管理者密碼。

結束 phpMyAdmin

結束 phpMyAdmin 只需關閉瀏覽器，就可以離開 phpMyAdmin 管理工具。

10-3-2　在 MySQL 建立與刪除資料庫

phpMyAdmin 提供完整資料庫的操作介面，可以讓我們在 MySQL 建立資料庫、定義資料表和新增記錄資料。

建立資料庫

我們準備使用 phpMyAdmin 在 MySQL 建立名為 **myschool** 的資料庫，其步驟如下所示：

Step 1：請啟動瀏覽器進入 phpMyAdmin 管理工具的頁面，點選上方**伺服器：127.0.0.1** 後，再選**資料庫**標籤。

Step 2：在**建立新資料庫**欄輸入資料庫名稱 **myschool**（不區分英文大小寫），在之後選 **utf8_general_ci**，這是不區分大小寫的字元校對，按**建立**鈕。

Step 3：可以看到訊息顯示 myschool 資料庫已經建立，並且切換至建立資料表的頁面，在左邊可以看到新增的 myschool 資料庫。

刪除資料庫

在同一個 MySQL 伺服器可以管理多個資料庫，對於不再需要的資料庫，可以刪除資料庫，例如：myschool 資料庫，其步驟如下所示：

Step 1：點選上方**伺服器：127.0.0.1** 後，再選**資料庫**標籤，可以在下方看到目前管理的資料庫清單。

Step 2：勾選欲刪除的 myschool 資料庫，點選右下方**刪除**圖示，即可刪除選取的資料庫。

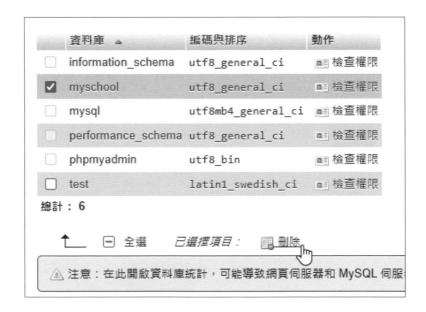

10-4 新增 MySQL 資料表

在 phpMyAdmin 建立資料庫後，就可以選擇資料庫來新增 MySQL 資料表。

10-4-1　MySQL 欄位的資料型態

MySQL 資料表的每一個欄位可以儲存指定資料型態的資料，分為數值、日期 / 時間和字串三大類。MySQL 常用資料類型的說明，如下表所示：

資料類型	說明
TINYINT	最小的整數，有符號整數 -128~127；無符號是 0~255
SMALLINT	短整數，有符號整數 -32768~32767；無符號是 0~65535
MEDIUMINT	中型整數，有符號整數 -8388608~8388607；無符號是 0~16777215
INT 或 INTEGER	整數，有符號整數 -2147483648~2147483647；無符號是 0~4294967295
BIGINT	長整數，有符號整數 -9223372036854775808~9223372036854775807；無符號是 0~18844674407370955061
FLOAT	單精浮點數，精確度小於等於 24
FLOAT(M,D)	單精浮點數，M 為最大長度，D 是小數點數
DOUBLE(M,D)	雙精浮點數，M 為最大長度，D 是小數點數
DECIMAL(M,D)	數值，M 為最大長度，D 是小數點數
CHAR(M)	固定長度字串，M 為最大長度 1~255 位元組，表示其佔用的空間
VARCHAR(M)	變動長度字串，M 為最大長度 1~255 位元組，依實際長度儲存，但不超過 M
TINETEXT	字串，最大長度 255 位元組
TEXT	字串，最大長度 65535 位元組
LONGTEXT	長字串，最大長度 4294967295 位元組
DATE	日期資料，其範圍 1000-01-01~9999-10-31
DATETIME	日期 / 時間資料，其範圍 1000-01-0100:00:00~9999-10-3123:59:59
TIMESTAMP	時間戳記，其範圍 1970-01-0100:00:00~2037-10-3123:59:59
TIME	時間資料

10-4-2 新增資料表

在這一節筆者準備繼續第 10-3-2 節建立的 myschool 資料庫，新增 **students** 資料表，其欄位定義資料如下表所示：

資料表：students			
欄位名稱	MySQL 資料類型	大小	欄位說明
sno	VARCHAR	5	學號（主鍵）
name	VARCHAR	12	姓名
address	VARCHAR	50	地址
birthday	DATE	N/A	生日
username	VARCHAR	12	使用者名稱
password	VARCHAR	12	使用者密碼

請啟動 phpMyAdmin 後，在 myschool 資料庫新增 students 資料表，其步驟如下所示：

Step 1：在 phpMyAdmin 管理畫面左邊主目錄選 **myschool** 資料庫，就可以在此資料庫新增資料表。

Step 2：在**名稱**欄位輸入資料表名稱 **students**（不區分英文大小寫），**欄位**欄輸入資料表欄位數 **6**，按**執行**鈕。

Step 3：在編輯資料表欄位的 HTML 表單，依序輸入前述 students 資料表的欄位定義資料，類型是使用下拉式清單選擇。

Step 4：接著選 **sno** 欄位後，向右捲動視窗找到**索引**欄，在**索引**欄選 **PRIMARY** 設為主鍵，如下圖所示：

預設值	編碼與排序	屬性	空值 (Null)	索引	A_I
無			☐	---	☐

				PRIMARY	
				UNIQUE	
				INDEX	
				FULLTEXT	
無			☐	SPATIAL	☐

> **說明** 欄位型態如果是數值和自動新增欄位值時，請勾選 **A_I** 欄。

Step 5：在**大小**欄可以輸入欄位大小，只使用部分欄位值來建立索引，空白就是整個欄位，按**執行**鈕新增主索引。

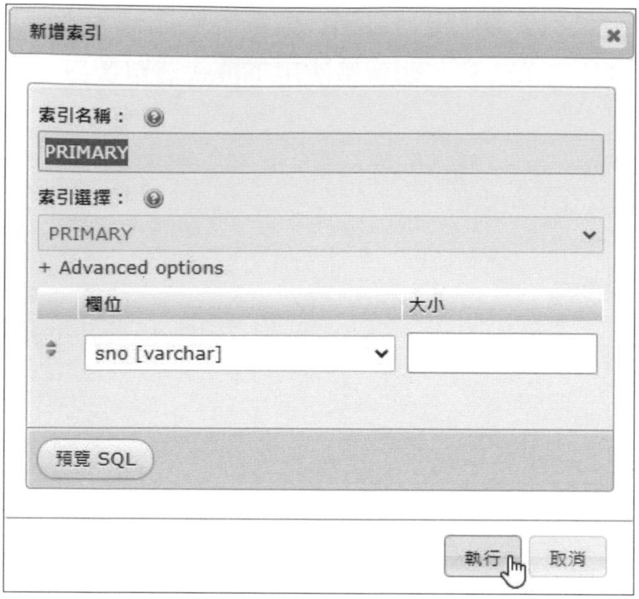

Step 6：請往下捲動，按**儲存**鈕儲存資料表。

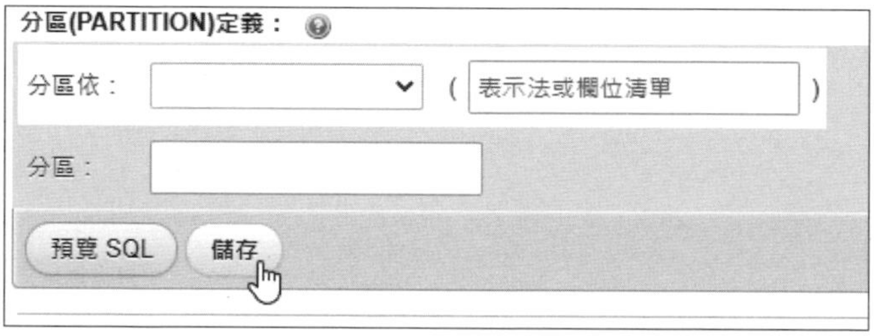

Step 7：在左邊選 myschool 資料庫，可以看到建立的 students 資料表，如下圖所示：

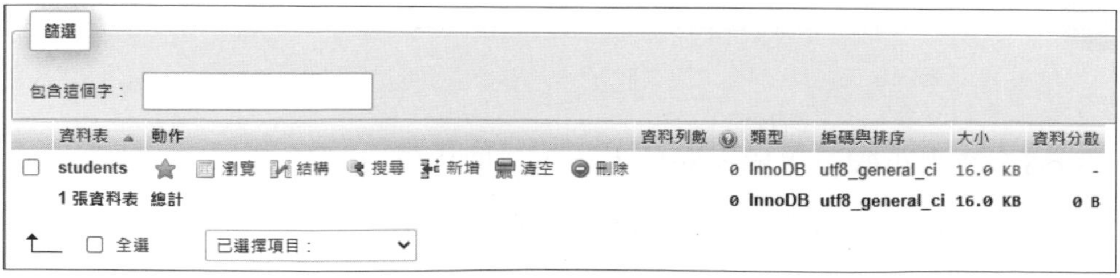

Step 8：請勾選**資料表**名稱，例如：students，點選之後的**結構**，可以重新檢視資料表的欄位定義資料，如下圖所示：

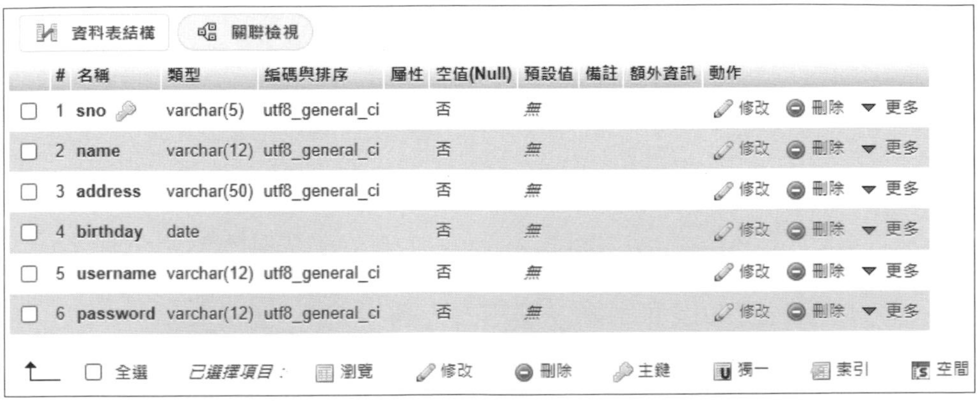

上表資料表欄位的編輯方式是先勾選需要處理的欄位，然後在「動作」欄點選所需功能（點選**更多**可以看到更多的功能），常用功能說明如下表所示：

動作	說明
修改	修改欄位的定義資料
刪除	刪除欄位
主鍵	將欄位設定成主鍵
唯一	將欄位值設定成為唯一值
索引	將欄位設為索引鍵欄位

10-4-3　新增記錄資料

我們已經在 MySQL 的 **myschool** 資料庫新增 **students** 資料表，接著，就可以新增資料表的記錄資料，來建立測試的記錄資料，如下所示：

Step 1：請在 phpMyAdmin 左邊資料庫清單，展開 **myschool** 資料庫，可以在下方看到 students 資料表，請點選 **students** 超連結（如果是點選上方的 **新增**，可以新增資料表）。

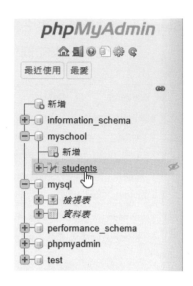

Step 2：可以在右邊顯示資料表的記錄資料，目前是空的沒有記錄，點選上方**新增**標籤來新增記錄。

Step 3：在記錄編輯畫面依序輸入 sno、name、address、birthday、username 和 password 欄位值，按**執行**鈕新增記錄。

Step 4：可以看到成功新增一筆記錄的訊息文字，在網頁上方是插入記錄
的 SQL 指令，點選上方**新增**標籤可以繼續新增其他記錄。

Step 5：在完成資料表記錄資料的新增後，點選上方**瀏覽**標籤，可以在下
方檢視 students 資料表目前的所有記錄資料，如下圖所示：

10-5 匯入與匯出 MySQL 資料庫

在 phpMyAdmin 管理工具提供匯出與匯入資料庫的功能，匯出功能
可以備份資料庫；匯入功能可以安裝本書使用的範例資料庫。

10-5-1 匯出資料庫

phpMyAdmin 可以將指定資料庫匯出成為 SQL 指令碼檔案。例如：
將前幾節建立的 myschool 資料庫匯出成為 myschool.sql 檔案，其步驟如
下所示：

Step 1：請進入 phpMyAdmin 管理工具，在左邊選欲匯出的資料庫，以
此例是 **myschool**，在右邊點選上方**匯出**標籤。

Step 2：預設匯出方式是**快速**，在**格式**欄可以指定輸出格式，預設是 SQL，按**執行**鈕。

Step 3：可以看到下載匯出的 SQL 指令檔案 myschool.sql，預設編碼是 UTF-8，檔案名稱就是資料庫名稱，副檔名是 .sql。

請注意！快速匯出只能匯出建立資料表的 SQL 指令，並不包含建立資料庫的 SQL 指令，如果需要建立資料庫的 SQL 指令，請選**自訂**後，捲動視窗找到「物件建立選項」區段，如下圖所示：

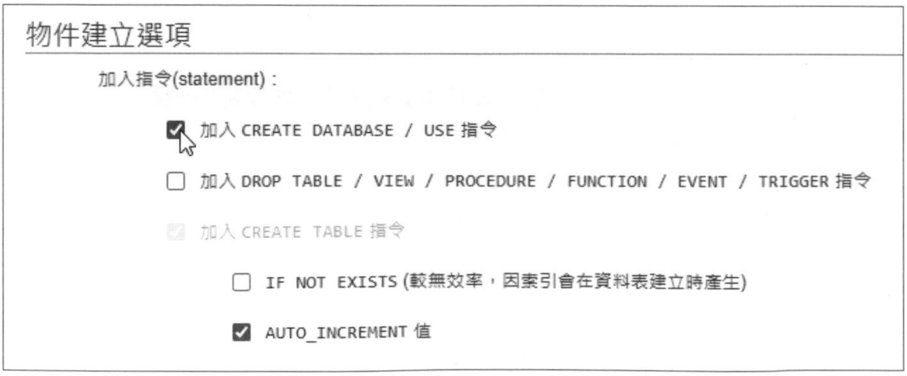

請勾選**加入 CREATE DATABASE / USE 指令**，就可以匯出建立資料庫的 SQL 指令。

10-5-2　匯入資料庫

為了方便建立本書的範例資料庫，筆者已經將 myschool 資料庫輸出成 SQL 指令碼檔案 myschool.sql。

在 phpMyAdmin 管理工具提供執行 SQL 指令碼檔案的功能，可以匯入 SQL 指令碼檔案來建立資料庫（在執行前，請先刪除之前建立的 myschool 資料庫），其步驟如下所示：

Step 1：請在 phpMyAdmin 管理工具右邊選上方**伺服器**，再選**資料庫**標籤，在管理的資料庫清單勾選 **myschool** 後，點選右下方**刪除**圖示，再按**確定**鈕刪除資料庫，如下圖所示：

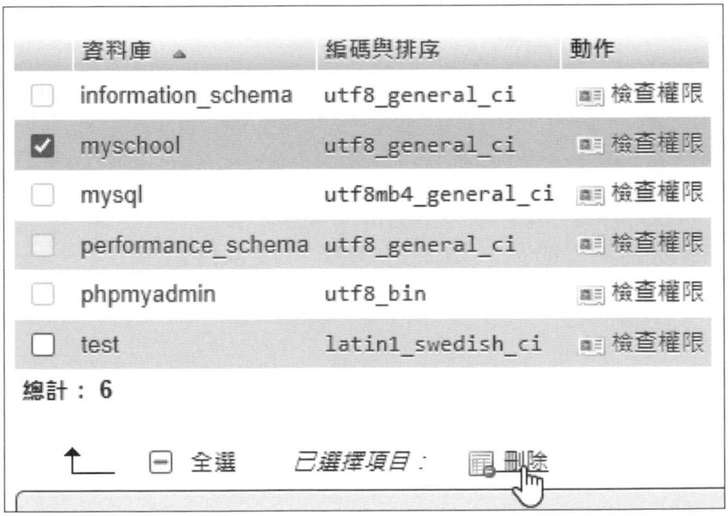

Step 2：然後點選上方**匯入**標籤，按**選擇檔案**鈕。

Step 3：選擇 SQL 指令碼檔案「C:\xampp\htdocs\ch10\myschool.sql」，
在下方選 **utf-8** 編碼，如下圖所示：

Step 4：請捲動視窗至最後，格式是 **SQL**，按**執行**鈕。

Step 5：稍等一下，就會返回 phpMyAdmin 看到匯入成功完成的訊息文字。

在右邊資料庫清單可以看到匯入的 myschool 資料庫，包含三個資料表 students、courses 和 classes，其關聯性如下圖所示：

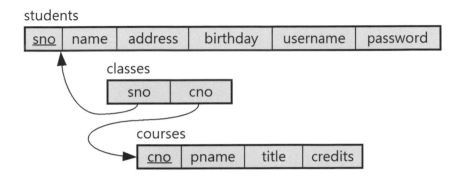

在 myschool 資料庫的 students 是我們之前建立的學生資料表。courses 是課程資料表，其欄位定義如下表所示：

資料表：courses			
欄位名稱	MySQL 資料類型	大小	欄位說明
cno	VARCHAR	5	課程編號（主鍵）
pname	VARCHAR	12	教授姓名
title	VARCHAR	30	課程名稱
credits	INT	11	學分數

上表 courses 資料表共有 6 筆測試記錄。classes 是儲存學生的選課資料，其欄位定義如下表所示：

資料表：classes			
欄位名稱	MySQL 資料類型	大小	欄位說明
sno	VARCHAR	5	學號
cno	VARCHAR	5	課程編號

上表 classes 資料表的 sno 欄位和 students 資料表建立關聯性；cno 欄位和 courses 資料表建立關聯性，資料表共有 11 筆測試記錄。

10-6 變更 MySQL 管理者密碼

MySQL 伺服器預設管理者是 root@localhost；並沒有密碼，MySQL 伺服器很容易被其他使用者入侵，為了防止安全上的漏洞，建議更改 MySQL 管理者密碼。

變更 MySQL 管理者密碼

phpMyAdmin 管理工具提供介面更改管理者密碼，例如：將管理者 root 密碼改為 A12345678，其步驟如下所示：

Step 1：請在 phpMyAdmin 管理工具右邊選上方**伺服器**，再選**使用者帳號**標籤，可以看到使用者清單，在最後帳號 root，點選之後的**編輯權限**。

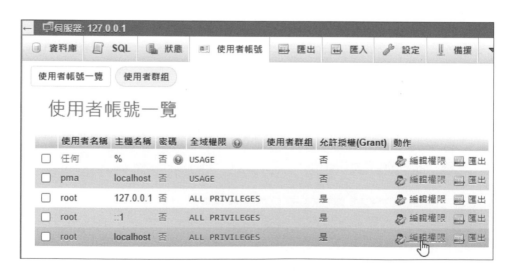

Step 2： 點選 **Change password**（修改密碼）。

Step 3： 在「修改密碼」對話方塊選**密碼**，然後輸入 2 次新密碼 **A12345678**，按**執行**鈕。

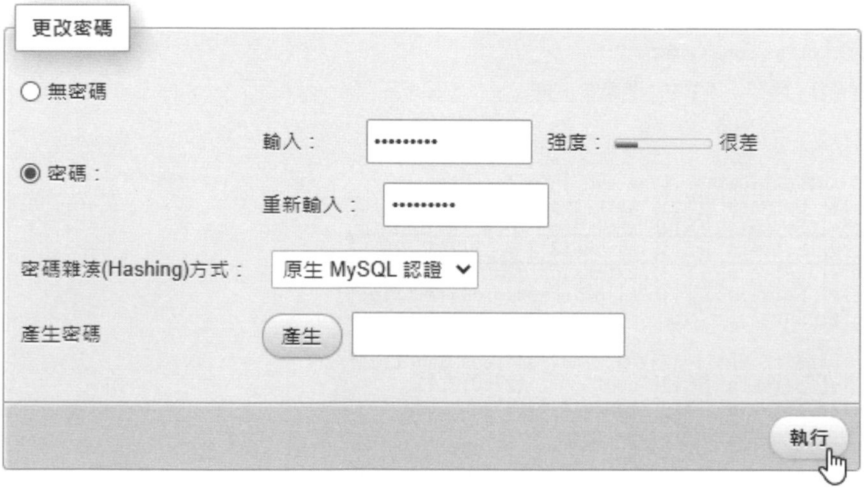

Step 4： 可以將 MySQL 管理者 root 的密碼改成 A12345678，和看到成功更改密碼的訊息文字，如下圖所示：

更改 phpMyAdmin 的密碼設定

當更改phpMyAdmin管理工具的root密碼後，就無法登入phpMyAdmin，我們需要同步修改phpMyAdmin的密碼設定，其步驟如下所示：

Step 1：在XAMPP控制面板執行Apache的「Config/phpMyAdmin (config.inc.php)」命令，可以開啟設定檔來更改密碼設定。

Step 2：請捲動視窗找到 **$cfg['Servers'][$i]['password']**，在後面的空字串（原來沒有密碼）輸入root管理者更改的密碼 **A12345678**。

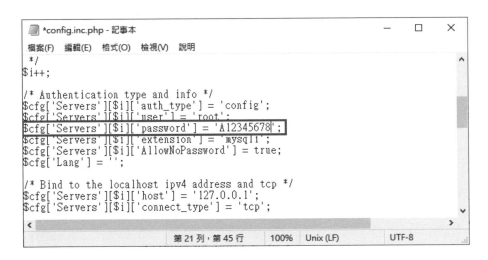

Step 3：執行「檔案 / 儲存檔案」命令儲存更改的PHP設定檔案。

現在，當我們重新啟動phpMyAdmin管理工具，就可以成功使用root來登入和進入管理頁面。

學習評量

選擇題

( ) 1. 在同一關聯式資料庫可以新增幾個資料表？

    A. 1   B. 2

    C. 4   D. 以上皆可

( ) 2. 請問 MySQL 是下列哪一種應用程式？

    A. 開發工具   B. 資料庫系統

    C. 編輯工具   D. Web 伺服器

( ) 3. 請問下列哪一個工具程式是 MySQL 管理工具？

    A. Apache   B. PHP

    C. phpMyAdmin   D. Chrome

( ) 4. 請問 MySQL 可以使用下列哪一種資料類型儲存日期 / 時間資料？

    A. DATE   B. DATETIME

    C. TIMESTAMP   D. TIME

( ) 5. 請問 MySQL 伺服器的預設管理帳號是下列哪一個？

    A. admin   B. root

    C. superuser   D. manager

簡答題

1. 請問什麼是資料庫系統？何謂關聯式資料庫？

2. 資料庫的資料是儲存在資料表，資料表是使用 _____（Fields）分類成很多群組，每一個群組是一筆 _____（Records）。

3. 請使用圖例說明 PHP 與資料庫之間的關係？

4. 請問什麼是 MySQL/MariaDB ？和 phpMyAdmin 的功能為何？

5. 請問如何使用 phpMyAdmin 管理工具變更 MySQL 管理者密碼？

實作題

1. 請使用 phpMyAdmin 在 myschool 資料庫新增 instructors 資料表的講師資料表，欄位有 eid（編號）、name（姓名）和 rank（職稱）等。

2. 請在 MySQL 新增圖書資料庫 library，內含資料表 books，其欄位定義資料如下表所示：

欄位名稱	資料型態	長度	說明
bookid	VARCHAR	10	書號
booktitle	VARCHAR	50	書名
bookprice	INT	11	書價
bookauthor	VARCHAR	10	作者

請將讀者書架上的電腦書都新增成為 books 資料表的測試資料。

3. 請使用 phpMyAdmin 匯出實作題 1 的 myschool 資料庫（在新增 instructors 資料表後），可以輸出成 SQL 指令碼檔案 myschool.sql。

4. 請使用 phpMyAdmin 匯出實作題 2 的 library 資料庫，可以輸出成 SQL 指令碼檔案 library.sql。

11

PHP 與 MySQL
建立網頁資料庫

11-1 開啟與關閉資料庫連接

PHP 是使用 ext/mysqli 擴充程式來存取 MySQL 資料庫,在本章的 PHP 範例程式有 2 種版本,檔名使用 object.php 結尾的是物件導向版本 (詳見第 13-5 節的說明)。

11-1-1 開啟與關閉 MySQL 資料庫連接

在 PHP 程式存取 MySQL 資料庫的第一步是開啟 MySQL 資料庫連接,我們需要以使用者名稱和密碼來登入 MySQL 伺服器。

開啟與建立 MySQL 資料庫連接

在 PHP 程式是呼叫 mysqli_connect() 函數開啟與建立 MySQL 資料庫連接,如下所示:

```
$link = @mysqli_connect(
          'localhost',  // MySQL主機名稱
          'root',       // 使用者名稱
          'A12345678',  // 密碼
          'myschool');  // 預設使用的資料庫名稱
```

上述函數之前是「@」錯誤處理運算子,mysqli_connect() 函數的參數依序是 MySQL 伺服器的網域名稱或 IP 位址,和登入 MySQL 伺服器的使用者名稱和密碼,最後 1 個參數是使用的資料庫名稱。

函數回傳值是資料庫連接的外部資源變數,成功可以回傳資源連接物件;失敗回傳 false。我們可以使用 if/else 條件檢查是否成功開啟資料庫連接,如下所示:

```
if ( !$link ) {
    echo "MySQL資料庫連接錯誤!<br/>";
    exit();
}
else {
    echo "MySQL資料庫myschool連接成功!<br/>";
}
```

上述 if/else 條件檢查回傳值是否為 false，如果不是，就表示已經成功開啟資料庫連接。

關閉 MySQL 資料庫連接

在 PHP 程式是呼叫 mysqli_close() 函數關閉 MySQL 資料庫連接，和釋放資料庫連接資源佔用的記憶體空間，如下所示：

```
mysqli_close($link);
```

上述函數參數是 mysqli_connect() 函數傳回的物件變數，成功關閉回傳 true；否則是 false。

程式範例：ch11-1-1.php

在 PHP 程式使用 ext/mysqli 擴充程式的函數開啟 MySQL 伺服器的 myschool 資料庫連接，在顯示連接成功的訊息文字後，關閉資料庫連接，如下圖所示：

程式內容

```
01: <!DOCTYPE html>
02: <html>
03: <head>
04: <meta charset="utf-8" />
05: <title>ch11-1-1.php</title>
06: </head>
07: <body>
08: <?php
09: // 建立MySQL的資料庫連接
10: $link = @mysqli_connect(
11:             'localhost',   // MySQL主機名稱
12:             'root',        // 使用者名稱
13:             'A12345678',   // 密碼
14:             'myschool');   // 預設使用的資料庫名稱
15: if ( !$link ) {
16:     echo "MySQL資料庫連接錯誤!<br/>";
17:     exit();
18: }
19: else {
20:     echo "MySQL資料庫myschool連接成功!<br/>";
21: }
22: mysqli_close($link);   // 關閉資料庫連接
23: ?>
24: </body>
25: </html>
```

程式說明

- 第 10~14 列：呼叫 mysqli_connect() 函數開啟 myschool 資料庫連接，在第 12~13 列使用 root 管理員和密碼，最後是資料庫名稱字串。

- 第 15~21 列：if/else 條件判斷回傳值是否是 false，如果不是，就表示連接成功；失敗是在第 16 列顯示錯誤訊息。

- 第 22 列：呼叫 mysqli_close() 函數關閉資料庫連接。

11-1-2 開啟指定的資料庫

PHP 的 mysqli_connect() 函數是在第 4 個參數指定開啟的資料庫，因為同一 MySQL 伺服器能夠管理多個資料庫，如果需要，我們可以自行呼叫 mysqli_select_db() 函數來開啟指定的資料庫，如下所示：

```
if ( !mysqli_select_db($link, $dbname) )
    die("無法開啟 $dbname 資料庫!<br/>");
else
    echo "資料庫: $dbname 開啟成功!<br/>";
```

上述 if/else 條件呼叫 mysqli_select_db() 函數選擇資料庫，第 1 個參數是開啟的資料庫連接，第 2 個參數是資料庫名稱字串，成功回傳 true；失敗回傳 false。

PHP 程式範例：ch11-1-2.php 在開啟 MySQL 資料庫連接後，依序選擇第 10 章建立的 myschool 資料庫和 MySQL 預設的 mysql 資料庫，如下圖所示：

11-1-3 取得 MySQL 伺服器資訊

PHP 的 ext/mysqli 擴充程式提供相關函數來取得 MySQL 主機、通訊協定、伺服器版本和客戶端函式庫版本等資訊。在下表函數的參數是資料庫連接 $link 變數（PHP 程式範例：ch11-1-3.php），其說明如下表所示：

函數	說明
mysqli_get_host_info($link)	回傳連接的主機資訊，包含主機名稱和連線方式的字串內容
mysqli_get_server_info($link)	回傳 MySQL 伺服器版本的字串值
mysqli_get_server_version($link)	回傳 MySQL 伺服器版本的整數值
mysqli_get_proto_info($link)	回傳 MySQL 伺服器使用的通訊協定版本的整數值
mysqli_get_client_info()	回傳 MySQL 客戶端函式庫 ext/mysqli 版本的字串值
mysqli_get_client_version()	回傳 MySQL 客戶端函式庫 ext/mysqli 版本的整數值

11-2 查詢資料表的記錄資料

當 PHP 程式成功開啟資料庫連接後，就可以執行 SQL 查詢或操作指令來查詢、新增、更新和刪除記錄資料。

11-2-1 執行 SQL 指令的資料表查詢

在 PHP 程式是呼叫 mysqli_query() 函數執行資料表查詢，因為在第 12 章才會說明 SQL 語法，在此之前的 PHP 程式範例，都是使用相同的 SQL 指令字串，可以取回 students 資料表的所有欄位和記錄資料，如下所示：

```
$sql = "SELECT * FROM students";
```

執行 SQL 指令的資料表查詢

當 PHP 成功開啟資料庫連接後，可以呼叫 mysqli_query() 函數執行 SQL 指令的資料表查詢，如下所示：

```
if ( $result = mysqli_query($link, $sql) ) { … }
```

上述函數的第 1 個參數是開啟的資料庫連接，第 2 個參數是 SQL 指令字串。查詢失敗回傳 false；成功回傳物件變數，其內容是 SQL 查詢結果的記錄資料，稱為「結果物件」（Result Object）。

結果物件是一個表格儲存的記錄資料，每一個表格欄對應記錄欄位，每一列是一筆記錄，以此例的查詢結果是 students 資料表的所有記錄和欄位，記錄指標是從 0 開始，如下圖所示：

記錄指標 ➡ 0	S001	陳會安	新北市五股區	2000-10-05	hueyan	1234
1	S002	江小魚	新北市中和區	1999-01-02	smallfish	1234
2	S003	周傑倫	台北市松山區	2001-05-01	jay	1234
3	S004	蔡依玲	台北市大安區	1998-07-22	jolin	1234
4	S005	張會妹	台北市信義區	1999-03-01	chiang	1234
5	S006	張無忌	台北市內湖區	2000-03-01	chiang1234	1234

取得結果物件的記錄和欄位值

在取得結果物件後，可以呼叫相關函數取出記錄資料或將記錄資料儲存成陣列。mysqli_fetch_assoc() 函數可以將查詢結果的每一筆記錄存入結合陣列，如下所示：

```
while( $row = mysqli_fetch_assoc($result) ){
    echo $row["sno"]."-".$row["name"]."<br/>";
}
```

上述 while 迴圈每執行一次，就呼叫一次 mysqli_fetch_assoc() 函數取得一筆記錄，函數參數是結果物件，沒有記錄回傳 NULL。

函數取得的每一筆記錄是以欄位名稱為鍵值存入結合陣列 $row，所以，只需使用欄位名稱 sno 和 name 的鍵值，即可取得指定的欄位值。

　　資料表查詢結果的結果物件會佔用伺服器的記憶體空間，當不再需要時，請記得釋放佔用的記憶體空間，以避免浪費資源。PHP 是呼叫 mysqli_free_result() 函數釋放結果物件佔用的記憶體空間，如下所示：

```
mysqli_free_result($result);
```

　　上述函數並沒有回傳值，參數是 mysqli_query() 函數查詢結果的物件變數，表示釋放此結果物件佔用的記憶體空間。

程式範例：ch11-2-1.php

　　在 PHP 程式呼叫 mysqli_query() 函數執行 SQL 查詢，取回記錄資料後，使用 mysqli_fetch_assoc() 函數配合 while 迴圈顯示每 1 筆記錄的 sno 和 name 欄位資料，如下圖所示：

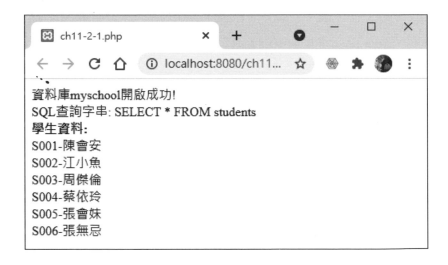

程式內容

```
01: <!DOCTYPE html>
02: <html>
03: <head>
04: <meta charset="utf-8" />
05: <title>ch11-2-1.php</title>
06: </head>
07: <body>
08: <?php
09: // 建立MySQL的資料庫連接
10: $link = mysqli_connect("localhost","root",
11:                 "A12345678","myschool")
12:         or die("無法開啟MySQL資料庫連接!<br/>");
13: echo "資料庫myschool開啟成功!<br/>";
14: $sql = "SELECT * FROM students"; // 指定SQL查詢字串
15: echo "SQL查詢字串: $sql <br/>";
16: // 送出查詢的SQL指令
17: if ( $result = mysqli_query($link, $sql) ) {
18:     echo "<b>學生資料:</b><br/>";   // 顯示查詢結果
19:     while( $row = mysqli_fetch_assoc($result) ){
20:         echo $row["sno"]."-".$row["name"]."<br/>";
21:     }
22:     mysqli_free_result($result); // 釋放佔用記憶體
23: }
24: mysqli_close($link);   // 關閉資料庫連接
25: ?>
26: </body>
27: </html>
```

程式說明

● 第 14 列：指定 SQL 指令字串的變數 $sql。

● 第 17~23 列：if 條件呼叫 mysqli_query() 函數執行 SQL 查詢取得資料
 表的查詢結果，在第 19~21 列的 while 迴圈配合 mysqli_fetch_assoc()
 函數取得和顯示每 1 筆記錄的 sno 和 name 欄位值，第 22 列釋放查詢
 結果物件的記憶體空間。

11-2-2　取得資料表和欄位資訊

在查詢結果物件還包含有資料表和欄位的相關資訊，我們可以取得資料表名稱、欄位名稱、長度和資料類型等相關資訊。

取得欄位和記錄數

PHP 的 ext/mysqli 擴充程式提供函數可以取得欄位數和記錄數，相關函數的說明，如下表所示：

函數	說明
mysqli_num_fields($result)	取得參數查詢結果的欄位數
mysqli_num_rows($result)	取得參數查詢結果的記錄數

請注意！上表函數取得的欄數和記錄數並不是 MySQL 資料表定義資料的欄數和記錄數，因為我們下達的 SQL 查詢指令可能只查詢資料表的部分記錄和欄位。

取得欄位資訊

PHP 程式如果需要取得查詢結果的資料表、欄位名稱、最大長度和類型等欄位資訊，可以呼叫 mysqli_fetch_field() 函數取得欄位相關資訊的物件（關於 PHP 物件的進一步說明，請參閱第 13 章），如下所示：

```php
while ( $meta = mysqli_fetch_field($result) ) {
   echo "<tr><td>" . $meta->name . "</td>";
   echo "<td>" . $meta->table . "</td>";
   echo "<td>" . $meta->max_length . "</td>";
   echo "<td>" . $meta->type . "</td></tr>";
}
```

上述 while 迴圈呼叫 mysqli_fetch_field() 函數取得結果物件的欄位資訊，函數回傳值是物件，可以使用成員變數來取得欄位資訊。常用成員變數的說明，如下表所示：

成員變數	說明
name	欄位名稱
orgname	如果有使用別名，取得欄位的真正名稱
table	欄位所屬的資料表名稱
orgtable	如果有使用別名，取得資料表的真正名稱
def	欄位的預設值，傳回值是字串
max_length	欄位值的最大長度，並不是資料表定義的最大長度
type	欄位的資料類型

程式範例：ch11-2-2.php

在 PHP 程式使用 mysqli_num_fields()、mysqli_num_rows() 和 mysqli_fetch_field() 函數取得資料表和欄位資訊，如下圖所示：

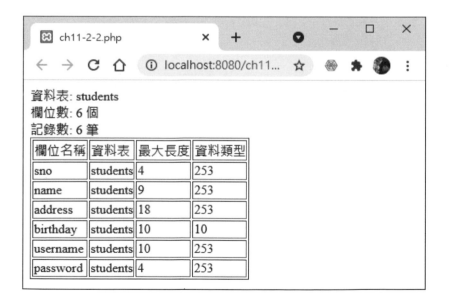

上述圖例顯示查詢 students 資料表的結果物件共有 6 個欄位和 6 筆記錄，在下方表格顯示欄位名稱、所屬資料表、欄位值的最大長度和資料類型（此為編號）。

程式內容

```
01: <!DOCTYPE html>
02: <html>
03: <head>
04: <meta charset="utf-8" />
05: <title>ch11-2-2.php</title>
06: </head>
07: <body>
08: <?php
09: // 建立MySQL的資料庫連接
10: $link = mysqli_connect("localhost","root",
11:               "A12345678","myschool")
12:           or die("無法開啟MySQL資料庫連接!<br>");
13: // 指定SQL查詢字串
14: $sql = "SELECT * FROM students";
15: // 送出查詢的SQL指令
16: if ( $result = mysqli_query($link, $sql) ) {
17:     echo "資料表: students<br/>";
18:     // 取得欄位數
19:     $total_fields = mysqli_num_fields($result);
20:     echo "欄位數: $total_fields 個<br/>";
21:     // 取得記錄數
22:     $total_records = mysqli_num_rows($result);
23:     echo "記錄數: $total_records 筆<br/>";
24:     echo "<table border=1>";
25:     echo "<tr><td>欄位名稱</td><td>資料表</td>";
26:     echo "<td>最大長度</td><td>資料類型</td></tr>";
27:     // 顯示欄位資訊
28:     while ( $meta = mysqli_fetch_field($result) ) {
29:         echo "<tr><td>" . $meta->name . "</td>";
30:         echo "<td>" . $meta->table . "</td>";
31:         echo "<td>" . $meta->max_length . "</td>";
32:         echo "<td>" . $meta->type . "</td></tr>";
33:     }
34:     echo "</table>";
35:     mysqli_free_result($result); // 釋放佔用記憶體
36: }
37: mysqli_close($link);   // 關閉資料庫連接
38: ?>
39: </body>
40: </html>
```

程式說明

- 第 19 列：使用 mysqli_num_fields() 函數取得欄位數。

- 第 22 列：使用 mysqli_num_rows() 函數取得記錄數，即結果物件的表格共有多少列。

- 第 28~33 列：while 迴圈配合 mysqli_fetch_field() 函數取得欄位資訊，在第 29~32 列分別顯示屬性的欄位名稱、所屬資料表、欄位值最大長度和資料類型，物件成員變數的存取是使用「->」運算子。

11-2-3 讀取單筆記錄的索引陣列

PHP 的 mysqli_fetch_row() 函數可以如同讀取文字檔案一般，一次一筆記錄的讀取查詢結果物件的記錄資料，如下所示：

```
while ($row = mysqli_fetch_row($result)) {
   echo "<tr>";
   for ( $i = 0; $i <= $total_fields-1; $i++ )
      echo "<td>" . $row[$i] . "</td>";
   echo "</tr>";
}
```

上述 mysqli_fetch_row() 函數可以從結果物件的記錄資料讀取目前這筆記錄，函數回傳一維索引陣列，欄位值是陣列元素值，可以使用 for 迴圈走訪一維陣列來顯示記錄的欄位值。

在 while 迴圈每呼叫一次 mysqli_fetch_row() 函數，就可以讀取下一筆記錄，直到沒有記錄回傳 NULL 為止。

程式範例：ch11-2-3.php

在 PHP 程式使用 mysqli_fetch_row() 函數配合 while 迴圈，一次讀取一筆記錄，可以使用 HTML 表格顯示 SQL 查詢結果物件的記錄資料，如下圖所示：

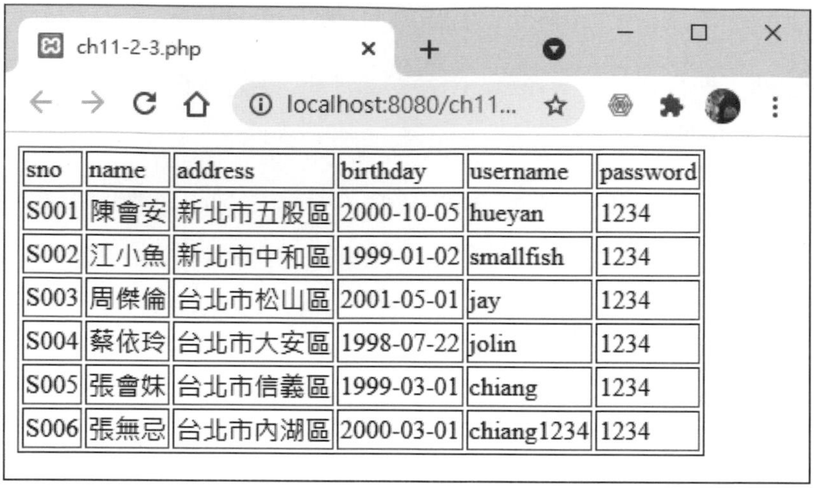

程式內容

```
01: <!DOCTYPE html>
02: <html>
03: <head>
04: <meta charset="utf-8" />
05: <title>ch11-2-3.php</title>
06: </head>
07: <body>
08: <?php
09: require_once("myschool_open.inc");
10: // 執行SQL查詢
11: $result = mysqli_query($link, $sql);
12: // 一筆一筆的以表格顯示記錄
13: echo "<table border=1><tr>";
14: // 顯示欄位名稱
15: while ( $meta = mysqli_fetch_field($result) )
16:    echo "<td>".$meta->name."</td>";
17: echo "</tr>"; // 取得欄位數
18: $total_fields = mysqli_num_fields($result);
19: // 顯示每一筆記錄
20: while ($row = mysqli_fetch_row($result)) {
21:    echo "<tr>"; // 顯示每一筆記錄的欄位值
```

→ 接下頁

```
22:     for ( $i = 0; $i <= $total_fields-1; $i++ )
23:       echo "<td>" . $row[$i] . "</td>";
24:     echo "</tr>";
25: }
26: echo "</table>";
27: mysqli_free_result($result); // 釋放佔用記憶體
28: require_once("myschool_close.inc");
29: ?>
30: </body>
31: </html>
```

程式說明

● 第 9 列：插入開啟 myschool 資料庫連接程式碼的引入檔，如下所示：

```
$link = mysqli_connect("localhost", "root", "A12345678")
        or die("無法開啟MySQL資料庫連接!<br/>");
mysqli_select_db($link, "myschool");
$sql = "SELECT * FROM students";
```

● 第 15~16 列：while 迴圈呼叫 mysqli_fetch_field() 函數顯示記錄的欄
位名稱。

● 第 20~25 列：使用二層巢狀迴圈以表格顯示記錄資料，第 1 層 while
迴圈呼叫 mysqli_fetch_row() 函數取得每一筆記錄，每執行一次讀取
一筆，在第 22~23 列使用 for 迴圈顯示每一筆記錄的欄位值，即顯示
一維索引陣列的元素值。

● 第 28 列：插入關閉 myschool 資料庫連接程式碼的引入檔，如下所示：

```
mysqli_close($link);
```

11-2-4 移動記錄指標

　　PHP 查詢結果物件預設提供「內部記錄指標」（Internal Row
Pointer），可以指向目前待讀取的記錄位置，我們可以如同存取索引陣列

一般，呼叫 mysqli_data_seek() 函數來更改指標位置，即可讀取指定位置的記錄資料，如下所示：

```
mysqli_data_seek($result, 2);
$row = mysqli_fetch_row($result);
```

上述 mysqli_data_seek() 函數的第 1 個參數是查詢結果物件，第 2 個參數是指標的絕對位置，從 0 開始，其範圍是 0 到 mysqli_num_rows()-1，以此例是移到第 3 筆記錄，成功回傳 true；失敗回傳 false。

當成功移動記錄指標後，可以呼叫 mysqli_fetch_row() 函數讀取目前指標位置的這一筆記錄資料。

程式範例：ch11-2-4.php

在 PHP 程式使用 mysqli_data_seek() 函數移動記錄指標，可以分別顯示結果物件第 3 筆和第 5 筆的記錄資料（記錄指標位置是 2 和 4），如下圖所示：

程式內容

```
01: <!DOCTYPE html>
02: <html>
03: <head>
```

→ 接下頁

```
04: <meta charset="utf-8" />
05: <title>ch11-2-4.php</title>
06: </head>
07: <body>
08: <?php
09: require_once("myschool_open.inc");
10: // 執行SQL查詢
11: $result = mysqli_query($link, $sql);
12: echo "將記錄指標移動到第3筆記錄<br/>";
13: mysqli_data_seek($result, 2);
14: $row = mysqli_fetch_row($result);
15: echo "sno = ".$row[0]."，name = ".$row[1]."<hr/>";
16: echo "將記錄指標移動到第5筆記錄<br/>";
17: mysqli_data_seek($result , 4);
18: $row = mysqli_fetch_row($result);
19: echo "sno = ".$row[0]."，name = ".$row[1]."<br/>";
20: mysqli_free_result($result); // 釋放佔用的記憶體
21: require_once("myschool_close.inc");
22: ?>
23: </body>
24: </html>
```

程式說明

- 第 13~14 列：呼叫 mysqli_data_seek() 函數將記錄指標移到第 3 筆記錄，然後呼叫 mysqli_fetch_row() 函數讀取這筆記錄。

- 第 17~18 列：呼叫 mysqli_data_seek() 函數將記錄指標移到第 5 筆記錄，然後呼叫 mysqli_fetch_row() 函數讀取這筆記錄。

11-2-5　將記錄存入陣列

在 PHP 的 mysqli_fetch_array() 函數包含 mysqli_fetch_row() 和 mysqli_fetch_assoc() 兩個函數的功能，不只可以讀取單筆記錄存入索引陣列，還可以將記錄存入以欄位名稱為鍵值的結合陣列，如下所示：

```
while ($rows=mysqli_fetch_array($result,MYSQLI_NUM)) { … }
```

上述 while 迴圈呼叫 mysqli_fetch_array() 函數讀取記錄資料，直到沒有記錄回傳 NULL 為止。函數的第 1 個參數是結果物件，第 2 個參數是儲存類型，共有三種類型，其說明如下所示：

- MYSQLI_NUM：儲存成索引陣列，執行結果如同 mysqli_fetch_row() 函數。記錄是使用索引值來取得欄位值，如下所示：

```
echo "<td>$rows[0]</td>";
echo "<td>$rows[1]</td>";
echo "<td>$rows[2]</td>";
echo "<td>$rows[3]</td>";
```

- MYSQLI_ASSOC：儲存成以欄位名稱為鍵值的結合陣列，執行結果如同 mysqli_fetch_assoc() 函數。記錄是使用欄位名稱的鍵值來取得欄位值，如下所示：

```
echo "<td>".$rows["sno"]."</td>";
echo "<td>".$rows["name"]."</td>";
echo "<td>".$rows["address"]."</td>";
echo "<td>".$rows["birthday"]."</td>";
```

- MYSQLI_BOTH：儲存成索引和結合陣列，記錄可以任意選擇使用索引或欄位名稱的鍵值來取得欄位值。

程式範例：ch11-2-5.php

在 PHP 程式使用 while 迴圈配合 mysqli_fetch_array() 函數以表格顯示查詢結果的記錄資料，記錄分別使用索引陣列（MYSQLI_NUM）和結合陣列（MYSQLI_ASSOC）方式來取得欄位值，如下圖所示：

程式內容

```
01: <!DOCTYPE html>
02: <html>
03: <head>
04: <meta charset="utf-8" />
05: <title>ch11-2-5.php</title>
06: </head>
07: <body>
08: <?php
09: require_once("myschool_open.inc");
10: // 執行SQL查詢
11: $result = mysqli_query($link, $sql);
12: echo "NUM類型: <br>";
13: echo "<table border=1>";
14: while ($rows=mysqli_fetch_array($result,MYSQLI_NUM)) {
15:     echo "<tr><td>$rows[0]</td>";
16:     echo "<td>$rows[1]</td>";
17:     echo "<td>$rows[2]</td>";
18:     echo "<td>$rows[3]</td></tr>";
```

→ 接下頁

```
19: }
20: echo "</table>";
21: mysqli_free_result($result); // 釋放佔用的記憶體
22: // 再次執行SQL查詢
23: $result = mysqli_query($link, $sql);
24: echo "ASSOC類型: <br>";
25: echo "<table border=1>";
26: while ($rows=mysqli_fetch_array($result,MYSQLI_ASSOC)) {
27:     echo "<tr><td>".$rows["sno"]."</td>";
28:     echo "<td>".$rows["name"]."</td>";
29:     echo "<td>".$rows["address"]."</td>";
30:     echo "<td>".$rows["birthday"]."</td></tr>";
31: }
32: echo "</table>";
33: mysqli_free_result($result); // 釋放佔用的記憶體
34: require_once("myschool_close.inc");
35: ?>
36: </body>
37: </html>
```

程式說明

● 第 14~19 列：while 迴圈呼叫 mysqli_fetch_array() 函數讀取所有記錄
  資料，使用類型是 MYSQLI_NUM 索引陣列，在第 15~18 列使用索
  引值顯示欄位值。

● 第 26~31 列：while 迴圈呼叫 mysqli_fetch_array() 函數讀取所有記錄，
  使用類型是 MYSQLI_ASSOC 結合陣列，在第 27~30 列使用欄位名
  稱的鍵值顯示欄位值。

11-3 HTML 表格分頁顯示記錄資料

當查詢結果的記錄資料很多時，在同一頁網頁顯示所有記錄資料就需
要捲動網頁來檢視，我們可以改用表格分頁方式來顯示記錄資料，提供超
鏈結來切換顯示指定頁碼、上一頁或下一頁的記錄資料。

使用 URL 參數取得目前頁碼

在 PHP 程式可以使用超連結的 URL 參數傳遞目前網頁顯示的頁碼，URL 參數 page 是目前頁碼，其 URL 網址如下所示：

```
http://localhost/ch11/ch11-3.php?page=2
```

上述 URL 參數 page 為目前頁碼 2。在 PHP 程式開頭可以取得參數的頁碼和指定每頁顯示的記錄數，如下所示：

```
$records_per_page = 2;
if (isset($_GET["page"]))   $page = $_GET["page"];
else                        $page = 1;
```

上述 if/else 條件取得 URL 參數，如果沒有 page 參數是第 1 頁，$records_per_page 是每一頁顯示的筆數，以此例是 2 筆。

計算總頁數和第 1 筆記錄的指標位置

在執行 SQL 查詢取得結果物件的記錄資料後，可以呼叫 mysqli_num_fields() 函數取得欄位數和 mysqli_num_rows() 函數取得記錄數，如下所示：

```
$total_fields=mysqli_num_fields($result);
$total_records=mysqli_num_rows($result);
```

上述程式碼取得欄數和記錄數。接著計算記錄的總頁數和此頁碼第 1 筆記錄的指標位置，如下所示：

```
$total_pages = ceil($total_records/$records_per_page);
$offset = ($page - 1)*$records_per_page;
mysqli_data_seek($result, $offset);
```

上述程式碼使用 ceil() 函數計算總頁數，$offset 變數是此頁碼第 1 筆記錄的指標位置，呼叫 mysqli_data_seek() 函數移到這筆記錄的位置。

顯示分頁的記錄資料

在顯示欄位名稱的標題列後，使用 while 和 for 兩層巢狀迴圈顯示此頁碼的記錄資料，如下所示：

```
$j = 1;
while ($rows = mysqli_fetch_array($result, MYSQLI_NUM)
      and $j <= $records_per_page) {
   echo "<tr>";
   for ( $i = 0; $i<= $total_fields-1; $i++ )
      echo "<td>".$rows[$i]."</td>";
   echo "</tr>";
   $j++;
}
```

上述 while 迴圈呼叫 mysqli_fetch_array() 函數取得每一筆記錄的結合陣列，and 連接的條件是檢查變數 $j，確定顯示筆數是否小於每頁顯示的記錄數，如果在範圍內，就使用 for 迴圈顯示每筆記錄的表格列。

顯示上一頁和下一頁的超連結

當使用表格顯示分頁的記錄後，在表格下方提供頁碼、上一頁和下一頁的超連結，可以檢視其他分頁的記錄資料，如下所示：

```
if ( $page > 1 )  // 顯示上一頁
   echo "<a href='ch11-3.php?page=".($page-1).
       "'>上一頁</a>| ";
......
if ( $page < $total_pages )  // 顯示下一頁
   echo "|<a href='ch11-3.php?page=".($page+1).
       "'>下一頁</a> ";
```

上述兩個 if 條件分別顯示上一頁和下一頁的超連結。頁碼超連結是使用 for 迴圈來顯示，如下所示：

```
for ( $i = 1; $i <= $total_pages; $i++ )
    if ($i != $page)
        echo "<a href=\"ch11-3.php?page=".$i."\">".
            $i."</a> ";
    else
        echo $i." ";
```

上述 for 迴圈顯示每一頁頁碼，如果是目前頁碼，只顯示頁碼，其他頁碼就顯示超連結，同時傳遞 URL 參數的頁碼，點選頁碼超連結，可以檢視其他分頁的記錄資料。

程式範例：ch11-3.php

在 PHP 程式使用 URL 參數和 mysqli_num_rows()、ceil()、mysqli_data_seek() 和 mysqli_fetch_array() 等函數，以表格分頁來顯示記錄資料，如下圖所示：

上述圖例顯示第 2 頁的記錄資料，可以看到筆數有 6 筆記錄，分為 3 頁顯示，點選下方數字、**上一頁**或**下一頁**超連結，可以顯示其他分頁的記錄資料。

程式內容

```
01: <!DOCTYPE html>
02: <html>
03: <head>
04: <meta charset="utf-8" />
05: <title>ch11-3.php</title>
06: </head>
07: <body>
08: <?php
09: $records_per_page = 2;   // 每一頁顯示的記錄筆數
10: // 取得URL參數的頁數
11: if (isset($_GET["page"])) $page = $_GET["page"];
12: else                      $page = 1;
13: require_once("myschool_open.inc");
14: // 執行SQL查詢
15: $result = mysqli_query($link, $sql);
16: $total_fields=mysqli_num_fields($result); // 取得欄位數
17: $total_records=mysqli_num_rows($result);   // 取得記錄數
18: // 計算總頁數
19: $total_pages = ceil($total_records/$records_per_page);
20: // 計算這一頁第1筆記錄的位置
21: $offset = ($page - 1)*$records_per_page;
22: mysqli_data_seek($result, $offset); // 移到此記錄
23: echo "記錄總數: $total_records 筆<br/>";
24: echo "<table border=1><tr>";
25: while ( $meta=mysqli_fetch_field($result) )
26:     echo "<td>".$meta->name."</td>";
27: echo "</tr>";
28: $j = 1;
29: while ($rows = mysqli_fetch_array($result, MYSQLI_NUM)
30:         and $j <= $records_per_page) {
31:     echo "<tr>";
32:     for ( $i = 0; $i<= $total_fields-1; $i++ )
33:         echo "<td>".$rows[$i]."</td>";
34:     echo "</tr>";
35:     $j++;
36: }
37: echo "</table><br>";
38: if ( $page > 1 )   // 顯示上一頁
39:     echo "<a href='ch11-3.php?page=".($page-1).
40:          "'>上一頁</a>| ";
```

→ 接下頁

```
41: for ( $i = 1; $i <= $total_pages; $i++ )
42:    if ($i != $page)
43:      echo "<a href=\"ch11-3.php?page=".$i."\">".
44:           $i."</a> ";
45:    else
46:      echo $i." ";
47: if ( $page < $total_pages )   // 顯示下一頁
48:    echo "|<a href='ch11-3.php?page=".($page+1).
49:         "'>下一頁</a> ";
50: mysqli_free_result($result);  // 釋放佔用的記憶體
51: require_once("myschool_close.inc");
52: ?>
53: </body>
54: </html>
```

程式説明

- 第 9 列：指定每頁顯示的筆數。

- 第 11~12 列：if/else 條件檢查是否有 URL 參數 page，如果有，取得參數頁碼；如果沒有，就是第 1 頁。

- 第 15~17 列：在執行 SQL 指令取得查詢結果物件的記錄資料後，呼叫函數取得欄位數和記錄數。

- 第 19 列：使用 ceil() 函數計算總頁數。

- 第 21~22 列：計算目前頁碼第 1 筆記錄的指標，然後移到這筆記錄的位置。

- 第 25~26 列：使用 while 迴圈顯示表格的欄位標題列。

- 第 29~36 列：while 迴圈使用 mysqli_fetch_array() 函數顯示這一頁的記錄資料，在第 32~33 列使用 for 迴圈顯示記錄的欄位值。

- 第 38~40 列和第 47~49 列：兩個 if 條件分別顯示上一頁和下一頁的超連結，if 條件判斷是否有上一頁或下一頁。

- 第 41~46 列：for 迴圈顯示各頁碼的超連結，在第 42~46 列的 if/else 條件判斷是否是目前頁碼，如果不是，第 43~44 列顯示超連結。

11-4 MySQL 的錯誤處理

PHP 的 ext/mysqli 擴充程式提供 MySQL 錯誤函數，可以在執行資料庫存取時，取得進一步的錯誤資訊。相關函數的說明如下表所示：

函數	說明
mysqli_errno($link)	回傳參數 MySQL 資料庫連接最近一次操作錯誤訊息的代碼，沒有錯誤傳回 0
mysqli_error($link)	回傳參數 MySQL 資料庫連接最近一次操作錯誤的訊息文字

PHP 程式可以在 MySQL 操作產生錯誤時，呼叫上述函數取得進一步的錯誤訊息。

程式範例：ch11-4.php

如果瀏覽器網址欄沒有指定 URL 參數 db 和 SQL 指令字串，PHP 程式的執行結果不會顯示任何錯誤訊息，而是顯示成功連接 myschool 資料庫和執行 SQL 查詢指令成功，如下圖所示：

當 PHP 程式使用 URL 參數傳入資料庫名稱 db 和 SQL 指令字串 sql，當存取 MySQL 資料庫發生錯誤，就呼叫 mysqli_errno() 和 mysqli_error() 函數顯示進一步的錯誤代碼和訊息，例如：使用 URL 參數 db 指定開啟資料庫 mysql，如下圖所示：

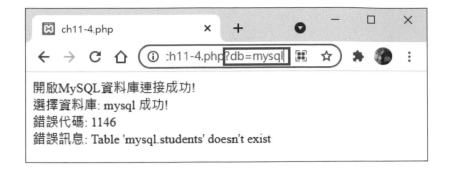

上述圖例因為 mysql 資料庫沒有 students 資料表，所以執行 SQL 查詢時發生錯誤，錯誤代碼是 1146，英文說明文字是資料表 students 不存在。請自行使用不同 URL 參數來測試各種錯誤情況代碼和訊息文字。

程式內容

```
01: <!DOCTYPE html>
02: <html>
03: <head>
04: <meta charset="utf-8" />
05: <title>ch11-4.php</title>
06: </head>
07: <?php
08: function error_handle($link) {
09:     echo "錯誤代碼: ".mysqli_errno($link)."<br/>";
10:     echo "錯誤訊息: ".mysqli_error($link)."<br/>";
11:     exit();
12: }
13: ?>
14: <body>
15: <?php
16: // 取得URL參數
17: if (isset($_GET["db"])) $dbname=$_GET["db"];
18: else                    $dbname = "myschool";
19: if ( isset($_GET["sql"]) ) $sql = $_GET["sql"];
20: else            $sql = "SELECT * FROM students";
21: // 建立MySQL的資料庫連接
22: $link = mysqli_connect("localhost","root","A12345678");
23: if ( mysqli_errno($link) != 0 ) {  // 是否有錯誤
```

→ 接下頁

```
24:     error_handle($link);
25: } else {
26:     echo "開啟MySQL資料庫連接成功!<br/>";
27:     if ( !mysqli_select_db($link, $dbname) )
28:        error_handle($link);
29:     else  echo "選擇資料庫: $dbname 成功!<br/>";
30:     $result = mysqli_query($link, $sql);
31:     if ( mysqli_errno($link) != 0 ) error_handle($link);
32:     else  echo "SQL指令: $sql 查詢成功!<br/>";
33:     mysqli_free_result($result);
34:     mysqli_close($link);   // 關閉資料庫連接
35: }
36: ?>
37: </body>
38: </html>
```

程式說明

- 第 8~12 列：error_handle() 函數顯示錯誤代碼和說明文字。

- 第 24 列、第 28 列和第 31 列：如果開啟連接、選擇資料庫或執行 SQL 查詢時產生錯誤，就呼叫 error_handle() 函數顯示進一步資訊。

11-5 應用實例：網站登入

網站登入是網站會員管理，使用者需要輸入使用者名稱和密碼才能登入網站首頁，請注意！本節範例只有登入功能，並沒有註冊機制，讓使用者註冊成為會員。

11-5-1 網站登入的程式架構

網站登入程式架構是使用 myschool 資料庫的 students 資料表儲存使用者名稱和密碼，使用者需要輸入正確的使用者名稱和密碼，才允許進入網站首頁，其架構如下圖所示：

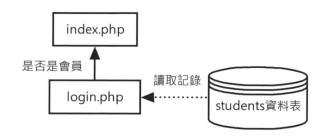

在上述 login.php 輸入使用者名稱和密碼，檢查 students 資料表的記錄後，如果是會員，就允許進入 index.php 首頁；否則顯示登入失敗的訊息文字。

11-5-2 網站登入的使用

請 啟 動 Google Chrome 輸 入 PHP 程 式 index.php 的 網 址：http://localhost:8080/ch11/login/index.php，因為尚未登入，所以轉址至 login.php 的會員登入表單，如下圖所示：

請輸入使用者名稱 **hueyan** 和密碼 **1234**，按**登入網站**鈕，如果是會員，可以看到成功登入網站的歡迎訊息，如下圖所示：

11-5-3　網站登入的程式説明

網站登入擁有 2 個 PHP 程式檔案，分別是網站登入表單和首頁。

PHP 程式：index.php

PHP 程式 index.php 是網站真正的首頁，在程式開頭檢查 Session 變數 login_session，以確定使用者是否已經成功登入網站，如下所示：

```
......
08: <?php
09: session_start();  // 啟用交談期
10: // 檢查Session變數是否存在，表示是否成功登入
11: if ( $_SESSION["login_session"] != true )
12:    header("Location: login.php");
13: echo "歡迎使用者進入網站!<br/>";
14: ?>
......
```

上述第 9 列啟用交談期，第 11~12 列的 if 條件檢查 Session 變數 login_session，如果 login_session 變數的值為 true 表示成功登入，否則 在第 12 列轉址至 login.php 來重新登入網站。

網站如果擁有登入管理，在每一個 PHP 程式的執行前，都需要檢查 Session 變數 login_session，以確定使用者已經成功登入網站。

PHP 程式：login.php

PHP 程式 login.php 也是表單處理的應用，使用者進入網站需要執行 此程式的登入程序。在啟用交談期和取得表單欄位的使用者名稱和密碼後， 在下方第 17~40 列的 if 條件是表單處理程式，可以查詢資料表 students 是否有此會員記錄，如下所示：

```
......
16:  // 檢查是否輸入使用者名稱和密碼
17:  if ($username != "" && $password != "") {
18:      // 建立MySQL的資料庫連接
19:      $link = mysqli_connect("localhost","root",
20:                      "A12345678","myschool")
21:          or die("無法開啟MySQL資料庫連接!<br/>");
22:      // 建立SQL指令字串
23:      $sql = "SELECT * FROM students WHERE password='";
24:      $sql.= $password."' AND username='".$username."'";
25:      // 執行SQL查詢
26:      $result = mysqli_query($link, $sql);
27:      $total_records = mysqli_num_rows($result);
```

上述第 19~27 列依序建立資料庫連接、SQL 指令、執行 SQL 查詢和取得記錄數。在下方 if/else 條件檢查是否是會員，如下所示：

```
28:      // 是否有查詢到使用者記錄
29:      if ( $total_records > 0 ) {
30:          // 成功登入，指定Session變數
31:          $_SESSION["login_session"] = true;
32:          header("Location: index.php");
33:      } else {   // 登入失敗
34:          echo "<center><font color='red'>";
35:          echo "使用者名稱或密碼錯誤!<br/>";
36:          echo "</font>";
37:          $_SESSION["login_session"] = false;
38:      }
39:      mysqli_close($link);   // 關閉資料庫連接
40: }
......
```

上述第 29~38 列的 if/else 條件檢查記錄數，如果大於 0 表示有此記錄，在第 31 列指定 Session 變數 login_session 是 true，表示登入成功，第 32 列轉址到首頁 index.php。

學習評量

選擇題

( )1. PHP 與 MySQL 建立網頁資料庫的第一步是使用下列哪一個函數建立資料庫連接？

    A. mysqli_link()　　　　　　B. mysqli_link_db()
    C. mysqli_connect()　　　　　D. mysqli_select_db()

( )2. PHP 呼叫函數建立 MySQL 資料庫連接時，我們需要提供下列哪些資訊來建立資料庫連接？

    A. MySQL 主機名稱　　　　　B. 使用者名稱
    C. 使用者密碼　　　　　　　　D. 以上皆是

( )3. 請問下列哪一個函數可以執行 MySQL 資料庫的資料表查詢？

    A. mysqli_select()　　　　　　B. mysqli_query()
    C. mysqli_connect()　　　　　D. mysqli_select_db()

( )4. 請問呼叫下列哪一個函數可以選擇或更改預設存取的資料庫？

    A. mysqli_select()　　　　　　B. mysqli_query()
    C. mysqli_connect()　　　　　D. mysqli_select_db()

( )5. 在取得結果物件後，可以呼叫下列哪一個函數取得欄位數？

    A. mysqli_num_fields()　　　　B. mysqli_fetch_field()
    C. mysqli_num_rows()　　　　　D. mysqli_data_seek()

( )6. 請問呼叫 mysqli_data_seek($result, 3) 函數，可以將記錄移至下列哪一筆？

    A. 3　　　　　　B. 4　　　　　　C. 5　　　　　　D. 6

(   ) 7. 如果將記錄儲存成結合陣列，請問 mysqli_fetch_array() 函數參數指定的類型常數是下列哪一個？

     A. MYSQLI_NUM   B. MYSQLI_EACH

     C. MYSQLI_BOTH   D. MYSQLI_ASSOC

(   ) 8. 請問 mysqli_fetch_array() 函數使用下列哪一種類型常數的執行結果如同 mysqli_fetch_row() 函數？

     A. MYSQLI_NUM   B. MYSQLI_EACH

     C. MYSQLI_BOTH   D. MYSQLI_ASSOC

簡答題

1. 請說明 PHP 的 MySQL 擴充程式 ext/mysqli 是什麼？

2. 請簡單說明 PHP 程式使用 SQL 指令執行資料表查詢的步驟？

3. 請使用圖例說明什麼是 SQL 查詢結果的結果物件？

4. 請簡單說明下列 PHP 函數的用途，如下所示：

```
mysqli_close()
mysqli_fetch_field($result)
mysqli_fetch_assoc($result)
```

5. 請問本章 PHP 程式範例為什麼使用 myschool_open.inc 和 myschool_close.inc ？

6. 請說明 mysqli_fetch_row() 和 mysqli_fetch_array() 函數的差異？

7. 請說明 PHP 程式如何使用表格分頁顯示資料表的記錄資料？

8. MySQL 錯誤處理函數 _____ 可以取得錯誤代碼，_____ 函數可以取得錯誤說明文字。

1. 請使用第 10 章實作題 2 的 library 資料庫為例，建立 PHP 程式開啟資料庫連接和使用表格顯示 books 資料表的所有記錄資料，使用的 SQL 指令字串，如下所示：

```
$sql = "SELECT * FROM books";
```

2. 請建立 PHP 程式開啟 myschool 資料庫連接，在取得和顯示 students 資料表的第 4 筆記錄資料後，顯示 classes 資料表的第 3 筆記錄資料，使用的 SQL 指令字串，如下所示：

```
$sql = "SELECT * FROM classes";
```

3. 請使用第 10 章實作題 2 的 library 資料庫為例，建立 PHP 程式來顯示 books 資料表的欄位數、記錄數和欄位相關資訊。

4. 請繼續實作題 1，改為使用分頁方式來顯示 books 資料表的記錄資料。

5. 請使用程式範例 ch11-4.php，測試下列 URL 網址是否會產生錯誤，其錯誤代碼和訊息分別為何（在 URL 網址中的「%20」是空白字元）？如下所示：

```
http://localhost:8080/ch11-4.php?db=classes
http://localhost:8080/ch11-4.php?sql=SELECT%20*%20FROM%20classes
http://localhost:8080/ch11-4.php?sql=SELECT%20*%20FROM%20books
```

12

SQL 結構化查詢語言

12-1 SQL 語言的基礎

MySQL 資料庫管理系統支援 SQL 結構化查詢語言，在 PHP 程式可以下達 SQL 指令來存取資料庫的記錄資料。

12-1-1 SQL 簡介

「SQL」（Structured Query Language） 是「ANSI」（American National Standards Institute）標準的資料庫語言，SQL 指令可以查詢資料表的記錄資料或插入、刪除和更新資料表的記錄資料，目前 MySQL、SQLite、Access、SQL Server、Informix、Oracle 和 Sybase 等關聯式資料庫管理系統都支援 ANSI 的 SQL 語言。

早在 1970 年，E. F. Codd 建立關聯性資料庫的觀念時，就提出一種構想的資料庫語言，一種完整和通用的資料存取方式，雖然當時並沒有真正建立語法，但這便是 SQL 的起源。

1974 年一種稱為 SEQUEL 的語言，這是 Chamberlin 和 Boyce 的作品，這是 SQL 原型，IBM 稍加修改後作為其資料庫 DBMS 的資料庫語言，稱為 System R，1980 年 SQL 的名稱正式誕生，從那天開始，SQL 逐漸壯大成為標準的關聯式資料庫語言。

12-1-2 SQL 指令的種類

SQL 語言的指令主要可以分為三大部分，如下表所示：

● 資料定義語言（Data Definition Language，DDL）：建立資料表、索引和檢視表（Views）等，和定義資料表的欄位。

● 資料操作語言（Data Manipulation Language，DML）：屬於資料表記錄查詢、插入、刪除和更新指令。

● 資料控制語言（Data Control Language，DCL）：屬於資料庫安全設定和權限管理的相關指令。

在 PHP 程式是呼叫 mysqli_query() 函數執行 SQL 操作和查詢指令，在本章主要說明 SQL 語言的 4 個基本指令，如下表所示：

指令	說明
INSERT	在資料表插入一筆新記錄
UPDATE	更新資料表已經存在的記錄資料
DELETE	刪除資料表的記錄
SELECT	查詢資料表的記錄，使用條件來查詢符合的記錄資料

因為上表 SELECT 指令是一個最複雜的指令，在 SQL 分類上可以從 DML 獨立成「資料查詢語言」（Data Query Language；DQL），用來查詢資料表的記錄資料，並不會對資料本身進行任何修改。

12-1-3　在 MySQL 資料庫執行 SQL 指令

phpMyAdmin 管理工具就可以針對指定資料庫執行所需的 SQL 指令，當然，我們也可以自行建立 PHP 程式來執行 SQL 指令。

使用 phpMyAdmin 工具執行 SQL 指令

phpMyAdmin 管理工具提供編輯功能來輸入和執行 SQL 指令，可以幫助我們測試本章後 SQL 指令的執行結果，其步驟如下所示：

Step 1：請進入 phpMyAdmin 管理工具，在左邊選 **myschool** 資料庫，在右邊選上方 **SQL** 標籤後，在下方輸入 SQL 指令 **SELECT * FROM students**，按右下方**執行**鈕執行 SQL 指令，如下圖所示：

Step 2：可以看到使用表格顯示符合條件的查詢結果，如下圖所示：

PHP 的 SQL 查詢工具

PHP 程式 ch12-1.php 可以輸入 SQL 指令來測試查詢結果，我們只需在表單欄位輸入 SQL 指令字串 **SELECT * FROM students** 後，按**查詢**鈕，就可以在上方看到表格顯示的查詢結果，如下圖所示：

12-2 SQL 語言的資料庫查詢

SQL 查詢指令只有一個 SELECT 指令，其基本語法如下所示：

```
SELECT column1, column2 FROM table WHERE conditions
```

上述 SELECT 指令的 column1~2 是記錄欄位，table 是資料表，conditions 是查詢條件，使用口語來說就是：「從資料表 table 取回符合 WHERE 條件所有記錄的欄位 column1 和 column2」。

在 conditions 條件還可以包含運算子或子句，例如：BETWEEN AND、ORDER BY 等來指定範圍或進行排序。

12-2-1 SELECT 子句設定查詢範圍

SELECT 子句可以指定查詢資料表的哪些欄位，FROM 子句指明查詢哪一個資料表，若沒有 WHERE 子句就顯示資料表的所有記錄。

SELECT 指令在查詢資料表時，可以只顯示部分欄位（使用「,」逗號分隔），SQL 指令如下所示：

```
SELECT sno, name, address FROM students
```

上述 SELECT 子句只有 3 個欄位 sno、name 和 address，可以顯示 students 資料表的所有記錄，但只有這三個欄位，如右圖所示：

sno	name	address
S001	陳會安	新北市五股區
S002	江小魚	新北市中和區
S003	周傑倫	台北市松山區
S004	蔡依玲	台北市大安區
S005	張會妹	台北市信義區
S006	張無忌	台北市內湖區

記錄總數: 6 筆

顯示資料表的所有欄位

在 SELECT 子句可以使用「*」符號代表記錄的所有欄位名稱，SQL 指令如下所示：

```
SELECT * FROM students
```

上述 SQL 指令可以取回資料表的所有記錄和所有欄位，即第 12-1-3 節測試 SQL 查詢工具的執行結果。

欄位值不重複

資料表記錄的欄位值如果有重複值，可以在 SELECT 子句加上 DISTINCT 指令，如果欄位擁有相同值的記錄，就只會顯示其中一筆，SQL 指令如下所示：

```
SELECT DISTINCT credits FROM courses
```

上述 SQL 指令的欄位 credits 如果有重複值，就只會顯示其中一筆，因為有 3 筆記錄是 3；2 筆是 4，所以只顯示 3 筆，如右圖所示：

credits
3
4
2

記錄總數: 3 筆

欄位別名

SELECT 子句顯示的欄位名稱預設是資料表定義的名稱，我們可以使用 AS 關鍵字來設定欄位的別名，SQL 指令如下所示：

```
SELECT sno AS ID, name AS StudentName, address AS Home
FROM students
```

上述 SELECT 子句顯示 students 資料表的欄位 sno、name 和 address，各欄位的別名分別是 ID、StudentName 和 Home，如右圖所示：

ID	StudentName	Home
S001	陳會安	新北市五股區
S002	江小魚	新北市中和區
S003	周傑倫	台北市松山區
S004	蔡依玲	台北市大安區
S005	張會妹	台北市信義區
S006	張無忌	台北市內湖區

記錄總數: 6 筆

12-2-2 WHERE 條件子句

SELECT 指令的 WHERE 子句才是 SQL 查詢的主角，SELECT 子句指明取出哪些欄位，WHERE 子句才是查詢哪些記錄的條件。

WHERE 條件子句的欄位值可以是文字、數值或日期 / 時間，支援的運算子說明，如右表所示：

運算子	說明
=	相等
<>	不相等
>	大於
>=	大於等於
<	小於
<=	小於等於
LIKE	包含子字串

條件值是字串

WHERE 子句的條件值如果是字串，需要加上單引號或雙引號（在 PHP 程式 ch12-1.php 的表單輸入時請使用單引號）。例如：查詢學號是 'S003' 的記錄，SQL 指令如下所示：

```
SELECT * FROM students WHERE sno='S003'
```

上述 SQL 指令可以找到 1 筆符合條件的記錄，如下圖所示：

sno	name	address	birthday	username	password
S003	周傑倫	台北市松山區	2001-05-01	jay	1234

記錄總數: 1 筆

例如：查詢學號不等於 'S003' 的記錄，SQL 指令如下所示：

```
SELECT * FROM students WHERE sno<>'S003'
```

上述 SQL 指令的查詢結果可以找到 5 筆符合條件的記錄。

包含字串

在 WHERE 子句的條件欄位可以使用 **LIKE** 包含運算子，LIKE 運算子可以配合萬用字元的範本字串來進行比對，只需是子字串就符合條件，如下表所示：

萬用字元	說明
%	代表任何長度的子字串
_	代表任何一個字元

萬用字元「%」可以代表任何長度的子字串。例如：查詢學生地址有「新」的學生資料，SQL 指令如下所示：

```
SELECT * FROM students WHERE address LIKE '%新%'
```

上述 SQL 指令的條件因為「新」前後都有萬用字元「%」，只需欄位值有「新」子字串就符合條件，共找到 2 筆記錄，如下圖所示：

sno	name	address	birthday	username	password
S001	陳會安	新北市五股區	2000-10-05	hueyan	1234
S002	江小魚	新北市中和區	1999-01-02	smallfish	1234

記錄總數: 2 筆

萬用字元「_」可以代表任何一個字元，一樣可用在日期 / 時間欄位。例如；生日是 1009~1999 年的學生資料，SQL 指令如下所示：。

```
SELECT * FROM students WHERE birthday LIKE '1__9%'
```

上述 SQL 指令 birthday 欄位的生日是 1 開頭；9 結尾，中間有 2 個任何字元，即 1009~1999 年，共找到 2 筆記錄，如下圖所示：

sno	name	address	birthday	username	password
S002	江小魚	新北市中和區	1999-01-02	smallfish	1234
S005	張會妹	台北市信義區	1999-03-01	chiang	1234

記錄總數: 2 筆

條件值是數值

WHERE 條件值如果是數值，數值不需要單引號括起，例如：查詢 courses 資料表學分 credits 欄位是 3 的記錄，SQL 指令如下所示：

```
SELECT * FROM courses WHERE credits = 3
```

上述 SQL 指令可以找到 3 筆符合條件的記錄，如右圖所示：

cno	pname	title	credits
CS101	陳慶新	計算機概論	3
CS102	王陽明	程式語言	3
CS104	張獻忠	網頁設計	3

記錄總數: 3 筆

例如：查詢 courses 資料表學分 credits 欄位小於 4 的記錄，SQL 指令如下所示：

```
SELECT * FROM courses WHERE credits < 4
```

上述 SQL 指令可以找到 4 筆符合條件的記錄。

條件值是日期 / 時間

ANSI-SQL 提供三種日期 / 時間的資料類型，如下表所示：

資料類型	說明
DATE	日期格式，格式為 YYYY-MM-DD
TIME	時間格式，格式為 HH:MM:SS.nn
TIMESTAMP	日期時間格式，格式為 YYYY-MM-DD HH:MM:SS.nn

當條件值是日期 / 時間資料時，請使用單引號括起，例如：查詢學生生日 birthday 是 1998-07-22 的記錄，SQL 指令如下所示：

```
SELECT * FROM students WHERE birthday='1998-07-22'
```

上述 SQL 指令可以找到 1 筆符合條件的記錄，如下圖所示：

sno	name	address	birthday	username	password
S004	蔡依玲	台北市大安區	1998-07-22	jolin	1234

記錄總數: 1 筆

例如：查詢學生生日 birthday 欄位大於日期 1998-07-22 的記錄，SQL 指令如下所示：

```
SELECT * FROM students WHERE birthday>'1998-07-22'
```

上述 SQL 指令可以找到 5 筆符合條件的記錄，其他同學的年齡都比他小。

12-2-3　AND 與 OR 多條件查詢

　　WHERE 條件子句如果不只一個條件，我們可以使用邏輯運算子 AND 和 OR 來連接多個條件。

AND 且運算子

　　AND 且運算子連接的前後條件都必須同時成立，整個條件才成立，例如：學號小於等於 'S003' 且學生姓名包含 ' 陳 '，SQL 指令可以找到 1 筆符合條件的記錄，如下所示：

```
SELECT * FROM students
WHERE sno<='S003' AND name LIKE '%陳%'
```

OR 或運算子

　　OR 或運算子連接的前後條件只需任何一個條件成立即可，例如：學號小於 'S003' 或姓名包含 ' 張 ' 子字串，SQL 指令可以找到 4 筆符合條件的記錄，如下所示：

```
SELECT * FROM Students
WHERE sno<'S003' OR name LIKE '%張%'
```

複雜的 WHERE 條件子句

　　WHERE 條件可以複雜到連接 3、4 個或以上條件，在同一 WHERE 條件同時使用 AND 和 OR 連接多個條件。例如：學號大於等於 'S002' 且小於等於 'S004'，或姓名含有 ' 陳 ' 子字串，SQL 指令可以找到 4 筆符合條件的記錄，如下所示：

```
SELECT * FROM students
WHERE sno>='S002' AND sno<='S004'
OR name LIKE '%陳%'
```

在 WHERE 條件的括號擁有較高的優先順序，括號可以推翻優先順序產生不同的查詢結果。例如：姓名含有 ' 陳 ' 子字串，或地址含有 ' 新北市 ' 子字串，這 2 個條件擁有括號，而且學號小於 'S002'，SQL 指令可以找到 1 筆符合條件的記錄，如下所示：

```
SELECT * FROM students
WHERE (name LIKE '%陳%'
OR address LIKE '新北市' ) AND sno<'S002'
```

12-2-4　ORDER BY 排序子句

SQL 指令的查詢結果可以進行排序，指定排序欄位從小到大或從大到小進行排序。

從小到大排序

在 SQL 指令可以加上 ORDER BY 子句指定排序欄位，例如：查詢課程學分大於 2 的記錄且使用學分欄位進行排序，SQL 指令如下所示：

```
SELECT * FROM courses
WHERE credits>2 ORDER BY credits ASC
```

上述 SQL 指令找到 5 筆符合條件的記錄，記錄是使用學分欄位 credits 從小到大進行排序（預設排序方式），如右圖所示：

cno	pname	title	credits
CS101	陳慶新	計算機概論	3
CS102	王陽明	程式語言	3
CS104	張獻忠	網頁設計	3
CS201	陳慶新	資料結構	4
CS204	王陽明	資料庫系統	4

記錄總數: 5 筆

從大到小排序

排序順序如果需要從大到小，只需在最後加上 DESC 關鍵字，如下所示：

```
SELECT * FROM courses
WHERE credits>2 ORDER BY credits DESC
```

上述 SQL 指令找到 5 筆符合條件的記錄，使用學分 credits 欄位從大到小進行排序，如右圖所示：

cno	pname	title	credits
CS201	陳慶新	資料結構	4
CS204	王陽明	資料庫系統	4
CS101	陳慶新	計算機概論	3
CS102	王陽明	程式語言	3
CS104	張獻忠	網頁設計	3

記錄總數: 5 筆

12-2-5 BETWEEN/AND 資料範圍運算子

BETWEEN/AND 運算子可以定義 WHERE 條件子句的範圍，範圍值可以是文字、數值或日期 / 時間，SQL 指令如下所示：

```
SELECT * FROM students WHERE birthday
BETWEEN '2000-01-01' AND '2000-12-31'
```

上述 SQL 指令是日期範圍，可以查詢 2000 年 1 月 1 日到 2000 年 12 月 31 日出生的學生，共找到 2 筆記錄，如下圖所示：

sno	name	address	birthday	username	password
S001	陳會安	新北市五股區	2000-10-05	hueyan	1234
S006	張無忌	台北市內湖區	2000-03-01	chiang1234	1234

記錄總數: 2 筆

BETWEEN/AND 也可以指定數值範圍值，SQL 指令如下所示：

```
SELECT * FROM courses
WHERE credits BETWEEN 2 AND 3
```

上述 SQL 指令是數值範圍，可以查詢學分在 2 到 3 之間的課程，包含 2 和 3，共找到 4 筆記錄。

12-2-6 IN 和 NOT 運算子

WHERE 條件子句還可以使用 NOT 運算子取得相反條件的記錄資料，IN 運算子篩選指定欄位值的記錄資料。

IN 運算子

IN 運算子可以列出一序列文字或數值清單，欄位值必須是其中之一才符合條件，例如：查詢特定幾個學號，SQL 指令如下所示：

```
SELECT * FROM students
WHERE sno IN ('S001', 'S003', 'S004')
```

上述 SQL 指令只有學號欄位 sno 是 S001、S003 和 S004 才符合條件，共找到 3 筆記錄。例如：查詢學分數是 2 和 4 的課程記錄，SQL 指令如下所示：

```
SELECT * FROM courses
WHERE credits IN (2, 4)
```

上述 SQL 指令只有學分欄位 credits 為 2 和 4 才符合條件，共找到 3 筆記錄。

NOT 運算子

NOT 運算子可以搭配前面子句，取得與條件相反的查詢結果，其說明如下表所示：

運算子	說明
NOT LIKE	否定 LIKE 運算式
NOT BETWEEN	否定 BETWEEN/AND 運算式
NOT IN	否定 IN 運算式

例如：查詢除幾個指定學號之外的記錄，SQL 指令如下所示：

```
SELECT * FROM students
WHERE sno NOT IN ('S001', 'S003', 'S004')
```

上述 SQL 指令只有學號欄位 sno 不是 S001、S003 和 S004 才符合條件，共找到 3 筆記錄。

12-2-7 LIMIT 限制記錄數子句

MySQL 的 SQL 指令支援 LIMIT 子句限制查詢的記錄數，例如：只取出查詢結果的前 3 筆記錄，SQL 指令如下所示：

```
SELECT * FROM students LIMIT 3
```

LIMIT 子句還可以指定開始的記錄編號，例如：只取出查詢結果的前 3 筆記錄，而且查詢的第 1 筆記錄是從第 2 筆開始，SQL 指令如下所示：

```
SELECT * FROM students LIMIT 1, 3
```

上述 SQL 指令只顯示「,」逗號前，從 1 即第 2 筆（0 是第 1 筆）開始的前 3 筆記錄，如下圖所示：

sno	name	address	birthday	username	password
S002	江小魚	新北市中和區	1999-01-02	smallfish	1234
S003	周傑倫	台北市松山區	2001-05-01	jay	1234
S004	蔡依玲	台北市大安區	1998-07-22	jolin	1234

記錄總數: 3 筆

12-3　SQL 子查詢、合併查詢與聚合函數

在 SQL 查詢結果的欄位資料如果需要執行運算,我們可以使用 SQL 聚合函數來計算資料表的筆數、平均、最大、最小和加總運算。

對於多資料表查詢,例如:myschool 資料庫擁有 3 個資料表。SQL 語言提供子查詢(Subquery)可以取得其他資料表的欄位值,或使用 JOIN 指令建立合併查詢。

12-3-1　SQL 聚合函數

SQL 聚合函數可以進行資料表欄位的筆數、平均、最大、最小和加總的運算,提供 SQL 查詢結果的進一步資訊,其說明如下表所示:

聚合函數	說明
COUNT(Column)	計算記錄的筆數,「*」參數是統計記錄數
AVG(Column)	計算記錄欄位的平均值
MAX(Column)	取得記錄欄位的最大值
MIN(Column)	取得記錄欄位的最小值
SUM(Column)	取得記錄欄位的總和

例如:計算 students 資料表的記錄數,SQL 指令如下所示:

```
SELECT COUNT(*) FROM students
```

例如：計算 courses 資料表 credits 欄位的平均值、最大值、最小值和總和，SQL 指令如下所示：

```
SELECT AVG(credits) FROM courses
SELECT MAX(credits) FROM courses
SELECT MIN(credits) FROM courses
SELECT SUM(credits) FROM courses
```

12-3-2　SQL 的子查詢

在 WHERE 子句如果使用另一個 SELECT 指令查詢其他資料表的記錄，稱為「子查詢」（Subquery），其目的通常是為了取得所需的條件值。

例如：在 students 資料表使用姓名 name 查詢學號 sno，然後使用取得的學號 sno，在 classes 資料表查詢此學生選課的總數，SQL 指令如下所示：

```
SELECT COUNT(*) FROM classes
WHERE sno = (
SELECT sno FROM students
WHERE name='陳會安')
```

上述 SQL 指令共有 2 個 SELECT 指令，分別查詢 2 個資料表，在 students 資料表取得姓名 name 是**陳會安**的學號 sno 後，再從 classes 資料表使用聚合函數，計算學生的選課數有 3 筆記錄，如右圖所示：

12-3-3　內部合併查詢 INNER JOIN 指令

SQL 合併查詢指令是 JOIN，可以將關聯式資料庫分割的資料表合併成未分割前的狀態。SQL 合併查詢分為：INNER JOIN 和 OUTER JOIN 指令。

INNER JOIN 指令可以取回 2 個資料表都存在的記錄。例如：查詢所有學生選課的課程編號資料，SQL 指令如下所示：

```
SELECT students.sno, students.name, classes.cno
FROM students INNER JOIN classes
ON students.sno = classes.sno
```

上述 SQL 指令從 students 資料表取得學號 sno 和姓名 name，classes 資料表取得課程編號 cno，關聯欄位是 ON 指令的學號 sno，如右圖所示：

右述查詢結果只顯示 2 個資料表都存在的記錄，所以查詢結果沒有學生**周傑倫**和**蔡依玲**的記錄。

目前已經查詢到每位學生選課的課程編號 cno，但是，沒有課程名稱等其他資訊，我們可以再使用合併查詢來取得更多資訊。例如：查詢所有學生選課的詳細課程資料，即取得 courses 資料表的欄位，SQL 指令如下所示：

sno	name	cno
S001	陳會安	CS101
S001	陳會安	CS102
S001	陳會安	CS203
S002	江小魚	CS101
S002	江小魚	CS102
S002	江小魚	CS201
S005	張會妹	CS204
S005	張會妹	CS203
S006	張無忌	CS201
S006	張無忌	CS203
S006	張無忌	CS204

記錄總數: 11 筆

```
SELECT students.sno, students.name, courses.*
FROM courses INNER JOIN (students
INNER JOIN classes ON students.sno = classes.sno)
ON classes.cno = courses.cno
```

上述 SQL 指令共查詢 3 個資料表，將原來 FROM 子句後的 INNER JOIN 是使用括號括起當成查詢結果的資料表，就可以進一步查詢 courses 資料表的所有欄位，此時的關聯欄位是課程編號 cno，如下圖所示：

sno	name	cno	pname	title	credits
S001	陳會安	CS101	陳慶新	計算機概論	3
S001	陳會安	CS102	王陽明	程式語言	3
S001	陳會安	CS203	張獻忠	多媒體網頁設計	2
S002	江小魚	CS101	陳慶新	計算機概論	3
S002	江小魚	CS102	王陽明	程式語言	3
S002	江小魚	CS201	陳慶新	資料結構	4
S005	張會妹	CS204	王陽明	資料庫系統	4
S005	張會妹	CS203	張獻忠	多媒體網頁設計	2
S006	張無忌	CS201	陳慶新	資料結構	4
S006	張無忌	CS203	張獻忠	多媒體網頁設計	2
S006	張無忌	CS204	王陽明	資料庫系統	4

記錄總數: 11 筆

12-3-4 外部合併查詢 OUTER JOIN 指令

OUTER JOIN 指令可以取回任一資料表的所有記錄，而不論是否是兩個資料表都存在的記錄，可以分成兩種 JOIN 指令。

LEFT JOIN

LEFT JOIN 可以取回左邊資料表的所有記錄。例如：使用 LEFT JOIN 取得所有學生選課的課程編號資料，左邊是 students 資料表；右邊是 classes 資料表，SQL 指令如下所示：

```
SELECT students.*, classes.cno FROM students
LEFT JOIN classes ON students.sno = classes.sno
```

上述 SQL 指令從 students 資料表取得學生資料，classes 資料表取得課程編號 cno，關聯欄位是學號 sno，如下圖所示：

sno	name	address	birthday	username	password	cno
S001	陳會安	新北市五股區	2000-10-05	hueyan	1234	CS101
S001	陳會安	新北市五股區	2000-10-05	hueyan	1234	CS102
S001	陳會安	新北市五股區	2000-10-05	hueyan	1234	CS203
S002	江小魚	新北市中和區	1999-01-02	smallfish	1234	CS101
S002	江小魚	新北市中和區	1999-01-02	smallfish	1234	CS102
S002	江小魚	新北市中和區	1999-01-02	smallfish	1234	CS201
S005	張會妹	台北市信義區	1999-03-01	chiang	1234	CS204
S005	張會妹	台北市信義區	1999-03-01	chiang	1234	CS203
S006	張無忌	台北市內湖區	2000-03-01	chiang1234	1234	CS201
S006	張無忌	台北市內湖區	2000-03-01	chiang1234	1234	CS203
S006	張無忌	台北市內湖區	2000-03-01	chiang1234	1234	CS204
S003	周傑倫	台北市松山區	2001-05-01	jay	1234	
S004	蔡依玲	台北市大安區	1998-07-22	jolin	1234	

記錄總數: 13 筆

　　LEFT JOIN 可以取得 students 資料表的所有記錄，所以查詢結果包括沒有選課**周傑倫**和**蔡依玲**的記錄資料。

RIGHT JOIN

　　RIGHT JOIN 可以取得右邊資料表的所有記錄。例如：使用 RIGHT JOIN 取得所有課程被哪些學生選課的資料，左邊是 classes 資料表；右邊是 courses 資料表，SQL 指令如下所示：

```
SELECT classes.sno, courses.* FROM classes
RIGHT JOIN courses ON classes.cno = courses.cno
```

　　上述 SQL 指令從 classes 資料表取得學號 sno，courses 資料表取得所有課程資料，關聯欄位是課程編號 cno，如下圖所示：

sno	cno	pname	title	credits
S001	CS101	陳慶新	計算機概論	3
S001	CS102	王陽明	程式語言	3
S001	CS203	張獻忠	多媒體網頁設計	2
S002	CS101	陳慶新	計算機概論	3
S002	CS102	王陽明	程式語言	3
S002	CS201	陳慶新	資料結構	4
S005	CS204	王陽明	資料庫系統	4
S005	CS203	張獻忠	多媒體網頁設計	2
S006	CS201	陳慶新	資料結構	4
S006	CS203	張獻忠	多媒體網頁設計	2
S006	CS204	王陽明	資料庫系統	4
	CS104	張獻忠	網頁設計	3

記錄總數: 12 筆

RIGHT JOIN 可以取得 courses 資料表的所有記錄，所以查詢結果包括沒有學生選修的**網頁設計**課程資料。

12-4　SQL 語言的資料庫操作

SQL 指令 INSERT、UPDATE 和 DELETE 可以新增、刪除和更新資料表的記錄資料，我們可以使用 HTML 表單處理建立 PHP 程式來處理資料庫操作。

12-4-1　SQL 的資料庫操作指令

SQL 語言的資料庫操作指令有：INSERT、UPDATE 和 DELETE，可以分別新增、更新和刪除資料表的記錄資料。

新增記錄：INSERT

INSERT 指令可以新增一筆記錄到資料表，其基本語法如下所示：

```
INSERT INTO table (column1,column2,……)
VALUES ('value1', 'value2 ', …)
```

上述 SQL 指令的 table 是準備插入記錄的資料表名稱，column1~n 是資料表內的欄位名稱，不需全部欄位，value1~n 是對應的欄位值。INSERT 指令的注意事項，如下所示：

- 不論是欄位或值的清單，都需要使用逗號分隔。

- 在 INSERT 指令 VALUES 的值中，數值不用單引號包圍，文字與日期 / 時間需要單引號包圍。

- INSERT 指令的欄位名稱清單，並不需要和資料表定義的欄位數目或順序相同，只需選擇需要的欄位，但是，括號內的欄位名稱順序需和 VALUES 值的順序相同。

例如：在 students 資料表插入一筆新記錄，SQL 指令如下所示：

```
INSERT INTO students (sno, name, address, birthday)
VALUES ('S007','小龍女','新北　新店區','2000-04-11')
```

更新記錄：UPDATE

UPDATE 指令是將資料表內符合條件的記錄，更新指定的欄位值，其基本語法如下所示：

```
UPDATE table SET column1 = 'value1' WHERE conditions
```

上述指令的 table 是資料表，SET 子句 column1 是資料表的欄位名稱，不用全部只需指定欲更新的欄位，value1 是更新的欄位值。如果更新的欄位不只一個，請使用逗號分隔，如下所示：

```
UPDATE table SET column1 = 'value1' , column2 = 'value2'
WHERE conditions
```

上述 column2 是另一個欲更新的欄位名稱，value2 是更新的欄位值，最後 WHERE 子句的 conditions 是更新條件。UPDATE 指令的注意事項，如下所示：

● WHERE 後的條件是必要元素，如果沒有此條件，資料表內所有記錄欄位都會被更新。

● 更新欄位值如果是數值不用單引號包圍，文字與日期／時間需要使用單引號包圍。

例如：在 students 資料表更改學號 S007 的地址，SQL 指令如下所示：

```
UPDATE students SET address='新北　三重區'
WHERE sno = 'S007'
```

上述 SQL 指令的 WHERE 條件是學號 sno 欄位，然後使用 SET 子句更新所需的欄位資料。

刪除記錄：DELETE

DELETE 指令是將資料表內符合條件的記錄刪除掉，其基本語法如下所示：

```
DELETE FROM table WHERE conditions
```

上述指令 table 是資料表，WHERE 子句 conditions 為刪除記錄的條件，口語來說是：「將符合 conditions 條件的記錄刪除掉」。DELETE 指令的注意事項，如下所示：

● WHERE 後的條件是 DELETE 指令的必要元素，如果沒有此條件，資料表內的所有記錄都會被刪除掉。

- WHERE 條件可以使用 =、<>、>、<= 和 >= 等運算子。

- WHERE 條件如果不只一個條件，請使用邏輯運算子 AND 或 OR 運算子連接。

例如：在 students 資料表刪除學號 S007 的這筆記錄，SQL 指令如下所示：

```
DELETE FROM students WHERE sno = 'S007'
```

上述 SQL 指令的 WHERE 條件為學號 sno 欄位，也就是將符合學號條件的學生記錄刪除掉。

12-4-2　建立 PHP 程式執行資料庫操作

在 PHP 程式可以呼叫 mysqli_query() 函數執行 SQL 操作指令：INSERT、UPDATE 和 DELETE，如下所示：

```
if ( mysqli_query($link, $sql) )
    echo "資料庫新增記錄成功, 影響記錄數: ".
        mysqli_affected_rows($link) . "<br/>";
}
```

上述程式碼呼叫 mysqli_query() 函數執行參數 $sql 的 SQL 指令，函數回傳 true 是執行成功；false 是失敗。

在執行 SQL 操作指令後，可以呼叫 mysqli_affected_rows() 函數取得影響的記錄數，其說明如下表所示：

函數	說明
mysqli_affected_rows($link)	取得前一個 SQL 操作影響的記錄數，回傳 0 是沒有影響的記錄數；-1 是有錯誤

程式範例：ch12-4-2Insert.php

在 PHP 程式的 HTML 表單輸入學生資料後，執行 SQL 指令在 students 資料表新增一筆學生記錄，如下圖所示：

上述欄位輸入學生資料後，按**新增**鈕新增一筆記錄，也就是執行本身表單處理程式 ch12-4-2Insert.php，可以顯示成功新增記錄和 SQL 指令字串，影響的記錄數是 1 筆。

程式內容

```
01: <!DOCTYPE html>
02: <html>
03: <head>
04: <meta charset="utf-8" />
05: <title>ch12-4-2Insert.php</title>
06: </head>
07: <body>
08: <?php
09: // 是否是表單送回
10: if (isset($_POST["Insert"])) {
11:     // 開啟MySQL的資料庫連接
12:     $link = @mysqli_connect("localhost","root","A12345678")
13:         or die("無法開啟MySQL資料庫連接!<br/>");
14:     mysqli_select_db($link, "myschool");  // 選擇資料庫
15:     // 建立新增記錄的SQL指令字串
```

→ 接下頁

```
16:    $sql ="INSERT INTO students (sno, name, address, ";
17:    $sql.="birthday) VALUES ('";
18:    $sql.=$_POST["Sno"]."','".$_POST["Name"]."','";
19:    $sql.=$_POST["Address"]."','".$_POST["Birthday"]."')";
20:    echo "<b>SQL指令: $sql</b><br/>";
21:    //送出UTF8編碼的MySQL指令
22:    mysqli_query($link, 'SET NAMES utf8');
23:    if ( mysqli_query($link, $sql) ) // 執行SQL指令
24:        echo "資料庫新增記錄成功, 影響記錄數: ".
25:            mysqli_affected_rows($link) . "<br/>";
26:    else
27:        die("資料庫新增記錄失敗<br/>");
28:    mysqli_close($link);        // 關閉資料庫連接
29: }
30: ?>
31: <form action="ch12-4-2Insert.php" method="post">
32: <table border="1">
33: <tr><td>學號:</td>
34:    <td><input type="text" name="Sno" size ="6"/></td>
35: </tr><tr><td>姓名:</td>
36:    <td><input type="text" name="Name" size="12"/></td>
37: </tr><tr><td>住址:</td>
38:    <td><input type="text" name="Address" size="25"/></td>
39: </tr><tr><td>生日:</td>
40:    <td><input type="text" name="Birthday" size="10"/>
41:      </td></tr>
42: </table><hr/>
43: <input type="submit" name="Insert" value="新增"/>
44: </form>
45: </body>
46: </html>
```

程式說明

● 第 10~29 列：if 條件檢查是否是表單送回，如果是，在第 12~14 列開
  啟資料庫連接和選擇資料庫，第 16~19 列取得欄位內容後，建立新增
  記錄的 SQL 指令，在第 23~27 列的 if/else 條件呼叫 mysqli_query()
  函數執行 SQL 指令新增一筆記錄，第 25 列呼叫 mysqli_affected_
  rows() 函數取得影響的記錄數。

● 第 31~44 列：輸入新增記錄所需欄位資料的 HTML 表單。

更新 students 資料表記錄的是 ch12-4-2Update.php；刪除記錄是 ch12-4-2Delete.php。

12-5 應用實例：通訊錄管理

通訊錄管理是網頁資料庫應用，使用 HTML 表單使用介面，在 PHP 程式碼下達 SQL 指令來新增、刪除、更新和搜尋聯絡資料。

12-5-1 通訊錄管理的程式架構

通訊錄管理是使用 MySQL 資料庫儲存聯絡資料，在 PHP 程式提供功能，可以新增、刪除、更新和搜尋聯絡資料，其架構如下圖所示：

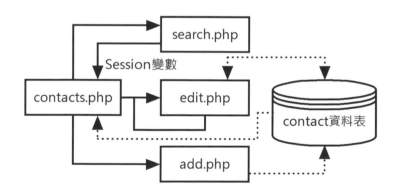

上述 contacts.php 使用分頁表格顯示聯絡資料，提供超連結來編輯、新增聯絡資料和搜尋通訊錄，add.php 是使用 INSERT 指令新增聯絡資料，編輯和刪除聯絡資料都是執行 edit.php，執行的是 UPDATE 和 DELETE 指令。

PHP 程式 search.php 是一個表單，在輸入搜尋條件後，建立儲存 SQL 查詢指令字串的 Session 變數來更新 contacts.php 顯示的聯絡資料。

通訊錄管理的 MySQL 資料庫名稱是 **mycontacts**，擁有資料表 contact，其欄位定義資料如下表所示：

資料表：contact			
欄位名稱	MySQL 資料類型	大小	欄位說明
id	INT（自動編號）	11	聯絡資料編號（主鍵）
name	VARCHAR	20	聯絡資料姓名
tel	VARCHAR	15	聯絡資料電話

12-5-2　通訊錄管理的使用

通訊錄管理在執行前請參考第 10-5-2 節執行 mycontacts.sql 建立 mycontacts 資料庫。接著啟動 Google Chrome 執行 PHP 程式 contacts. php 的網址：http://localhost:8080/ch12/contact/contacts.php，可以看到 表格分頁顯示的聯絡資料（以姓名排序），如下圖所示：

上述每一列聯絡資料後有 2 個超連結，點選**刪除**超連結可以刪除聯絡 資料，點選**編輯**超連結可以顯示表單來輸入更新資料後，按**更新聯絡資料** 鈕更新聯絡資料。

新增聯絡資料

在 contacts.php 下方點選**新增聯絡資料**超連結,可以看到新增聯絡資料的 HTML 表單,如下圖所示:

在上述欄位輸入聯絡資料後,**按新增聯絡資料**鈕,可以看到成功新增聯絡資料的訊息文字。

搜尋聯絡資料

在 contacts.php 下方點選**搜尋通訊錄**超連結,可以看到輸入搜尋條件的 HTML 表單,如下圖所示:

在欄位輸入搜尋關鍵字的子字串後,並不需要完整字串,按**搜尋**鈕,可以回到 contacts.php 看到表格顯示搜尋結果的 3 筆記錄。

12-5-3　通訊錄管理的程式說明

通訊錄管理共有 4 個 PHP 程式檔案，2 個插入檔分別開啟與關閉 mycontacts 資料庫連接。mycontacts.sql 可以建立 mycontacts 資料庫。

PHP 程式：contacts.php

PHP 程式 contacts.php 是通訊錄管理的首頁，這是修改自 ch11-3. php 的表格分頁顯示記錄資料，並且在每一個表格列新增刪除和編輯超連結，可以連接 edit.php 來編輯聯絡資料，如下所示：

```
......
39:    echo "<td><a href='edit.php?action=edit&id=";
40:       echo $rows[0]."'><b>編輯</b> | ";
41:       echo "<a href='edit.php?action=del&id=";
42:       echo $rows[0]."'><b>刪除</b></td>";
......
```

SQL 指令字串是儲存在 Session 變數 SQL，如下所示：

```
......
17: if ( isset($_SESSION["SQL"]))
18:    $sql = $_SESSION["SQL"];
19: else
20:    $sql = "SELECT * FROM contact ORDER BY name";
......
```

PHP 程式：add.php

PHP 程式 add.php 是表單處理，使用 SQL 指令 INSERT 來新增聯絡資料，在第 11~26 列是表單處理程式碼，如下所示：

```
......
09: <?php
10: // 取得欄位資料
11: if (isset($_POST["Name"]) && isset($_POST["Tel"]) ) {
```
→ 接下頁

```
12:     $name = $_POST["Name"];
13:     $tel = $_POST["Tel"];
14:     // 檢查是否有輸入欄位資料
15:     if ($name != "" && $tel != "") {
16:         require_once("mycontacts_open.inc");
17:         // 建立SQL字串
18:         $sql = "INSERT INTO contact (name, tel) values('";
19:         $sql.= $name."', '".$tel."')";
20:         if ( mysqli_query($link, $sql) ) { // 執行SQL指令
21:             echo "<font color=red>新增聯絡資料成功!";
22:             echo "</font><br/>";
23:         }
24:         require_once("mycontacts_close.inc");
25:     }
26: }
27: ?>
```

上述第 12~13 列取得欄位輸入資料，第 18~19 列建立新增記錄的 SQL 指令字串，在第 20~23 列的 if 條件呼叫函數執行 SQL 指令。

PHP 程式：search.php

PHP 程式 search.php 也是表單處理，可以輸入關鍵字來建立 WHERE 條件的 SELECT 指令，在第 11~34 列是表單處理程式碼，如下所示：

```
......
09: <?php
10: session_start();   // 啟用交談期
11: if (isset($_POST["Search"])) {
12:     // 建立SQL字串
13:     $sql = "SELECT * FROM contact ";
14:     // 檢查是否輸入姓名
15:     if (chop($_POST["Name"]) != "" )
16:         $name = "name LIKE '%".$_POST["Name"]."%' ";
17:     else
18:         $name = "";
19:     // 檢查是否輸入電話號碼
```

→ 接下頁

```
20:    if (chop($_POST["Tel"]) != "" )
21:        $tel = "tel LIKE '%".$_POST["Tel"]."%' ";
22:    else
23:        $tel = "";
```

上述第 15~23 列使用兩個 if/else 條件檢查是否有輸入姓名與電話，以便建立 WHERE 條件的 LIKE 運算式。下方第 25~30 列的 if/elseif 條件組合 SQL 指令字串，即 WHERE 子句，如下所示：

```
24:    // if條件組合SQL字串
25:    if ( chop($name) != "" && chop($tel) != "" )
26:        $sql.= "WHERE ".$name." AND ".$tel;
27:    elseif ( chop($name) != "" )   // 只有姓名
28:            $sql .= "WHERE ".$name;
29:    elseif ( chop($tel) != "" )   // 只有電話號碼
30:            $sql .= "WHERE ".$tel;
31:    $sql.= " ORDER BY name";   // 最後加上排序
32:    $_SESSION["SQL"] = $sql;
33:    header("Location: contacts.php");   // 轉址
34: }
35: ?>
......
```

上述第 31 列加上排序的 ORDER BY 子句，第 32 列建立 Session 變數 SQL。

PHP 程式：edit.php

PHP 程式 edit.php 可以編輯聯絡資料，依照 action 的 URL 參數值來決定操作，如下所示：

```
......
08: <?php
09: $id = $_GET["id"];   // 取得URL參數的編號
10: $action = $_GET["action"];   // 取得操作種類
11: require_once("mycontacts_open.inc");
```

在上述第 9~10 列取得 URL 參數 id 和 action，第 11 列插入檔案來建立資料庫連接。在下方第 13~54 列的 switch 條件依 action 參數執行更新、刪除和編輯操作，如下所示：

```
12: // 執行操作
13: switch ($action) {
14:    case "update": // 更新操作
15:        $name = $_POST["Name"]; // 取得欄位資料
16:        $tel = $_POST["Tel"];
17:        $sql = "UPDATE contact SET name='".$name.
18:              "', tel='".$tel."' WHERE id=".$id;
19:        mysqli_query($link, $sql);  // 執行SQL指令
20:        header("Location: contacts.php"); // 轉址
21:        break;
```

上述第 14~21 列的 update 是更新記錄，在取得欄位值後，第 17~18 列建立 SQL 指令字串，在第 19 列執行 SQL 指令更新記錄，第 20 列轉址到 contacts.php。

在下方第 22~26 列是 del 刪除記錄，第 23 列建立 SQL 指令字串，在第 24 列執行 SQL 指令刪除記錄，如下所示：

```
22:    case "del":    // 刪除操作
23:        $sql = "DELETE FROM contact WHERE id=".$id;
24:        mysqli_query($link, $sql);  // 執行SQL指令
25:        header("Location: contacts.php"); // 轉址
26:        break;
27:    case "edit":   // 編輯操作
28:        $sql = "SELECT * FROM contact WHERE id=".$id;
29:        $result = mysqli_query($link, $sql); // 執行SQL指令
30:        $row = mysqli_fetch_assoc($result); // 取回記錄
31:        $name = $row['name']; // 取得欄位name
32:        $tel = $row['tel'];  // 取得欄位tel
```

上述第 27~53 列的 edit 是編輯記錄，第 29~30 列取得欲編輯這筆記錄的結合陣列，第 31~32 列取得 name 和 tel 欄位值。在下方第 36~48 列是編輯聯絡資料的 HTML 表單，如下所示：

```
33: // 顯示編輯表單
34: ?>
35: <center>
36: <form action="edit.php?action=update&id=<?php echo $id ?>"
37:      method="post">
......
48: </form>
49: <hr/><a href="contacts.php">首頁</a>
50: | <a href="add.php">新增聯絡資料</a>
51: | <a href="search.php">搜尋通訊錄</a></center>
52: <?php
53:      break;
54: }
55: require_once("mycontacts_close.inc");
56: ?>
```

學習評量

選擇題

(   ) 1.　請問下列哪一種 SQL 指令分類是建立資料表的相關指令？

A. DDL　　　　　　　B. DML

C. DCL　　　　　　　D. DQL

(   ) 2.　請問下列哪一個是 SQL 指令？

A. SELECT　　　　　B. UPDATE

C. DELETE　　　　　D. 以上皆是

(   ) 3.　請問下列哪一個是 SQL 語言的資料庫查詢指令？

A. SELECT　　　　　B. UPDATE

C. DELETE　　　　　D. INSERT

(　) 4. 請問下列哪一個 SQL 指令可以刪除記錄？

    A. SELECT   B. UPDATE

    C. DELETE   D. INSERT

(　) 5. 請問下列哪一個符號可以代表資料表的所有欄位？

    A.「？」   B.「＊」

    C.「＿」   D.「＃」

(　) 6. 請問下列哪一個 SQL 指令的子句可以限制查詢的記錄數？

    A. ORDER BY   B. LIMIT

    C. IN 運算子   D. DISTINCT

(　) 7. 請問下列哪一個不是 SQL 語言的聚合函數？

    A. INT()   B. SUM()

    C. AVG(D. MAX()

(　) 8. 請問下列哪一個不是 SQL 合併查詢指令？

    A. INNER JOIN   B. LEFT JOIN

    C. RIGHT JOIN   D. BOTTOM JOIN

簡答題

1. 請說明什麼是 SQL 語言？ SQL 指令的分類有哪幾種？

2. 請問 SQL 查詢指令的查詢功能主要是使用 ＿＿＿＿＿＿ 子句。排序
   功能是使用 ＿＿＿＿＿＿ 子句。

3. 請說明 LIKE 運算子是什麼？如何配合萬用字元來執行查詢？

4. 請說明什麼是子查詢和合併查詢？

5. SQL 合併查詢 RIGHT JOIN 和 LEFT JOIN 的差異為何？

1. 請使用 PHP 程式執行下列 SQL 指令查詢 students 和 courses 資料表，如下所示：

```
(1)  SELECT sno, name FROM students
(2)  SELECT * FROM courses
     WHERE credits <= 3 ORDER BY cno
(3)  SELECT * FROM courses
     WHERE credits IN (2, 3)
```

2. 請使用 myschool 資料庫執行下列子查詢，和說明查詢結果是什麼？

```
SELECT COUNT(*) FROM classes
WHERE cno =
(SELECT cno FROM courses WHERE title='程式語言')
```

3. 請使用 myschool 資料庫執行下列合併查詢，和說明查詢結果是什麼？

```
(1)  SELECT students.*, classes.cno FROM students
     RIGHT JOIN classes ON students.sno = classes.sno
(2)  SELECT courses.cno, courses.title, classes.sno
     FROM courses INNER JOIN classes
     ON courses.cno = classes.cno ORDER BY courses.cno
```

4. 請建立 PHP 程式使用 SQL 指令在 students 資料表插入 2 位學生資料，和更改學號 S002 的密碼成為 4567。

5. 請使用第 10 章實作題 2 的 library 資料庫為例，建立 3 個 PHP 程式的 HTML 表單處理，可以在 books 資料表新增一筆記錄、更新記錄和刪除記錄。

6. 請擴充第 11-6 節網站登入應用實例，新增註冊功能可以讓使用者註冊成為網站會員，即新增 students 資料表的記錄資料。

13

物件導向與例外處理

本章學習目標

13-1 物件導向的基礎

PHP 是一種物件導向程式語言（Object-oriented Programming Language），物件導向程式設計是一種更符合人性化的程式設計方法，因為我們本來就生活在物件世界，思考模式也遵循著物件導向的模式。

13-1-1 物件的基本觀念

「物件」（Object）是物件導向技術的關鍵，以程式角度來說，物件是資料與此資料相關操作結合在一起的組合體，如右圖所示：

上述圖例的資料被使用介面的方法包裹成一個黑盒子，物件的方法就是 PHP 函數。對於程式設計者來說，我們並不用考慮黑盒子內部儲存什麼資料，方法的程式碼是如何撰寫和實作，只需知道這個物件提供什麼介面和如何使用它。

換到現實生活，物件的範例隨處可見，例如：車子、電視、書桌和貓狗等，這些物件都擁有三種特性，如下所示：

- 狀態（State）：物件的「屬性」（Attributes）是目前的狀態值，屬性儲存物件的狀態，可以簡單的是布林值變數，也可能是另一個物件，例如：車子的車型、排氣量、色彩和自排或手排等屬性。

- 行為（Behavior）：行為是物件可見部分提供的服務，可以作什麼事，例如：車子可以發動、停車、加速和換擋等。

- 識別字（Identity）：識別字是用來識別不同的物件，每一個物件都擁有獨一無二的識別字，PHP 是使用物件處理（Object Handles）的指標作為物件的識別字。

事實上，開車時不需要了解車子是如何發動，換擋的變速箱擁有多少個齒輪才能正確的操作，車子對我們來說只是一個黑盒子，唯一要作的是學習如何開好車。同理，沒有什麼人了解電視如何收到訊號，但是我們知道打開電源，更換頻道就可以看到影像。

13-1-2　物件導向程式語言

一種程式語言之所以稱為物件導向程式語言（Object-oriented Programming Language），主要是指程式語言需要支援三種特性：封裝、繼承和多型。

封裝（Encapsulation）

封裝是將資料和處理資料的函數組合起來建立成物件。在 PHP 定義物件是使用「類別」（Class），這是一種抽象資料型態，換句話說，就是替程式語言定義新的資料型態。

繼承（Inheritance）

繼承是物件的再利用，當定義好類別後，其他類別可以繼承此類別的資料和方法，新增或取代繼承物件的資料和方法。

多型（Polymorphism）

多型是物件導向最複雜的特性，類別如果需要處理多種資料型態，我們並不需要針對不同資料型態建立獨立類別，可以直接繼承基礎類別，繼承此類別建立同名方法來處理不同資料型態，因為方法的名稱相同，只是實作的程式碼不同，也稱為「同名異式」（請參閱＜附錄 B：抽象類別、介面與多型＞）。

13-2 類別與物件

PHP 類別是物件的原型或藍圖，可以用來建立物件，這是一種使用者自行定義的資料型態。類別的組成元素有兩種，如下所示：

- 成員資料（Data Member）：物件的資料部分是 PHP 變數、常數或其他物件的「成員變數」（Member Variables），這是物件「屬性」（Properties）的狀態值。

- 成員函數（Member Functions）：物件處理資料的 PHP 函數，稱為「方法」（Methods），這是物件的行為。

13-2-1 宣告類別與建立物件

PHP 類別宣告是物件的原型宣告，我們需要宣告類別後才能建立物件。

PHP 類別宣告

在 PHP 是使用 class 關鍵字宣告類別。例如：產生網頁內容的 BookView 類別，如下所示：

```
class BookView {
   var $id;
   var $title;
   var $price;
   var $page;
   function header() { … }
   function content() { … }
   function footer() { … }
   function getPage() { … }
}
```

上述 BookView 類別使用 var 關鍵字宣告成員變數 $id、$title、$price 和 $page，擁有成員方法 header()、content()、footer() 和 getPage()，即 PHP 函數。

在 PHP 類別宣告存取成員變數需要使用 this 關鍵字加上「->」運算子來存取，如下所示：

```php
$this->page = "<html><head><title>";
$this->page .= "宣告類別與建立物件</title>";
$this->page .= "</head><body>";
```

請注意！上述成員資料的「this->」符號前有「$」，在之後只需變數名稱，並不需要「$」符號。

使用類別建立物件

在 PHP 程式的類別如同資料型態，我們可以使用 new 運算子建立物件。例如：使用 BookView 類別建立物件，如下所示：

```php
$page = new BookView();
```

上述程式碼建立名為 $page 的物件變數，其資料型態是 PHP 的 Object 物件，這是使用 BookView 類別為藍圖建立的物件。不過，$page 儲存的不是物件本身，而是一個物件處理（Object Handles）的數值，類似函數的傳址呼叫，可以讓 PHP 找到物件真正的所在。

在 PHP 程式使用類別建立的每一個物件稱為「實例」（Instances），同一個類別能夠建立多個物件，每一個物件是類別的一個物件實例，所以每一個實例都可以存取自己的成員變數，或呼叫自己的成員方法。

存取物件的成員變數

在 PHP 程式建立物件後，就可以在程式碼指定成員變數值，如下所示：

```php
$page->id = "P797";
$page->title = "ASP.NET網頁設計範例教本";
$page->price = 650;
```

上述 $page 物件變數使用「->」運算子指定成員變數值，請注意！在成員變數前沒有「$」符號。

呼叫物件的成員方法

PHP 物件可以使用存取成員變數的相同方法來呼叫成員方法，如下所示：

```
$page->header();
$page->content();
$page->footer();
echo $page->getPage();
```

上述程式碼呼叫 BookView 類別的成員方法，最後一個方法有回傳值。

程式範例：ch13-2-1.php

在 PHP 程式宣告 BookView 類別產生圖書資料的 HTML 網頁，在建立 $page 物件後，指定物件的成員變數和呼叫成員方法來顯示網頁內容，如下圖所示：

程式內容

```
01: <!DOCTYPE html>
02: <html>
```

→ 接下頁

```
03: <head>
04: <meta charset="utf-8" />
05: <title>ch13-2-1.php</title>
06: </head>
07: <body>
08: <?php
09: class BookView { // 宣告BookView類別
10:     var $id;        // 成員變數
11:     var $title;
12:     var $price;
13:     var $page;      // 儲存網頁內容
14:     // 成員方法
15:     function header() {   // HTML網頁開頭
16:         $this->page = "<html><head><title>";
17:         $this->page .= "宣告類別與建立物件</title>";
18:         $this->page .= "</head><body>";
19:     }
20:     function content() { // 圖書資料
21:         $this->page .= "書號: " . $this->id . "<br/>";
22:         $this->page .= "書名: " . $this->title . "<br/>";
23:         $this->page .= "書價: " . $this->price . "<br/>";
24:     }
25:     function footer() {   // HTML網頁結尾
26:         $this->page .= "</body></html>";
27:     }
28:     function getPage() {
29:         return $this->page; // 傳回網頁內容
30:     }
31: }
32: $page = new BookView();   // 建立物件
33: $page->id = "P797";        // 存取成員變數
34: $page->title = "ASP.NET網頁設計範例教本";
35: $page->price = 650;
36: $page->header();           // 呼叫成員方法
37: $page->content();
38: $page->footer();
39: echo $page->getPage();     // 顯示網頁內容
40: ?>
41: </body>
42: </html>
```

- 第 9~31 列：BookView 類別宣告，在第 10~13 列是成員變數宣告，第 15~30 列是 4 個成員方法，可以產生 HTML 標籤的網頁內容，在第 28~30 列的 getPage() 成員方法取得產生 HTML 網頁內容的字串，即 $page 成員變數值。

- 第 32 列：使用 BookView 類別建立 $page 物件變數。

- 第 33~35 列：指定 $page 物件成員變數的圖書資料。

- 第 36~39 列：呼叫成員方法建立和顯示網頁內容。

13-2-2　成員變數與方法的存取

　　PHP 類別宣告的成員變數或方法可以使用 private、public 和 protected 三種修飾子來指定成員的存取範圍，其說明如下所示：

- private 修飾子：成員變數或方法只能在類別本身呼叫或存取。

- public 修飾子：成員變數或方法是物件對外的使用介面，可以讓 PHP 程式碼呼叫物件的成員方法或存取成員變數。如果沒有使用修飾子，預設是 public。例如：上一節 BookView 類別使用 var 宣告的成員變數或方法，都是 public。

- protected 修飾子：成員變數或方法可以在類別本身和其子類別存取或呼叫，類別的子類別稱為繼承，詳細說明請參閱第 13-3 節。

　　PHP 程式範例：ch13-2-2.php 修改自第 13-2-1 節的 BookView 類別，新增成員變數和方法的存取修飾子，如下所示：

```
class BookView {
   var $id;
   public $title;
```
→ 接下頁

```
   public $price;
   protected $page;
   function header() { … }
   public function content() { … }
   private function bookInfo() { … }
   function footer() { … }
   function getPage() { … }
}
```

上述類別宣告的成員變數 $id、$title 和 $price 是 public 修飾子，$page 是 protected 修飾子。成員方法 content() 是 public 修飾子，head()、footer() 和 getPage() 沒有修飾子也是 public，這些方法是類別的使用介面。bookInfo() 方法是 private 修飾子，如下所示：

```
private function bookInfo() { // 圖書資料
   $this->page .= "書號: " . $this->id . "<br/>";
   $this->page .= "書名: " . $this->title . "<br/>";
   $this->page .= "書價: " . $this->price . "<br/>";
}
```

上述 bookInfo() 方法顯示圖書資訊，只提供給 BookView 類別的 content() 成員方法來呼叫，如下所示：

```
public function content() {
   $this->page .= "<hr/>";
   $this->bookinfo();
   $this->page .= "<hr/>";
}
```

上述 bookInfo() 方法並非對外的使用介面，只有類別的其他方法會呼叫此方法，如同是類別專屬的工具，也稱為「工具函數」（Utility Functions）。

13-2-3　建構子與解構子

　　類別的建構子（Constructors）是物件初始函數，在建立物件時就會自動呼叫此函數來指定成員變數值、開啟資料庫連接或檔案等操作。解構子（Destructors）是物件的善後函數，可以自動呼叫此函數來釋放佔用資源或處理善後工作。例如：關閉資料庫連接或寫入資料至記錄檔（Log File）。

　　PHP 程式範例：ch13-2-3.php 是修改自 ch13-2-2.php 的 BookView 類別，新增建構子和解構子方法，如下圖所示：

　　上述圖例的水平線上方是呼叫建構子方法顯示的訊息文字，最後呼叫解構子方法，可以建立 HTML 檔案 ch13-2-3.html（位在 XAMPP 套件安裝的根目錄 C:\xampp」）。

PHP 類別的建構子方法

　　PHP 類別的建構子方法名稱是 __construct()，在前面有 2 個「_」底線。例如：BookView 類別的建構子方法，如下所示：

```
class BookView {
   ......
   function __construct($id, $title, $price = 650) {
      echo "指定成員變數值...<br>";
      $this->id = $id;
      $this->title = $title;
      $this->price = $price;
   }
   ......
}
```

上述建構子方法是沒有回傳值的 PHP 函數，一樣可以使用參數列和預設參數值，在建構子可以使用參數來指定成員變數值。

PHP 類別的解構子方法

PHP 類別的解構子方法名稱是 __destruct()，在前面有 2 個「_」底線。例如：BookView 類別的解構子方法，如下所示：

```
class BookView {
   ......
   function __destruct() {
      $fp = fopen("ch13-2-3.html", "w");
      echo "建立HTML檔案ch13-2-3.html...<br/>";
      if (fwrite($fp, $this->page))
         echo "將網頁內容寫入HTML檔案成功...<br/>";
      else
         echo "寫入HTML檔案失敗...<br/>";
      fclose($fp);   // 關閉檔案
   }
   ......
}
```

上述解構子方法使用檔案處理，將網頁內容 $page 成員變數寫入 ch13-2-3.html 檔案。

Constructor property promotion 是整合類別的成員變數（屬性）、建構子參數和初始成員變數的一種精簡語法，例如：BMIClass 類別可以計算 BMI 值（PHP 程式範例：ch13-2-3a.php），如下所示：

```
class BMIClass {
    public $w;
    public $h;
    // 建構子方法
    function __construct($w = 75, $h = 175) {
        $this->w = $w;
        $this->h = $h;
    }
    ......
}
```

PHP 8 的 Constructor property promotion 可以簡化 BMIClass 類別宣告的建構子（PHP 程式範例：ch13-2-3b.php），如下所示：

```
class BMIClass {
    // 建構子方法
    public function __construct(
        public $w = 75,
        public $h = 175
    ) {}
    ......
}
```

13-2-4　使用物件的成員變數

PHP 類別的成員變數除了基本資料型態的變數外，還可以使用其他物件的物件變數。例如：在 BookView 類別宣告擁有 Author 物件的作者資料（PHP 程式範例：ch13-2-4.php），如下所示：

```
class BookView {
   private $id;
   private $title;
   private $author;
   private $price;
   private $page;
   function __construct($id,$title,$author,$price=650) {
      $this->id = $id;
      $this->title = $title;
      $this->author = new Author($author);
      $this->price = $price;
   }
   ...
}
```

上述成員變數 $author 是類別 Author 宣告的物件變數，Author 類別宣告，如下所示：

```
class Author {
   public $name;
   function __construct($name) { $this->name=$name; }
}
```

請注意！物件變數 $author 並沒有真正建立物件，所以在 BookView 類別的建構子需要使用 new 運算子建立 Author 物件，如下所示：

```
$this->author = new Author($author);
```

13-2-5　類別常數與靜態成員

PHP 程式範例：ch13-2-5.php 的 Student 類別內含類別常數、靜態成員變數與方法，其中最大學生數是類別常數，老師編號是類別變數，學生數是呼叫類別方法的回傳值。

類別常數

在 PHP 類別宣告可以定義常數。例如：在 Student 類別宣告最大學生數的 MAX_STUDNETS 常數，如下所示：

```
class Student {
   const MAX_STUDENTS = 50;
   ...
}
```

上述程式碼使用 const 宣告類別常數 MAX_STUDENTS，常數不用「$」符號。在 PHP 程式碼可以使用類別名稱 Student 和「::」運算子來取得常數值，如下所示：

```
echo "最大學生數: ".Student::MAX_STUDENTS."<br/>";
```

靜態成員變數與方法

在 PHP 類別宣告可以使用 static 宣告靜態成員的類別變數和方法。例如：在 Student 類別宣告類別變數 $teacherNo、$count 和類別方法 numOfStudents()，如下所示：

```
class Student {
   ...
   public static $teacherNo = "CS1002";
   private static $count = 0;
   ...
   static function numOfStudents() {return self::$count;}
   ...
}
```

上述程式碼宣告的類別變數 $teacherNo 和 $count 使用 private 和 public 修飾子，因為 $teacherNo 是宣告成 public，所以程式碼可以使用類別名稱 Student 和「::」運算子存取變數值和呼叫類別方法，如下所示：

```
echo "指導老師編號: ".Student::$teacherNo."<br/><hr/>";
echo "<hr/>目前學生數: ".Student::numOfStudents()."<br/>";
```

請注意！在類別宣告的成員方法存取類別的靜態成員時，需要使用 self 關鍵字來存取，如下所示：

```
self::$count++;
return self::$count;
```

13-2-6　匿名類別

PHP 7 的「匿名類別」（Anonymous Classes）是一種沒有替類別命名的類別宣告，可以馬上使用 new 運算子來建立物件。匿名類別通常都是使用在只需建立一次物件的情況。

在 PHP 是使用 class() 建立匿名類別（PHP 程式範例：ch13-2-6. php），如下所示：

```
$cal = new class(10) {
    private $opd1;
    // 建構子
    function __construct($opd1){
        $this->opd1 = $opd1;
    }
    // 成員方法
    function multiply($opd2){
        return $this->opd1 * $opd2;
    }
};
```

上述大括號是類別宣告，只是沒有替類別命名，$cal 是物件變數，new 運算子使用匿名類別來建立物件，其建構子參數是乘法的第 1 個運算元值 10，multiply() 成員方法計算乘法的運算結果，方法參數就是乘法的第 2 個運算元，例如：計算 10*15 的值是 150，如下所示：

```
$result = $cal->multiply(15);
```

13-2-7　Nullsafe 運算子

PHP 8 新增 Nullsafe 運算子來取代巢狀 if 條件的 null 檢查，可以避免存取到根本不存在的物件或屬性，產生警告或錯誤訊息（PHP 程式範例：ch13-2-7.php），例如：在 Student 類別宣告擁有 getAddress() 方法來取得地址物件，如下所示：

```
class Student {
    public function getAddress() {}
}
```

然後，我們可以建立 Student 物件 $std，當呼叫 getAddress() 方法取得地址物件後，再存取 city 屬性，如下所示：

```
$std = new Student();
$city = $std->getAddress()->city;
```

很明顯！因為根本沒有地址物件和 city 屬性，所以執行結果會顯示一個警告訊息，如下所示：

Warning: Attempt to read property "city" on null in
C:\xampp\htdocs\ch13\ch13-2-7.php on line 16

巢狀 if 條件的 null 檢查：ch13-2-7a.php

為了避免顯示上述訊息，在 PHP 8 之前版本可以使用巢狀 if 條件來進行 null 檢查，如下所示：

```
$city = null;
if ($std !== null) {
    $address = $std->getAddress();
    if ($address !== null) {
        $city = $address->city;
    }
```

→ 接下頁

```
}
var_dump($city);
```

上述外層 if 條件檢查 $std 是否是 null；內層檢查呼叫 getAddress() 方法的 $address 是否是 null，執行結果只會顯示 NULL，並不會顯示警告訊息。

Nullsafe 運算子：ch13-2-7b.php

PHP 8 可以改用 Nullsafe 運算子，也就是在屬性和方法存取運算子「->」前加上「?」，即「?->」來存取屬性和呼叫方法，其功能和前述巢狀 if 條件的 null 檢查完全相同，如下所示：

```
$city = $std?->getAddress()?->city;
var_dump($city);
```

13-3 類別的繼承

「繼承」（Inheritance）是物件導向程式設計的重要觀念，繼承是一個類別直接繼承現存類別的部分或全部的成員資料和方法，新增額外的成員資料或方法，或覆寫繼承類別的方法。

13-3-1 類別繼承的基礎

類別如果是繼承自其他類別，此類別是繼承類別的「子類別」（Subclass）或「延伸類別」（Derived Class），繼承類別稱為「父類別」（Superclass）或「基礎類別」（Base Class），例如：類別 Car 是繼承自類別 Vehicle，其繼承關係如右圖所示：

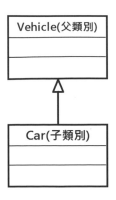

上述 Vehicle 類別是 Car 類別的父類別，反之，類別 Car 是類別 Vehicle 的子類別。如果有多個子類別繼承同一個父類別，則每一個子類別稱為「兄弟類別」（Sibling Classes），如下圖所示：

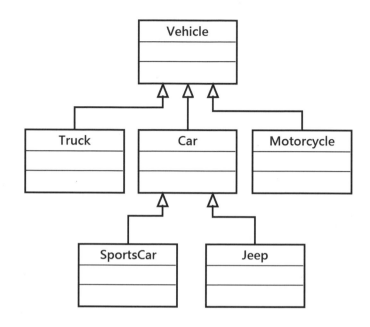

上述 Truck、Car 和 Motorcycle 類別是兄弟類別。類別 Jeep 繼續繼承類別 Car，類別 Jeep 也是類別 Vehicle 的子類別，只是不是直接繼承的子類別。

13-3-2 類別的繼承

PHP 類別只能繼承一個父類別，並不支援多重繼承，即同時繼承多個父類別，繼承的主要目的是擴充現有類別的功能。例如：父類別 Vehicle 的宣告，如下所示：

```php
class Vehicle {
   private $no;
   function setNumber($no) { … }
   protected function showVehicle() { … }
}
```

上述 Vehicle 類別擁有車號 $no 的成員變數和 2 個成員方法。因為車輛可以分成很多種,例如:卡車、機車和轎車等。

以轎車 Car 子類別宣告為例,PHP 是使用 extends 關鍵字擴充父類別,如下所示:

```
class Car extends Vehicle {
   private $doors;
   function __construct($no, $doors = 4) { … }
   function showCar() { … }
}
```

上述 Car 子類別繼承 extends 關鍵字後的 Vehicle 父類別,新增成員變數 $doors 儲存轎車共有多少個門、建構子與成員方法 showCar()。

在子類別可以繼承父類別宣告成 public 和 protected 的成員變數和方法。例如:Car 子類別可以繼承 Vehicle 父類別的成員方法 setNumber() 和 showVehicle() 方法,但是因為成員變數 $no 是宣告成 private,所以不能繼承此成員變數。

在子類別 Car 的建構子或成員方法,可以使用 parent 關鍵字呼叫父類別的成員方法,,如下所示:

```
parent::setNumber($no);
```

上述程式碼在「::」前是 parent,表示呼叫父類別的成員方法,以此例是 setNumber() 成員方法。

程式範例:ch13-3-2.php

在 PHP 程式宣告 Vehicle 類別後,建立 Car 類別繼承 Vehicle 類別,新增 $doors 成員變數和成員方法將車輛資料顯示出來,如下圖所示:

上述圖例顯示 2 輛轎車資料，這是 Car 類別建立的物件，其中車號是繼承自 Vehicle 父類別，幾門是新增的成員變數。

我們可以看出第 1 筆轎車資料的車號和建立物件時的建構子參數不同，因為子類別 Car 可以繼承父類別宣告成 public 成員方法，我們可以呼叫 setNumber() 成員方法指定新車號。

不過，因為 showVehicle() 方法是宣告成 protected，只有子類別的建構子和成員方法可以呼叫，其他 PHP 程式碼並不能呼叫 showVehicle() 方法。

程式內容

```
01: <!DOCTYPE html>
02: <html>
03: <head>
04: <meta charset="utf-8" />
05: <title>ch13-3-2.php</title>
06: <?php
07: class Vehicle {    // 父類別Vehicle類別
08:    private $no;        // 車號
09:    function setNumber($no) { $this->no=$no; }
10:    protected function showVehicle() {   // 顯示車輛資料
11:        echo "車號: " . $this->no . "<br/>";
12:    }
13: }
```

→ 接下頁

```
14: // Car類別宣告，繼承自Vehicle類別
15: class Car extends Vehicle {
16:    private $doors;    // 幾門
17:    // 建構子方法
18:    function __construct($no, $doors = 4) {
19:       parent::setNumber($no);  // 呼叫父類別的成員方法
20:       $this->doors = $doors;
21:    }
22:    function showCar() { // 顯示轎車資料
23:       parent::showVehicle();    // 呼叫父類別的成員函數
24:       echo "幾門: " . $this->doors . "<hr/>";
25:    }
26: }
27: ?>
28: </head>
29: <body>
30: <?php
31: $joe = new Car(1234567);  // 建立物件
32: $jane = new Car(5678924, 5);
33: // 更改車號 - 呼叫繼承的成員方法
34: $joe->setNumber(3456789);
35: $joe->showCar();        // 呼叫物件的成員方法
36: $jane->showCar();
37: ?>
38: </body>
39: </html>
```

程式說明

- 第 7~13 列：Vehicle 類別宣告，包含 1 個成員變數和 2 個成員方法。

- 第 15~26 列：Car 類別繼承自 Vehicle 類別，新增成員變數 $doors、建構子和 showCar() 成員方法，在第 18~21 列的建構子方法呼叫父類別的 setNumber() 成員方法設定父類別的成員變數，因為 $no 是宣告成 private，並不能直接存取。

- 第 22~25 列：showCar() 成員方法是在第 23 列呼叫父類別的 show Vehicle() 成員方法。

- 第 31~32 列：使用 Car 類別建立 $joe 和 $jane 兩個物件變數。

- 第 34 列：呼叫繼承父類別 setNumber() 成員方法指定車號。

- 第 35~36 列：呼叫成員方法 showCar() 顯示轎車資料。

13-3-3　覆寫父類別的成員方法

在父類別的成員方法如果不符合需求，我們可以在子類別宣告同名成員方法來取代父類別的成員方法，稱為「覆寫」（Override），因為方法已經被覆寫，所以呼叫的是子類別的成員方法，不是父類別的方法。

例如：在 Vehicle 父類別擁有 showVehicle() 成員方法需要覆寫，如下所示：

```
class Vehicle {
   private $no;
   function __construct($no) { … }
   protected function showVehicle() { … }
}
```

上述 showVehicle() 方法是需要覆寫的父成員方法，子類別 Car 繼承父類別 Vehicle，如下所示：

```
class Car extends Vehicle {
   private $doors;
   function __construct($no, $doors = 4) { … }
   function showVehicle() { … }
}
```

上述子類別擁有與父類別同名的 showVehicle() 成員方法，在程式碼呼叫 Car 物件的 showVehicle() 成員函數時，就是呼叫子類別 Car 的成員函數，而不是父類別的成員函數。

因為父類別擁有 __construct() 建構子方法，如果子類別沒有建構子方法，就會自動呼叫父類別的建構子方法，當然在子類別也可以使用 parent 關鍵字來呼叫父類別的建構子，如下所示：

```
parent::__construct($no);
```

PHP 程式範例：ch13-3-3.php 是父類別 Vehicle 和子類別 Car 宣告，我們準備在子類別覆寫父類別的成員方法，其執行結果顯示的轎車資料是呼叫 Car 子類別的成員方法 showVehicle()，並不是父類別同名的成員方法，如下圖所示：

13-3-4　PHP 的類別與物件函數

PHP 提供類別與物件函數可以檢查類別或成員方法是否存在、物件是屬於哪一個類別或父類別、取得物件的成員變數和方法清單等，其相關函數的說明，如下表所示：

函數	說明
class_exists(string)	檢查參數字串的類別名稱是否存在，存在回傳 true；否則為 false
get_class($obj)	回傳參數物件的類別名稱
get_parent_class($obj)	回傳參數物件或類別字串的父類別名稱

→ 接下頁

函數	說明
get_object_vars($obj)	回傳參數物件成員變數的結合陣列，鍵值是變數名稱，元素值是變數值
get_class_methods(string)	回傳參數類別名稱字串的成員方法陣列
method_exists($obj,string)	檢查第 1 個參數物件是否有第 2 個參數的成員方法名稱，如果有，回傳 true；否則為 false
is_subclass_of($obj,string)	檢查第 1 個參數物件是否是第 2 個參數類別名稱的子類別，如果是，回傳 true；否則為 false

PHP 程式範例：ch13-3-4.php 使用 include_once() 插入 ch13-3-4.inc 程式檔案的類別宣告，這是修改自 ch13-3-2.php 的父類別 Vehicle 和子類別 Car 的宣告，然後測試上表的類別與物件函數。

13-4　PHP 例外處理

PHP 除了使用第 6 章錯誤處理外，還提供 Java、C# 和 Python 程式語言都擁有的「例外處理」（Handling Exceptions）。PHP 錯誤和例外的差異，如下所示：

● 錯誤（Errors）：發生不可預期的程式執行結果，而且程式本身並無法處理。

● 例外（Exception）：發生不可預期的程式執行結果，但是程式本身可以處理。

13-4-1　PHP 例外處理

PHP 例外處理（Handling Exceptions）也是一種流程控制的程式敘述，可以停止目前程式碼的執行，然後跳到指定區塊來進行錯誤補救。這些錯誤是一種例外物件（Exception），即在 PHP 程式的執行期間，發生了不正常執行狀態時產生的物件。

產生例外物件

PHP 內建 Exception 類別可以建立例外物件，在 PHP 程式是使用 throw 敘述丟出例外。例如：丟出 Exception 例外物件，如下所示：

```
throw new Exception("密碼是空字串!");
```

上述程式碼使用 new 運算子建立例外物件，建構子方法的第 1 個參數是例外說明字串，第 2 個參數是選項的數值錯誤碼。

在 Exception 類別提供數個方法來取得例外的相關資訊，如下表所示：

方法	說明
getMessage()	回傳錯誤訊息的字串，即建構子方法的第 1 個參數
getCode()	回傳錯誤碼，即建構子方法的第 2 個參數
getFile()	回傳產生例外程式檔案的完整路徑
getLine()	回傳產生例外程式碼的行列號
getTrace()	回傳產生例外過程每一個步驟的陣列
getTraceAsString()	類似 getTrace()，可以回傳產生例外過程每一個步驟的字串內容

例外處理程式敘述

PHP 例外處理程式敘述分成 try 和 catch 兩個程式區塊，可以處理特定的例外物件來進行例外的錯誤處理，如下所示：

```
try {
    ...
} catch ( Exception $e ) {
    // 例外處理
    ...
}
```

上述程式區塊的說明，如下所示：

- try 程式區塊：檢查是否有產生例外，當例外產生時，就丟出指定例外類型的物件。

- catch 程式區塊：在 try 程式區塊的程式碼如果丟出例外，就是在 catch 程式區塊處理例外，傳入參數 $e 是例外物件，可以取得例外的相關資訊，如下所示：

```
print "檔案: " . $e->getFile() . "<br/>";
print "行號: " . $e->getLine() . "<br/>";
print "錯誤訊息: " . $e->getMessage() . "<br/>";
```

　　請注意！就算 catch 程式區塊不會使用 Exception 例外物件，PHP 7 也一定需要宣告變數 $e，PHP 8 可以不用宣告變數 $e（PHP 程式範例：ch13-4-1a.php），如下所示：

```
try { …
} catch ( Exception ) {
    …
}
```

程式範例：ch13-4-1.php

　　在 PHP 程式使用 try/catch 例外處理程式敘述來處理例外，例外是修改第 6-6-4 節的 validPassword() 函數，改用 throw 敘述丟出例外物件，如下圖所示：

程式內容

```
01: <!DOCTYPE html>
02: <html>
03: <head>
04: <meta charset="utf-8" />
05: <title>ch13-4-1.php</title>
06: <?php
07: // 檢查使用者密碼, 產生例外物件
08: function validPassword($pass) {
09:    if ( trim($pass) == "" )   // 空字串
10:        throw new Exception("密碼是空字串!");
11:    if ( strlen($pass) <= 4 ) // 密碼太短
12:        throw new Exception("密碼太短!");
13:    if ( is_numeric($pass) )   // 全是數字
14:        throw new Exception("密碼全是數字!");
15: }
16: ?>
17: </head>
18: <body>
19: <?php
20: // 例外處理程式敘述
21: try {
22:    validPassword("1234567");   // 呼叫函數
23: } catch ( Exception $e ) {   // 處理例外物件
24:    print "檔案: " . $e->getFile() . "<br/>";
25:    print "行號: " . $e->getLine() . "<br/>";
26:    print "錯誤訊息: " . $e->getMessage() . "<br/>";
27:    exit();
28: }
29: echo "例外處理的程式敘述結束....<br/>";
30: ?>
31: </body>
32: </html>
```

程式說明

- 第 8~15 列：validPassword() 函數使用多個 if 條件判斷參數的密碼格式，然後使用 throw 敘述丟出不同的例外物件。

- 第 21~28 列：try/catch 例外處理程式敘述，在 22 列呼叫函數丟出例外物件，第 23~28 列的 catch 程式區塊顯示產生例外的相關資訊。

13-4-2 繼承 Exception 類別

PHP 程式除了可以使用現成 Exception 類別建立例外物件外，我們還可以繼承 Exception 類別建立自訂例外子類別，其主要目的如下所示：

● 在 try/catch 程式敘述可以區分不同錯誤產生的例外物件。

● 在子類別可以新增所需的成員方法。

例如：驗證密碼錯誤的 ValidException 例外類別宣告，如下所示：

```
class ValidException extends Exception {
   function getMyMessage() {
      print "檔案: ".$this->getFile()."<br/>";
      print "行號: ".$this->getLine()."<br/>";
      print "錯誤訊息: ".$this->getMessage()."<br/>";
   }
}
```

上述程式碼是自訂的 ValidException 例外類別，繼承 Exception 類別來新增 getMyMessage() 方法。

程式範例：ch13-4-2.php

在 PHP 程式使用例外處理程式敘述處理自訂 ValidException 例外，可以呼叫新增方法來顯示相關訊息，如下圖所示：

上述圖例是呼叫自訂例外 ValidException 物件的 getMyMessage() 方法顯示的訊息文字。

程式內容

```php
01: <!DOCTYPE html>
02: <html>
03: <head>
04: <meta charset="utf-8" />
05: <title>ch13-4-2.php</title>
06: <?php
07: // ValidException類別
08: class ValidException extends Exception {
09:     function getMyMessage() {
10:         print "檔案: ".$this->getFile()."<br/>";
11:         print "行號: ".$this->getLine()."<br/>";
12:         print "錯誤訊息: ".$this->getMessage()."<br/>";
13:     }
14: }
15: // 檢查使用者密碼, 產生例外物件
16: function validPassword($pass) {
17:     if ( trim($pass) == "" )   // 空字串
18:         throw new ValidException("密碼是空字串!");
19:     if ( strlen($pass) <= 4 ) // 密碼太短
20:         throw new ValidException("密碼太短!");
21:     if ( is_numeric($pass) )   // 全是數字
22:         throw new ValidException("密碼全是數字!");
23: }
24: ?>
25: </head>
26: <body>
27: <?php
28: // 例外處理程式敘述
29: try {
30:     validPassword("a123");         // 呼叫函數
31: } catch ( ValidException $e ) { // 處理例外物件
32:     $e->getMyMessage();             // 顯示錯誤訊息
33:     exit();
34: }
35: echo "例外處理的程式敘述結束....<br/>";
36: ?>
37: </body>
38: </html>
```

程式說明

- 第 8~14 列：ValidException 類別是繼承自 Exception 類別，在第 9~13 列新增 getMyMessage() 方法顯示自訂的錯誤訊息文字。

- 第 16~23 列：validPassword() 函數使用多個 if 條件判斷參數的密碼格式，然後使用 throw 敘述丟出不同的 ValidException 例外物件。

- 第 29~34 列：try/catch 例外處理程式敘述處理 ValidException 例外，在第 30 列呼叫函數丟出例外物件，第 31~34 列的 catch 程式區塊呼叫 getMyMessage() 方法顯示錯誤資訊。

13-5 物件導向介面的資料庫存取

PHP 的 ext/mysqli 擴充程式支援物件導向介面的資料庫存取，和使用 Prepared Statement 來執行 SQL 指令。

13-5-1 使用物件導向介面的資料庫存取

PHP 的 ext/mysqli 擴充程式可以使用物件導向介面來存取資料庫（PHP 程式範例 ch13-5-1.php），如下所示：

```
$mysqli = new mysqli("localhost","root","A12345678");
```

上述程式碼使用 new 運算子建立 $mysqli 物件，這是資料庫連接物件，其建構子參數和呼叫 mysqli_connect() 函數相同。在成功建立 $mysqli 物件後，可以呼叫相關方法來存取資料庫，如下所示：

```
$mysqli->select_db("myschool");
$result = $mysqli->query($sql);
```

上述程式碼呼叫 select_db() 方法選擇 myschool 資料庫，query() 方法執行 SQL 查詢取得結果物件 $result。在呼叫成員方法時不需要指明資料庫連接，因為資料庫連接資訊已經儲存在 $mysqli 物件。

在取得 $result 物件後，取出記錄資料是呼叫 $result 結果物件的方法和存取成員變數，如下所示：

```php
$total_fields = $result->field_count;
$total_records = $result->num_rows;
while( $row = $result->fetch_assoc() ){
   echo $row["sno"]."-".$row["name"]."<br/>";
}
$result->close();
```

上述程式碼取得成員變數 field_count 的欄位數，num_rows 是記錄數。呼叫 fetch_assoc() 方法取得記錄資料的結合陣列，close() 方法釋放結果物件佔用的記憶體空間。最後呼叫 $mysqli 物件的 close() 方法關閉資料庫連接，如下所示：

```php
$mysqli->close();
```

在書附「ch11~ch13」資料夾的 PHP 程式範例都有提供物件導向介面版本，其檔名是使用 object.php 結尾。

13-5-2　使用 Prepared Statement 執行 SQL 指令

PHP 的 ext/myqli 擴充程式支援 Prepared Statement，可以預先建立 SQL 指令字串後，使用參數來指定欄位值，如下所示：

```php
$sql ="INSERT INTO students (sno, name, address, ";
$sql.="birthday) VALUES (?,?,?,?)";
```

上述 SQL 語言的 INSERT 指令字串擁有 4 個「?」號，表示這些欄位值是參數，尚未指定值。接著，我們需要呼叫 mysqli_prepere() 函數建立 Prepared Statement 物件 $stmt，如下所示：

```
$stmt = mysqli_prepare($link, $sql);
```

上述函數建立 $stmt 物件後，呼叫 bind_param() 方法將參數對應到指定的變數值，如下所示：

```
$stmt->bind_param("ssss",$sno,$name,$address,
                          $birthday);
```

上述 bind_param() 方法的第 1 個參數指定之後各變數連繫的資料型態，其說明如下表所示：

連繫型態	說明
"i"	INT 型態
"d"	DOUBLE 和 FLOAT 型態
"b"	BLOB 型態
"s"	其他型態

第 1 個參數 "ssss" 表示之後 4 個變數的連繫資料型態分別為 "s"、"s"、"s" 和 "s"，bind_param() 方法在第 2 個參數之後的變數名稱，是對應 SQL 指令中「?」號出現的順序，第 1 個「?」對應第 2 個參數的變數名稱，第 2 個對應第 3 個參數，以此類推。

現在，SQL 指令的「?」參數已經對應到指定變數名稱後，就可以指定變數值，如下所示：

```
$sno = $_POST["Sno"];
$name = $_POST["Name"];
$address = $_POST["Address"];
$birthday = $_POST["Birthday"];
```

上述程式碼指定變數值，相當於指定 SQL 指令的參數值。當建立好完整的 SQL 指令字串後，就可以呼叫 $stmt 物件的 execute() 方法執行 SQL 指令，如下所示：

```
$stmt->execute();
echo "資料庫新增記錄成功，影響記錄數: ".
    $stmt->affected_rows . "<br/>";
```

上述程式碼在執行 SQL 指令後，顯示影響記錄數的 affected_rows 成員變數值，最後呼叫 close() 方法關閉 $stmt 物件，如下所示：

```
$stmt->close();
```

程式範例：ch13-5-2.php

在 PHP 程 式 的 HTML 表 單 輸 入 學 生 資 料 後，使 用 Prepared Statement 執行 SQL 指令在 students 資料表新增一筆學生記錄，PHP 程式本身就是表單處理程式，如下圖所示：

上述表單欄位輸入學生資料後，按**新增**鈕新增一筆記錄，也就是執行本身的 ch13-5-2.php 表單處理程式，可以顯示成功新增記錄和影響的記錄數為 1 筆（物件導向介面版本是 ch13-5-2object.php）。

程式內容

```
01: <!DOCTYPE html>
02: <html>
03: <head>
04: <meta charset="utf-8" />
05: <title>ch13-5-2.php</title>
06: </head>
07: <body>
08: <?php
09: // 是否是表單送回
10: if (isset($_POST["Insert"])) {
11:     // 開啟MySQL的資料庫連接
12:     $link = @mysqli_connect("localhost","root","A12345678")
13:           or die("無法開啟MySQL資料庫連接!<br/>");
14:     mysqli_select_db($link, "myschool");  // 選擇資料庫
15:     // 建立新增記錄的SQL指令字串
16:     $sql ="INSERT INTO students (sno, name, address, ";
17:     $sql.="birthday) VALUES (?,?,?,?)";
18:     if ( $stmt = mysqli_prepare($link, $sql) ) {
19:         // 連繫參數的變數
20:         $stmt->bind_param("ssss",$sno,$name,$address,
21:                             $birthday);
22:         $sno = $_POST["Sno"];
23:         $name = $_POST["Name"];
24:         $address = $_POST["Address"];
25:         $birthday = $_POST["Birthday"];
26:         $stmt->execute();   // 執行SQL指令
27:         echo "資料庫新增記錄成功, 影響記錄數: ".
28:              $stmt->affected_rows . "<br/>";
29:         $stmt->close();     // 關閉Prepared Statement
30:     }
31:     else
32:         exit("資料庫新增記錄失敗<br/>");
33:     mysqli_close($link);        // 關閉資料庫連接
34: }
35: ?>
36: <form action="ch13-5-2.php" method="post">
37: <table border="1">
```

→ 接下頁

```
38: <tr><td>學號:</td>
39:     <td><input type="text" name="Sno" size ="6"/></td>
40: </tr><tr><td>姓名:</td>
41:     <td><input type="text" name="Name" size="12"/></td>
42: </tr><tr><td>住址:</td>
43:     <td><input type="text" name="Address" size="25"/></td>
44: </tr><tr><td>生日:</td>
45:     <td><input type="text" name="Birthday" size="10"/>
46:      </td></tr>
47: </table><hr/>
48: <input type="submit" name="Insert" value="新增"/>
49: </form>
50: </body>
51: </html>
```

程式説明

- 第 16~17 列：建立新增記錄的 SQL 指令，內含「?」的參數。

- 第 18~32 列：if/else 條件呼叫 mysqli_prepare() 函數建立 $stmt 物件，然後 在第 20~21 列使用 bind_param() 方法將參數對應到指定的變數值，第 22~25 列指定變數值。

- 第 26~29 列：呼叫 $stmt 物件的 execute() 方法執行 SQL 指令後，顯示影響記錄數的 affected_rows 成員變數值，最後呼叫 close() 方法關閉 $stmt 物件。

- 第 36~49 列：輸入新增記錄所需欄位值的 HTML 表單。

13-6 應用實例：網路商店

網路商店是一家銷售商品的虛擬店面，網路商店和一般商店一樣都是開店作生意，只不過是開在不同舞台，網路商店沒有實際店面，只是模擬現實生活的方式來採購商品，將選購商品放入購物車。

13-6-1　網路商店的程式架構

網路商店的圖書產品資料是儲存在 books 資料表，購物車是使用 class.Cart.php 的 Cart 類別（https://github.com/seikan/Cart）來實作，使用 Cart 物件來儲存選購的商品資料，其架構如下圖所示：

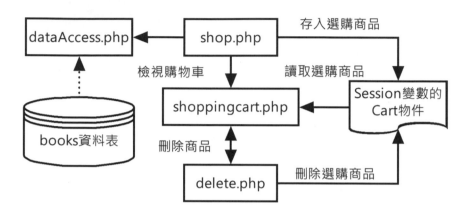

上述 shop.php 是網路商店的商品目錄，透過 dataAccess.php 存取資料庫，在輸入購買數量後，建立 Cart 物件儲存選購商品。檢視購物車是執行 shoppingcart.php，如果購物車清單有不想購買的商品，請點選**刪除**超連結，可以執行 delete.php 刪除選購商品。

網路商店的 MySQL 資料庫 **shop** 擁有資料表 books，其資料表欄位如下所示：

資料表：books			
欄位名稱	**MySQL 資料類型**	**大小**	**欄位說明**
bookid	VARCHAR	6	書號（主鍵）
booktitle	VARCHAR	50	書名
bookauthor	VARCHAR	10	作者
bookprice	DOUBLE	N/A	書價

13-6-2　網路商店的使用

網路商店在執行前請參考第 10-5-2 節執行 shop.sql 建立 shop 資料庫。接著啟動 Google Chrome 執行 PHP 程式 shop.php 的網址：http://localhost:8080/ch13/shop/shop.php，可以顯示網路商店銷售的商品清單，即網路商店的產品目錄，如下圖所示：

選購商品

在商品清單的**數量**欄位輸入購買數量，按**訂購**鈕，可以將商品放入購物車。

檢視購物車

點選下方**檢視購物車內容**超連結，可以看到目前選購的商品清單、商品小計和購物車總價，如下圖所示：

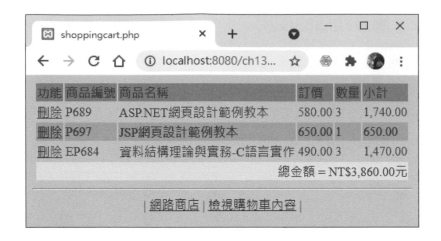

在購物車表格前點選**刪除**超連結，可以刪除選購的商品。

13-6-3　網路商店的程式説明

網路商店應用實例共有 5 個 PHP 程式檔案，class.Cart.php 是購物車類別檔（https://github.com/seikan/Cart），dataAccess.php 是第 13-5-1 節物件導向介面的資料庫存取類別。shop.sql 可以建立 shop 資料庫。

PHP 程式：shop.php

PHP 程式 shop.php 使用 HTML 表格顯示銷售商品，和提供選購商品的表單欄位，商品內容是 books 資料表的記錄資料。HTML 表單處理是建立 Cart 物件儲存使用者選購的商品，如下所示：

```
......
07: // 設定報告等級
08: error_reporting(E_ERROR | E_WARNING);
09: require_once "class.Cart.php";  // 插入購物車的PHP類別檔
10: session_start();    // 啟用交談期
11: $cart =& $_SESSION['classCart']; // 指向購物車物件
12: if( !is_object($cart) ) {
13:    $cart = new Cart([  // 建立購物車物件
```

→ 接下頁

```
14:        "cartMaxItem"      => 0,
15:        "itemMaxQuantity"  => 99,
16:        "useCookie"        => false,
17:    ]);
18: }
19: $msg = "";
```

上述第 8 列指定錯誤報告等級，不顯示 E_NOTICE 錯誤等級，在第 9 列插入購物車元件的類別檔後，在第 10 列啟用交談期，第 11 列是使用參考變數取得指向購物車物件的 Session 變數。

在第 12~18 列的 if 條件判斷是否是物件，如果不是，在第 13~17 列建立 Cart 物件，參數是一個結合陣列，carMaxItem 是最大項目數（0 是無限）；itemMaxQuantity 是最大數量（0 是無限）；useCookie 值 true 使用 Cookie 儲存購物車，false 是不使用。在下方第 21~34 列的 if 條件是 HTML 表單處理的程式碼，如下所示：

```
20: // 檢查是否是表單送回
21: if ( isset($_POST["Order"]) ) {
22:    // 新增至購物車
23:    $id = $_POST["BookID"];  // 取得表單欄位
24:    $title = $_POST["BookTitle"];
25:    $price = $_POST["BookPrice"];
26:    $quantity = $_POST["Quantity"];
27:    if ( $quantity == "" ) $quantity = 1;
28:    $cart->add($id,$quantity,[
29:       "price" => $price,
30:       "title" => $title
31:    ]);
32:    $msg = "<font color='red'>已將選購商品".$id;
33:    $msg .= "放入購物車!</font><br/>";
34: }
35: ?>
```

上述第 23~26 列取得輸入欄位值，在第 28~31 列呼叫 add() 方法，將選購商品存入購物車，第 1 個參數是唯一的 ID 值，第 2 個是數量，第 3 個參數是額外資訊，這是書名和書價的結合陣列。

PHP 程式 shoppingcart.php 是網路商店購物車，呼叫 Cart 物件的方法一一取出選購商品來顯示購物車內容，如下所示：

```
......
12: <?php
13: // 設定報告等級
14: error_reporting(E_ERROR | E_WARNING);
15: require_once "class.Cart.php";   // 插入購物車的PHP類別檔
16: session_start();   // 啟用交談期
17: $cart =& $_SESSION['classCart']; // 指向購物車物件
18: if( !is_object($cart) ) {
19:     $cart = new Cart([   // 建立購物車物件
20:         "cartMaxItem"      => 0,
21:         "itemMaxQuantity"  => 99,
22:         "useCookie"        => false,
23:     ]);
24: }
25: $flag = false;
```

上述第 14~24 列的程式碼和 shop.php 相同。在下方第 26~58 列的 if/else 條件呼叫 isEmpty() 方法檢查購物車是否有選購商品，如果不是空的，就在第 29~52 列使用二層 foreach 迴圈配合 getItems() 方法取出每一個選購商品的結合陣列，這是一個巢狀陣列，如下所示：

```
26: if(!$cart->isEmpty()) { // 檢查購物車是否有商品
27:     $total = 0;
28:     // 顯示購物車的內容
29:     foreach($cart->getItems() as $items) {
......
37:         foreach($items as $item) {
38:             $quantity = $item['quantity'];
39:             $price = $item['attributes']['price'];
40:             $subtotal = $quantity * $price;
41:             echo "<tr bgcolor='".$color."'>";
42:             echo "<td><a href='delete.php?Id=".$item['id']."'>";
43:             echo "刪除</a></td>";
```

→ 接下頁

```
44:          // 顯示選購的商品資料
45:          echo "<td>".$item['id']."</td>";
46:          echo "<td>".$item['attributes']['title']."</td>";
47:          echo "<td>".number_format($price,2)."</td>";
48:          echo "<td>".$quantity."</td>";
49:          echo "<td>".number_format($subtotal,2)."</td>";
50:        }
51:      $total = $total + $subtotal;
52:    }
53:    echo "<tr bgcolor=yellow><td colspan='6' align='right'>";
54:    echo "總金額 = NT$".number_format($total,2)."元</td></tr>";
55: }
56: else {
57:    echo "目前購物車沒有選購商品!";
58: }
59: ?>
......
```

上述外層 foreach 迴圈取出每一個商品，第 37~50 列的內層 foreach 迴圈取出每一個商品的資訊，在第 40 行計算商品小計後，第 45~49 列顯示每一列選購商品的資訊，和使用 number_format() 函數轉換成貨幣格式，在第 51 列計算購物車的總價，第 54 行顯示購物車的總金額，如果購物車是空的，在第 57 列顯示購物車沒有商品的訊息文字。

PHP 程式：delete.php

PHP 程式 delete.php 可以刪除購物車選購的商品，這是呼叫 remove() 方法來刪除項目，如下所示：

```
......
16: $cart->remove($id);  // 刪除商品
17: header("Location: shoppingcart.php");  // 轉址
18: ?>
```

上述第 16 列在取得 URL 參數 Id 後，呼叫 remove() 方法刪除商品，然後在第 17 列轉址回到 shoppingcart.php。

學習評量

( ) 1. 請問 PHP 程式的類別宣告是使用下列哪一個關鍵字？

A. object　　B. class　　　C. function　　D. extends

( ) 2. 如果 PHP 類別的成員變數或方法只能在類別本身呼叫或存取，
我們需要使用下列哪一種存取修飾子來宣告？

A. public　　B. protected　C. private　　D. final

( ) 3. 請問 PHP 程式存取物件成員變數和方法是使用哪一種運算子？

A. this　　　B. this->　　C.「->」　　D.「.」

( ) 4. 請問 PHP 程式是使用下列哪一個運算子來建立物件？

A. new　　　B. create　　C. new_object　　D. object

( ) 5. 在 PHP 程式呼叫類別方法是使用下列哪一個運算子？

A.「.」　　　B.「->」　　C.「%%」　　D.「::」

( ) 6. 當 PHP 類別宣告的建構子或方法需要存取本身的成員變數或方
法時，請問我們需要使用下列哪一個關鍵字來存取？

A. self　　　B. this　　　C. parent　　D. new

( ) 7. 在 PHP 子類別可以使用下列哪一個關鍵字呼叫父類別的建構
子？

A. self　　　B. this　　　C. parent　　D. new

( ) 8. PHP 內建 Exception 類別可以建立例外物件，在 PHP 程式碼
是使用下列哪一個敘述丟出例外？

A. catch　　B. try　　　　C. new　　　D. throw

( ) 9. PHP 例外處理程式敘述是在下列哪一個程式區塊來處理例外？

     A. catch   B. try   C. new   D. throw

( ) 10. 在 Prepared Statement 預先建立 SQL 指令字串中，我們是使用下列哪一個符號來表示這些欄位值是參數，尚未指定值？

     A.「％」   B.「？」   C.「#」   D.「$」

簡答題

1. 物件導向程式語言的三種特性：＿＿＿＿＿＿、＿＿＿＿＿＿ 和 ＿＿＿＿＿＿。

2. 在程式中使用類別建立的每一個物件稱為 ＿＿＿＿＿（Instances）。當類別宣告需要存取本身的成員變數時，就是使用 ＿＿＿＿ 關鍵字加上 ＿＿＿＿ 運算子來存取。

3. 請說明 PHP 類別宣告成員變數或方法的三種存取修飾子？

4. 請簡單說明建構子和解構子的目的和用途？PHP 統一的建構子名稱 ＿＿＿＿＿＿＿，和解構子名稱 ＿＿＿＿＿＿＿。

5. 在 PHP 子類別是使用 ＿＿＿＿＿＿ 關鍵字擴充父類別。PHP 子類別 Car 的成員函數呼叫父類別成員函數 show() 的程式碼 ＿＿＿＿＿＿。

6. 請說明什麼是匿名類別？Nullsafe 運算子？方法的覆寫（Override）？

7. 請說明何謂 PHP 例外處理，例外處理程式敘述分成 ＿＿＿＿ 和 ＿＿＿＿ 兩個程式區塊，＿＿＿＿＿ 區塊是可能發生例外的程式區塊，＿＿＿＿＿ 區塊是例外的錯誤處理。

8. 請說明 PHP 程式繼承 Exception 類別建立自訂例外子類別的目的？

9. 請舉例說明 ext/mysqli 擴充程式的物件導向介面資料庫存取？什麼是 Prepared Statement？

10. 當 PHP 程式使用物件導向介面取得 $result 結果物件後，成員變數 ＿＿＿＿＿＿ 可以取得欄位數，＿＿＿＿＿＿ 取得記錄數。

實作題

1. 請建立 PHP 程式建立 Book 圖書資料類別，類別擁有 id、title、author 和 price 成員變數的書號、書名、作者和書價，然後新增建構子、以書號取出圖書 getBook() 和顯示圖書資料的 showbook() 方法。

2. 請在 PHP 程式建立 Bicycle 單車的父類別，內含色彩、車型和車價等成員變數，然後繼承此類別建立 RacingBike（競速單車），新增**幾段變速**的成員變數和顯示單車資訊的方法。

3. 請將第 6 章實作題 8 的錯誤處理改為 PHP 例外處理來實作。

4. 請繼續實作題 3 建立驗證電子郵件錯誤的 ValidEmailException 例外子類別，和新增 getEmailErrorMessage() 方法顯示錯誤訊息。

5. 請將第 11 章實作題 1 和 2 的 PHP 程式都改為物件導向介面的版本。

6. 請修改第 12-4-2 節更新和刪除記錄的 PHP 程式，改用第 13-5-2 節的 Prepared Statement 來執行 SQL 指令。

14

AJAX、JSON 與 REST API

14-1　AJAX 的基礎

　　AJAX 是 Asynchronous JavaScript And XML 的縮寫，即非同步 JavaScript 和 XML 技術。AJAX 可以讓 Web 應用程式如同 Windows 應用程式一般，在瀏覽器建立快速、更佳和容易使用的操作介面。

14-1-1　非同步 HTTP 請求

　　AJAX 技術核心是非同步 HTTP 請求（Asynchronous HTTP Requests），此種 HTTP 請求可以不用等待伺服端回應，即可讓使用者執行其他互動操作，例如：更改購物車的購買商品數量後，不需等待重新載入整頁網頁，或自行按下按鈕來更新網頁內容，就可以接著輸入送貨的相關資訊。

　　非同步 HTTP 請求可以讓網頁使用介面，不會因為 HTTP 請求的等待回應而中斷，因為同步 HTTP 請求需要重新載入整頁網頁內容，如果網路稍慢，可能看見空白頁和網頁逐漸載入的過程，這是和 Windows 應用程式使用者介面之間的最大差異。

同步 HTTP 請求

　　傳統 HTTP 請求過程是同步 HTTP 請求（Synchronous HTTP Requests），當使用者在瀏覽器網址欄輸入 URL 網址後，按 Enter 鍵，可以將 HTTP 請求送至 Web 伺服器，在處理後，將請求結果的 HTML 網頁傳回客戶端來顯示，如下圖所示：

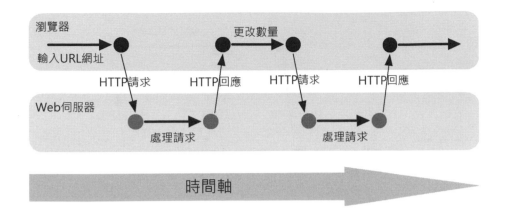

　　上述圖例在瀏覽器輸入網址後，將 HTTP 請求送至 Web 伺服器，在處理後，產生購物車網頁傳回瀏覽器顯示，如果數量不對，在更改後，再次送出 HTTP 請求，和取得回應。

　　在同步 HTTP 請求的過程中，回應內容都是整頁網頁，所以在等待回應的時間中，使用者唯一能作的就是等待，需要等到回應後，使用者才能執行下一階段的互動，例如：輸入送貨資料。

　　所以，使用者在網頁輸入資料的互動操作是和 HTTP 請求同步，其過程依序是輸入資料、送出 HTTP 請求、等待、取得 HTTP 回應和顯示結果，完成整個流程後，才能進行下一次互動。

非同步 HTTP 請求

　　AJAX 技術是使用非同步 HTTP 請求，除了第 1 次載入網頁外，HTTP 請求是在背景使用 XMLHttpRequest 物件送出，在送出後，不需要等到回應，所以不會影響使用者在瀏覽器上的互動，如下圖所示：

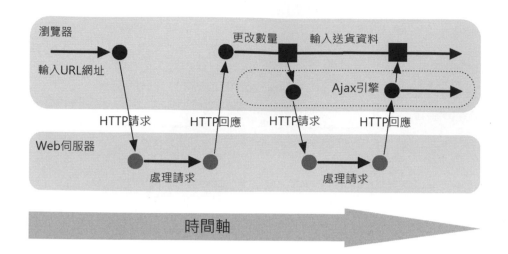

上述圖例在瀏覽器第 1 次輸入網址後，將 HTTP 請求送至 Web 伺服器，在處理後，產生購物車網頁傳回瀏覽器顯示，如果數量不對，在更改後，就是透過 JavaScript 建立的 AJAX 引擎（AJAX Engine）送出第 2 次 HTTP 請求，因為是非同步，所以不用等到 HTTP 回應，使用者可以繼續輸入送貨資料。

當送出第 2 次 HTTP 請求在伺服器處理完畢後，AJAX 引擎可以取得回應資料的 XML DOM，然後更新指定標籤物件的內容，即更改數量，所以不用重新載入整頁網頁內容。

AJAX 的 HTTP 請求和使用者輸入資料等互動操作是非同步的，因為 HTTP 請求是在背景執行，執行後也不需等待回應，而是由 AJAX 引擎處理請求、回應和顯示，使用者操作完全不會因為 HTTP 請求而中斷。

14-1-2　AJAX 應用程式架構

AJAX 應用程式架構的最大差異是在客戶端，新增 JavaScript 撰寫的 AJAX 引擎來處理 HTTP 請求，和取得伺服端回應的 JSON 或 XML 資料，如下圖所示：

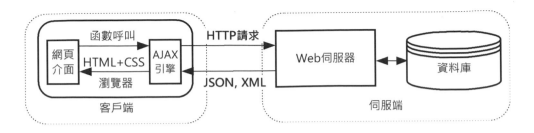

上述圖例的瀏覽器一旦顯示網頁介面後，所有使用者互動所需的 HTTP 請求都是透過 AJAX 引擎（在本章是使用 jQuery 函式庫）送出，並且在取得回應資料後，更新網頁介面的部分內容。

此時，因為 HTTP 請求都是在背景處理，所以不會影響網頁介面的顯示，使用者不再需要等待伺服端的回應，就可以進行相關互動，可以大幅改進使用介面的操作，建立更快速、更佳和容易使用的 Web 操作介面。

14-2 jQuery 的 AJAX 方法

jQuery 函式庫提供功能強大的 AJAX 方法，可以幫助我們建立跨瀏覽器相容的 AJAX 應用程式。

14-2-1 jQuery 的 AJAX 方法簡介

AJAX 請求的第一步是建立 XMLHttpRequest 物件，雖然 Internet Explorer、Edge、Firefox、Safari、Chrome 和 Opera 等瀏覽器都提供 XMLHttpRequest 物件。不過，有些是內建物件；有些不是，所以，不同瀏覽器使用 JavaScript 建立 XMLHttpRequest 物件的程式碼也不同。

jQuery 函式庫提供多種方法來提出 XHR 請求（即 XMLHttpRequest 請求），而不用自行判斷使用的瀏覽器來建立 XMLHttpRequest 物件，可以大幅減少程式碼的複雜度，輕鬆建立跨瀏覽器的 AJAX 應用程式。其相關方法的說明如下表所示：

方法	說明
load()	將伺服端的遠端文件使用 AJAX 請求來載入
getScript()	使用 AJAX 請求執行伺服端 JavaScript 程式檔案
get()	使用 HTTP GET 方法送出 AJAX 請求和取得回應
post()	使用 HTTP POST 方法送出 AJAX 請求和取得回應
getJSON()	使用 HTTP GET 方法以 AJAX 請求來取得伺服端的 JSON 資料
ajax()	使用 XMLHttpRequest 物件送出 AJAX 請求

14-2-2 使用 jQuery 的 AJAX 方法

我們可以使用 jQuery 函式庫的方法送出 AJAX 請求，雖然 jQuery 提供多種 AJAX 方法，事實上，都是呼叫 ajax() 方法送出 HTTP 請求。

ajax() 方法

jQuery 的 ajax() 方法是 jQuery 的 AJAX 技術核心，這是一個功能強大和能夠客製化的 AJAX 方法，其語法也最為複雜，如下所示：

```
$.ajax({
  type: 'GET',
  url:  'getDateTime.php',
  data: { name : nameVal,
          type : typeVal },
  success: function(data) {
     // 處理傳回的資料
  }
});
```

上述方法參數只有一個，即大括號包圍鍵和值的物件文字值，其常用選項參數的屬性說明，如下表所示：

屬性	說明
type	HTTP 請求的方式是 GET 或 POST
url	目標的 URL 網址
data	傳送至伺服器的資料
success	成功事件，當請求成功時執行的回撥函數
error	失敗事件，當請求失敗時執行的回撥函數
complete	完成事件，不論成功或失敗，請求完成時執行的回撥函數
beforeSend	送出之前事件，當送出 AJAX 的 HTTP 請求之前執行的回撥函數

AJAX 事件

jQuery 的 AJAX 事件是在 AJAX 送出 HTTP 請求的過程中觸發的一些 jQuery 自訂事件，我們可以在 $.ajax() 方法參數定義事件，如下所示：

```
$.ajax({
  type: 'GET',
  url:  'postDateTime.php',
  error: function() {
     alert("載入網頁錯誤!");
  },
  success: function(data) {
     alert("載入網頁成功!");
  }
});
```

上述 ajax() 方法參數中的 error 和 success 就是事件，請參閱本節前 ajax() 方法的屬性說明表格。

程式範例：ch14-2-2.php、ch14-2-2.js、ch14-2-2.css、getDateTime.php

在 PHP 程式使用 ajax() 方法送出 HTTP GET 請求，可以取得伺服端回應的 XML 文件，其內容就是我們送出的姓名，和伺服器的日期或時間資料，如下圖所示：

請輸入姓名和選擇取回日期或時間後，**按送出**鈕，不用重新載入網頁，就可以在下方紅色框顯示回應的日期資料和姓名，這就是我們送出的姓名資料。

點選**載入網頁**按鈕，可以看到訊息視窗顯示 AJAX 事件的錯誤訊息，如下圖所示：

程式內容：ch14-2-2.css

```
01: .box {
02:     width: 80%;
03:     background-color: #ffffff;
04:     border: 2px solid red;
05:     padding: 10px;
06: }
```

程式説明

● 第 1~6 列：紅色外框的 CSS 樣式。

程式內容：ch14-2-2.js

```
01: $(document).ready(function() {
02:     $("form").submit( function() {
03:        // 取得表單欄位值
04:        var typeVal = $('#type').val();
05:        var nameVal = $('#name').val();
06:        // 使用HTTP GET方法送出AJAX請求
07:        $.AJAX({
08:          type: 'GET',
09:          url:  'getDateTime.php',
10:          data: { name : nameVal,
11:                  type : typeVal },
12:          success: function(data) {
13:             // 顯示傳回的資料
14:             $('#date').html($(data).find('date').text());
15:             $('#myname').html($(data).find('name').text());
16:          }
17:        });
18:        return false;
19:     });
20:     $('a.tabs').click(function() {
21:        $.AJAX({
22:          type: 'GET',
23:          url:  'postDateTime.php',
24:          error: function() {
25:             alert("載入網頁錯誤!");
26:          },
27:          success: function(data) {
28:             alert("載入網頁成功!");
29:          }
30:        });
31:        return false;
32:     });
33: });
```

- 第 2~19 列：form 元素的 submit 事件處理，在第 4~5 列取得表單欄位值，第 7~17 列使用 ajax() 方法送出 HTTP GET 請求，在第 10~11 列是傳遞的資料，第 12~16 列是請求成功後執行的回撥函數，使用 find() 方法取出 date 和 name 元素的內容。

- 第 24~29 列：AJAX 事件 error 和 success。

程式內容：ch14-2-2.php

```
01: <!DOCTYPE html>
02: <html>
03: <head>
04: <meta charset="utf-8" />
05: <title>ch14-2-2.php</title>
06: <link rel="stylesheet" href="ch14-2-2.css">
07: <script src="jquery-3.6.0.min.js"></script>
08: <script src="ch14-2-2.js"></script>
09: </head>
10: <body>
11: <form action="">
12:     <div>
13:         <label for="name">姓名:</label>
14:          <input type="text" name="name" id="name" value="陳會安"/>
15:     </div><br/>
16:     <div>
17:         <select id="type" name="type">
18:          <option value="date" selected>日期</option>
19:          <option value="time">時間</option>
20:         </select>
21:     </div><br/>
22:     <input type="submit" value="送出"/>
23: </form><br/>
24: <div class="box">
25:     <div id="date"></div><br/>
26:     <div id="myname"></div>
27: </div><br/>
```

→ 接下頁

```
28: <a href="" class="tabs">載入網頁</a><br/>
29: </body>
30: </html>
```

程式說明

● 第 11~23 列：HTML 表單擁有 1 個文字方塊、1 個選單和 1 個按鈕。

● 第 24~27 列：顯示輸出結果的 <div> 標籤。

● 第 28 列：<a> 超連結元素載入 postDateTime.php。

程式內容：getDateTime.php

```php
01: <?php
02: header("Content-Type: text/xml"); // XML文件
03: // 取得欄位值
04: $name=(isset($_POST["name"])) ? $_POST["name"] : $_GET["name"];
05: $type=(isset($_POST["type"])) ? $_POST["type"] : $_GET["type"];
06: echo "<?xml version=\"1.0\" ?>";
07: if ($type == "date")
08:     $dt = date("m/j/Y");
09: else
10:     $dt = date("h:i:s A");
11: echo "<result>";
12: echo "<name>" . $name . "</name>";
13: echo "<date>" . $dt . "</date>";
14: echo "</result>";
15: ?>
```

程式說明

● 第 2 列：指定輸出類型是 XML 文件。

說明　「XML」(Extensible Markup Language) 可擴展標示語言也是一種標籤語言，XML 1.0 版規格在 1998 年 2 月正式推出，其寫法十分類似 HTML，不過，XML 不是用來編排內容，而是描述資料，所以並沒有預設標籤，使用者需要自行定義描述資料所需的各種標籤。

- 第 4~5 列：取得 URL 參數傳遞的資料 name 和 type。

- 第 7~10 列：if/else 條件判斷是回應日期或時間。

- 第 11~14 列：建立回應的 XML 文件，在第 12 列是 <name> 元素；第 13 列是 <date> 元素。

14-3 PHP 與 JSON

「JSON」（JavaScript Object Notation）是一種 AJAX 技術常用的資料交換格式，事實上，JSON 就是 JavaScript 物件的文字表示法。

PHP 支援 JSON 處理函數，可以將任何 PHP 資料（除資源外）加碼轉換成 JSON 字串；或讀取 JSON 字串解碼建立成 PHP 物件或陣列。

14-3-1 認識 JSON

JSON 是由 Douglas Crockford 創造的一種輕量化資料交換格式，因為比 XML 快速且簡單，再加上 JSON 的資料結構就是一個 JavaScript 物件，對於 JavaScript 語言來說，可以直接解讀。JSON 是使用大括號定義成對的鍵和值（Key-value Pairs），相當於物件的屬性和值，如下所示：

```
{
    "key1": "value1",
    "key2": "value2",
    "key3": "value3",
    ...
}
```

JSON 語法規則

JSON 語法並沒有關鍵字，其基本的語法規則，如下所示：

● 資料是成對的鍵和值（Key-value Pairs），使用「:」符號分隔。

● 資料之間是使用「,」符號分隔。

● 使用大括號定義物件。

● 使用方括號定義陣列或物件陣列。

JSON 檔案的副檔名為 .json；MIME 型態為 "application/json"。

JSON 的鍵和值

JSON 資料是成對的鍵和值（Key-value Pairs），這是欄位名稱，接著「:」符號，再加上值，如下所示：

```
"author": "陳會安"
```

上述 "author" 是欄位名稱，"陳會安" 是值，JSON 值可以是整數、浮點數、字串（使用「"」括起）、布林值（true 或 false）、陣列（使用方括號括起）和物件（使用大括號括起）。

JSON 物件

JSON 物件是使用大括號包圍的多個 JSON 鍵和值，如下所示：

```
{
  "title": "ASP.NET網頁設計",
  "author": "陳會安",
  "category": "Web",
  "pubdate": "06/2018",
  "id": "W101"
}
```

JSON 陣列

JSON 陣列是循序使用「,」號分隔的多個資料,這是使用方括號括起,例如:"phoneNumbers" 欄位的值是一個 JSON 陣列,如下所示:

```
{
  "name": "陳會安",
  "phoneNumbers": [ "02222222", "0930123456", "031234455" ]
}
```

JSON 物件陣列

JSON 物件陣列可以擁有多個 JSON 物件,例如:"Employees" 欄位的值是一個物件陣列,擁有 3 個 JSON 物件,如下所示:

```
{
  "Boss": "陳會安",
  "Employees": [
    { "name" : "陳允傑", "tel" : "02-22222222" },
    { "name" : "江小魚", "tel" : "03-33333333" },
    { "name" : "陳允東", "tel" : "04-44444444" }
  ]
}
```

14-3-2　在 PHP 建立 JSON 字串

我們雖然可以將大部分 PHP 資料建立成 JSON 字串,在實作上,我們主要是將 PHP 索引陣列、結合陣列或物件轉換建立成 JSON 字串。

使用 PHP 陣列建立 JSON 字串:ch14-3-2.php

PHP 提供 json_encode() 函數可以將 PHP 索引陣列、結合陣列和物件轉換成 JSON 字串。首先是一維索引陣列,如下所示:

```
$data = array('陳會安', '江小魚', '陳允傑');
$json_string = json_encode($data);
echo $json_string;
```

上述程式碼建立 PHP 陣列後，呼叫 json_encode() 函數建立 JSON 字串，然後顯示字串內容。在 json_encode() 函數有 2 個參數，第 1 個參數是需要加碼轉換的 PHP 變數，第 2 個參數是選項，可以指定資料中特殊字元的轉換方式，其說明如下表所示：

參數值的常數	說明
JSON_HEX_TAG	將「<」字元轉換成 \u003C；「>」字元轉換成 \u003E
JSON_HEX_AMP	將「&」字元轉換成 \u0026
JSON_HEX_APOS	將「'」字元轉換成 \u0027
JSON_HEX_QOUT	將「"」字元轉換成 \u0022
JSON_FORCE_OBJECT	轉換結果的 JSON 字串是 JSON 物件，不是 JSON 陣列

同樣方式，我們也可以轉換數值的索引陣列，如下所示：

```
$grades = array(78, 55, 89, 93);
echo json_encode($grades);
```

我們一樣可以建立 PHP 結合陣列的 JSON 字串，如下所示：

```
$arr = array("color"=>"Yellow", "name"=> "Joe",
             "shape"=>"Triangle", 100 );
echo json_encode($arr);
```

PHP 程式的執行結果可以建立 JSON 字串，如下圖所示：

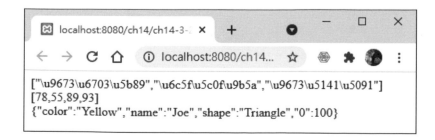

上述第 1 個索引陣列是轉換成 JSON 陣列，字串內容的亂碼因為有中文內容，這只是顯示問題，資料並沒有錯，在下一節讀取時，可以正確的顯示中文字，第 2 個索引陣列也是 JSON 陣列，最後 1 個結合陣列是轉換成 JSON 物件。

使用 PHP 物件建立 JSON 字串：ch14-3-2a.php

同樣的，json_encode() 函數也可以將 PHP 物件建立成 JSON 字串。首先宣告名為 User 的 PHP 類別，如下所示：

```
class User {
   public $name;
   public $age;
   public $birthday;
}
```

上述類別擁有 3 個成員資料，然後建立 PHP 物件和指定成員變數值，如下所示：

```
$user = new User();
$user->name = "joe";
$user->age = 22;
echo json_encode($user);
```

上述物件因為沒有指定成員變數 $birthday 的值，所以在轉換成 JSON 物件後，其值是 null。如果指定成 DateTime 物件，如下所示：

```
$user->birthday = new DateTime();
echo json_encode($user);
```

上述程式碼在轉換成 JSON 物件後，最後一個欄位 birthday 的值是另一個 JSON 物件。PHP 程式的執行結果，如下圖所示：

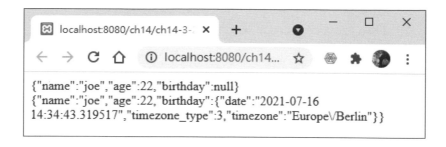

上述圖例將 PHP 物件轉換成 JSON 物件，成員變數名稱就是欄位名稱，變數值就是欄位值，可以看到第 2 個 JSON 物件的最後 1 個欄位 birthday 的值是另一個 JSON 物件。

14-3-3　在 PHP 讀取 JSON 字串

如果擁有現成 JSON 字串或檔案，我們可以在 PHP 程式讀取字串或檔案後，轉換成 PHP 陣列或物件。

讀取中文內容的 JSON 字串：ch14-3-3.php

PHP 提供 json_decode() 函數可以將合法 JSON 字串轉換成 PHP 陣列或物件，如下所示：

```
$data = array('陳會安', '江小魚', '陳允傑');
$json_string = json_encode($data);
$arrJson = json_decode($json_string);
echo "<pre>";
print_r($arrJson);
echo "</pre>";
```

上述程式碼首先將中文內容的陣列轉換成 JSON 陣列，然後再次呼叫 json_decode() 函數轉換成 PHP 陣列，可以顯示正確的中文內容。PHP 程式的執行結果，如下圖所示：

上述圖例因為使用 `<pre>` 標籤，所以 print_r() 函數是以原始輸出的編排方式來顯示，此函數可以輸出適合人們閱讀的變數值。

將 JSON 字串轉換成 PHP 物件：Ch14-3-3a.php

PHP 的 json_decode() 函數預設將 JSON 物件轉換成名為 stdClass 的 PHP 物件，例如：一個合法的 JSON 物件字串，如下所示：

```php
$jsontxt = '{ "Boss": "陳會安", ' .
  '"Employees": [' .
  ' { "name" : "陳允傑", "tel" : "02-22222222" },'.
  ' { "name" : "江小魚", "tel" : "03-33333333" }'.
  ']}';
```

上述程式碼是合法的 JSON 字串，然後我們可以讀取 JSON 字串，將它轉換成 PHP 物件，如下所示：

```php
$objJson = json_decode($jsontxt);
echo "<pre>";
print_r($objJson);
echo "</pre>";
```

上述程式碼使用 `<pre>` 標籤和 print_r() 函數顯示物件內容。因為是物件，所以，我們需要使用物件運算子「->」來取得屬性值，如下所示：

```
echo "老闆姓名: " . $objJson->Boss;
echo "<br/>";
echo print_r($objJson->Employees);
```

上述程式碼可以取得 Boss 和 Employees 屬性的值，第 1 個值是字串，第 2 個是物件陣列。PHP 程式的執行結果，如下圖所示：

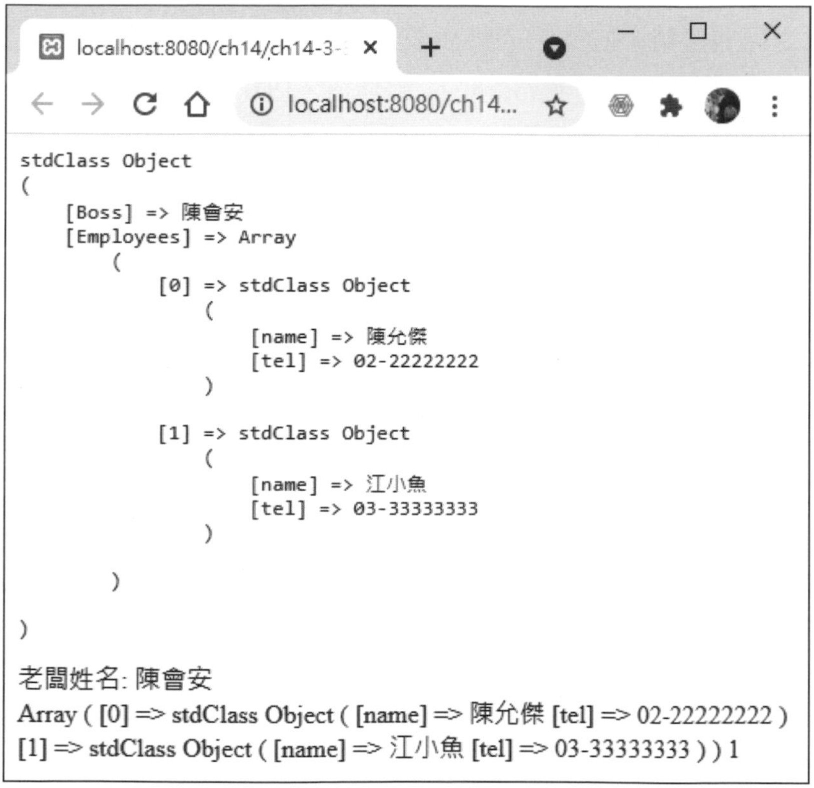

localhost:8080/ch14/ch14-3-
localhost:8080/ch14...
stdClass Object
(
[Boss] => 陳會安
[Employees] => Array
(
[0] => stdClass Object
(
[name] => 陳允傑
[tel] => 02-22222222
)
[1] => stdClass Object
(
[name] => 江小魚
[tel] => 03-33333333
)
)
)
老闆姓名: 陳會安
Array ([0] => stdClass Object ([name] => 陳允傑 [tel] => 02-22222222) [1] => stdClass Object ([name] => 江小魚 [tel] => 03-33333333)) 1

上述圖例的上方是轉換結果的 PHP 物件，Employees 屬性值是一個物件陣列。

將 JSON 字串轉換成 PHP 的結合陣列：Ch14-3-3b.php

PHP 的 json_decode() 函數只需加上第 2 個參數 TRUE，就可以將 JSON 字串轉換成 PHP 結合陣列，而不是 PHP 物件，如下所示：

```
$arrJson = json_decode($jsontxt, TRUE);
echo "<pre>";
print_r($arrJson);
echo "</pre>";
echo "老闆姓名: " . $arrJson['Boss'];
echo "<br/>";
echo print_r($arrJson['Employees']);
```

上述程式碼將 JSON 字串轉換成 PHP 結合陣列，所以之後是使用陣列存取方式取得 Boss 和 Employees 屬性值。PHP 程式的執行結果，如下圖所示：

上述圖例的上方是轉換結果的 JSON 陣列，Employees 屬性值是一個索引陣列，每一個元素值是另一個結合陣列。PHP 的 json_decode() 函數參數共有三個，其說明如下所示：

● 第 1 個參數：JSON 字串。

● 第 2 個參數：選項參數，預設值 FALSE 是輸出成 PHP 物件，TRUE 是輸出成結合陣列。

● 第 3 個參數：此參數是選項參數，可以指定 JSON 字串允許的遞迴深度，預設值是 512。

14-3-4　回傳 JSON 資料

在第 14-2-2 節是從伺服端回傳 XML 資料，這一節我們準備說明如果使用 PHP 從伺服器回傳 JSON 資料。

在 PHP 程式回傳 JSON 資料

PHP 程式可以使用 json_encode() 函數來回應 JSON 字串，首先建立 Book 類別和建立 3 本圖書物件，如下所示：

```
class Book {
   public $Id;
   public $Title;
}
$bk1 = new Book();
$bk1->Id = "W101";
$bk1->Title = "ASP.NET程式設計";
$bk2 = new Book();
$bk2->Id = "M101";
$bk2->Title = "Android程式設計";
$bk3 = new Book();
$bk3->Id = "P101";
$bk3->Title = "Visual Basic程式設計";
```

上述程式碼建立 3 本 Book 物件的圖書資料後，建立 $model 陣列，和呼叫 json_encode() 函數回傳 JSON 字串，如下所示：

```
$model = array($bk1, $bk2, $bk3);
echo json_encode($model);
```

使用 getJSON() 方法送出 HTTP 請求

jQuery 函式庫可以使用 getJSON() 方法送出 HTTP 請求，其回傳資料就是 JSON 格式的資料，如下所示：

```
$.getJSON('getTitleJSON.php', function (data) {
    // 處理JSON資料
});
```

上述方法的第 1 個參數是 PHP 程式的 URL 網址，第 2 個參數是回撥函數，其參數是回傳的 JSON 資料。

處理 JSON 資料

在回撥函數的參數可以取得伺服器回傳的 JSON 字串 data，因為是 JavaScript 物件陣列，我們可以使用 each() 方法取出鍵和值的每一本 val 圖書物件，如下所示：

```
$("#result").empty();
$.each(data, function (key, val) {
    var str = '<li id="' + key + '">' + val.Id + ':' + val.Title + '</li>';
    $("#result").append(str);
});
```

上述程式碼首先清除 HTML 清單 result，然後建立 li 元素的圖書項目後，呼叫 append() 方法新增 <li> 標籤的項目至 <ul> 標籤，val.Id 是書號；val.Title 是書名。

程式範例：ch14-3-4.php、getTitleJSON.php

在 PHP 程式使用 jQuery 函式庫的 getJSON() 方法送出 AJAX 請求來執行 getTitleJSON.php 程式，可以回傳圖書資料的 JSON 物件陣列，然後呼叫 jQuery 函數取出圖書資料來建立 HTML 清單，如下圖所示：

程式內容：getTitleJSON.php

```php
01: <?php
02: class Book {   // 類別宣告
03:     public $Id;
04:     public $Title;
05: }
06: $bk1 = new Book();   // 建立物件
07: $bk1->Id = "W101";
08: $bk1->Title = "ASP.NET程式設計";
09: $bk2 = new Book();   // 建立物件
10: $bk2->Id = "M101";
11: $bk2->Title = "Android程式設計";
12: $bk3 = new Book();   // 建立物件
13: $bk3->Id = "P101";
14: $bk3->Title = "Visual Basic程式設計";
15: // 建立物件陣列
16: $model = array($bk1, $bk2, $bk3);
17: echo json_encode($model);
18: ?>
```

- 第 2~5 列：Book 類別宣告。

- 第 6~14 列：建立 3 本圖書的 Book 物件。

- 第 16~17 列，在建立 $model 的 Book 物件陣列後，第 17 列呼叫 json_encode() 函數回傳圖書資料的 JSON 字串。

程式內容：ch14-3-4.php

```
01: <!DOCTYPE html>
02: <html>
03: <head>
04: <meta charset="utf-8" />
05: <title>ch14-3-4.php</title>
06: <script src="jquery-3.6.0.min.js"></script>
07: </head>
08: <body>
09: <script>
10: $(document).ready(function () {
11:     $.getJSON('getTitleJSON.php', function (data) {
12:         $("#result").empty();
13:         $.each(data, function (key, val) {
14:             var str = '<li id="' + key + '">' +
15:                 val.Id + ':' + val.Title + '</li>';
16:             $("#result").append(str);
17:         });
18:     });
19: });
20: </script>
21: <h1>圖書清單</h1>
22: <ul id="result"></ul>
23: </body>
24: </html>
```

程式說明

- 第 9~20 列：<script> 標籤是在第 11~18 列使用 getJSON() 方法送出 AJAX 請求，第 11~18 列也是成功回傳 JSON 呼叫的回撥函數，在第

12 列清除 HTML 清單項目，第 13~17 列的 each() 方法取出資料來建立 <li> 標籤，在第 16 列新增至 <ul> 標籤。

● 第 22 列：顯示圖書清單的 <ul> 清單標籤。

14-3-5　處理 JSON 剖析錯誤

當 JSON 字串語法有錯誤，無法成功剖析時，呼叫 json_decode() 函數就會回傳 null，此時，我們可以呼叫 json_last_error() 函數取得整數的錯誤代碼來了解錯誤原因，常用錯誤代碼常數的說明，如下所示：

● JSON_ERROR_NONE：JSON 字串剖析成功，沒有任何錯誤。

● JSON_ERROR_SYNTAX：JSON 字串語法有錯誤。

● JSON_ERROR_DEPTH：JSON 字串超過最大允許的遞迴深度。

● JSON_ERROR_CTRL_CHAR：控制字元錯誤，可能是因為不正確的編碼。

在實務上，我們可以使用 switch 條件配合 json_last_error() 函數來建立錯誤處理（PHP 程式範例：ch14-3-5.php），如下所示：

```php
switch(json_last_error()) {
   case JSON_ERROR_NONE:
      echo "JSON剖析成功...";
      break;
   case JSON_ERROR_SYNTAX:
      echo "錯誤！ JSON剖析語法錯誤...";
      break;
   case JSON_ERROR_DEPTH:
      echo "錯誤！ JSON字串超過最大允許的遞迴深度...";
      break;
   case JSON_ERROR_CTRL_CHAR:
      echo "錯誤！ 控制字元錯誤...";
      break;
}
```

14-4 應用實例：關鍵字建議清單

關鍵字建議清單是模擬 Google Suggest 的實作範例，只需在欄位輸入關鍵字，就可以在下方顯示提示用途的建議清單。

14-4-1 關鍵字建議清單的程式架構

關鍵字建議清單的程式架構是由 HTML 表單的使用介面、jQuery 函式庫的 AJAX 引擎和伺服端 PHP 程式與 MySQL 資料庫組成，如下圖所示：

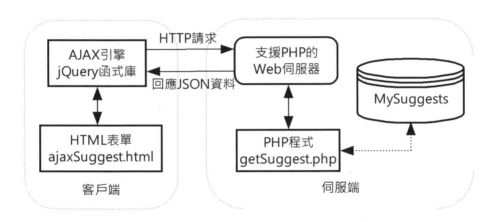

上述 AJAXSuggest.html 擁有 HTML 表單使用介面的文字方塊欄位，當使用者輸入關鍵字的每一個字母，就呼叫 jQuery 函式庫的 AJAX 方法取得建議清單，即建立 XMLHttpRequest 物件送出非同步 HTTP 請求至伺服端的 getSuggest.php。

伺服端 PHP 程式連接 MySQL 資料庫，在取得指定關鍵字的建議清單後，建立 JSON 文件回傳客戶端，客戶端 AJAX 引擎在取得 JSON 文件的資料後，更新 <div> 標籤來顯示建議清單。

MySQL 資料庫 mysuggests 內含 suggest 資料表的關鍵字記錄，擁有欄位 suggestId 和 title，其記錄資料如下圖所示：

14-4-2 關鍵字建議清單的使用

關鍵字建議清單在執行前請參考第 10-5-2 節執行 mysuggests.sql 建立 mysuggests 資料庫。然後啟動 Google Chrome 輸入 ajaxSuggest.html 網址：http://localhost:8080/ch14/ajaxSuggest/ajaxSuggest.html，可以看到執行結果，如下圖所示：

在欄位輸入關鍵字，例如：j，就可以在下方顯示關鍵字的建議清單。

14-4-3　關鍵字建議清單的程式説明

　　關鍵字建議清單共有 4 個程式檔案，包含 jQuery 函式庫的 jquery-3.6.0.min.js，mysuggests.sql 是建立 MySQL 資料庫的 SQL 指令碼檔案。

HTML 網頁：ajaxSuggest.html

　　ajaxSuggest.html 是 AJAX 應用程式的使用介面，在第 6 列插入 jQuery 函式庫，如下所示：

```
01: <!DOCTYPE html>
02: <html>
03: <head>
04: <meta charset="utf-8"/>
05: <title>ajaxSuggest.html</title>
06: <script src="jquery-3.6.0.min.js"></script>
07: <script>
08: $(document).ready(function() {
09:    $("#txtSearch").bind('keyup', function() {
10:        // 取得表單欄位值
11:        var value = $('#txtSearch').val();
12:        // 使用HTTP GET方法送出Ajax請求
13:        $.ajax({
14:          type: 'GET',
15:          url:  'getSuggest.php',
16:          data: { search : value },
```

　　上述第 9~33 列註冊 keyup 事件，在第 13~32 列呼叫 ajax() 方法送出非同步 HTTP 請求，在第 15 列是 URL 網址，第 16 列是參數。在下方第 17~30 列是請求成功執行的回撥函數，如下所示：

```
17:        success: function(data) {
18:          // 顯示傳回的資料
19:          var str, keyword;
20:          var result = document.getElementById("result");
21:          result.innerHTML = "";
22:          // 顯示所有JSON陣列的關鍵字清單
```

→ 接下頁

```
23:              $.each(data, function (key, val) {
24:                  str = "<div onmouseover='suggestOver(this)' ";
25:                  str += "onmouseout='suggestOut(this)' ";
26:                  str += "onclick='setSearch(this.innerText)' ";
27:                  str += "class='Link'>" + val + "</div>";
28:                  result.innerHTML += str;
29:              });
30:          }
31:      });
32:      return false;
33:  });
34: });
```

　　上述第 23~29 列走訪 JSON 陣列元素，一一取出關鍵字來更新 <div> 標籤內容。在下方 3 個函數是在關鍵字清單的 <div> 標籤新增 onclick、onmouseover 和 onmouseout 屬性指定的 JavaScript 事件處理程序，如下所示：

```
35: // 滑鼠按一下, 即可更改欄位內容
36: function setSearch(value) {
37:    document.getElementById("txtSearch").value = value;
38:    document.getElementById("result").innerHTML = "";
39: }
40: // 指定滑鼠移過的樣式
41: function suggestOver(tag) {
42:    tag.className = "LinkOver";
43: }
44: // 指定滑鼠移出的樣式
45: function suggestOut(tag) {
46:    tag.className = "Link";
47: }
48: </script>
```

　　上述第 36~39 列將選擇項目內容更新至文字欄位，在第 41~47 列的 2 個函數是更改標籤的樣式屬性。在下方第 49~67 列是標籤使用的 CSS 樣式，如下所示：

```
49: <style type="text/css">
......
67: </style>
68: </head>
69: <body>
70: <form>
71: <input type="TEXT" id="txtSearch" name="txtSearch"autocomplete="off"/>
72: <input type="SUBMIT" value="搜尋"/><br/>
73: <div id="result"></div>
74: </form>
75: </body>
76: </html>
```

上述第 71 列是輸入關鍵字文字方塊的 <input> 標籤，第 73 列是顯示建議清單的 <div> 標籤。

PHP 程式：getSuggest.php

PHP 程式 getSuggest.php 連接 MySQL 資料庫取得關鍵字的記錄資料，如下所示：

```
01: <?php
02: // 程式範例：getSuggest.php
03: header("Content-Type: text/json");
04: header("Expires: Mon, 5 Jul 2021 05:00:00 GMT");
05: // 建立資料庫連接
06: $link=mysqli_connect("localhost","root","A12345678","mysuggests");
07: $arr = array();
```

上述第 3 列呼叫 header() 函數指定輸出 JSON 文件，第 6 列開啟資料庫連接。在下方第 9~23 列的 if 條件檢查是否有輸入關鍵字 search 參數，如下所示：

```
08:  //  檢查是否有輸入查詢字串
09:  if ( isset($_GET["search"]) && $_GET["search"] != '' ) {
10:      //  處理特殊字元
11:      $search = addslashes($_GET["search"]);
12:      //  建立SQL指令字串
13:      $sql = "SELECT distinct(title) " .
14:             "FROM suggest WHERE title LIKE('" .
15:             $search . "%') ORDER BY title";
16:      //  執行SQL查詢
17:      $result = mysqli_query($link, $sql);
18:      //  取得記錄資料
19:      while ( $row = mysqli_fetch_row($result) ) {
20:          //  取得欄位值
21:          array_push($arr, $row[0]);
22:      }
23:  }
24:  echo json_encode($arr,JSON_UNESCAPED_UNICODE);//json編碼
25:  mysqli_close($link);   //  關閉資料庫連接
26:  ?>
```

上述第 13~15 列建立 SQL 指令字串，在第 17 列執行 SQL 查詢，第 19~22 列的 while 迴圈取得欄位值呼叫 array_push() 函數新增至 $arr 陣列，在第 24 列使用 json_encode() 函數輸出成 JSON 資料。

14-5 應用實例：建立 PHP 的 REST API

REST（REpresentational State Transfer）是一種源於 WWW 的 Web 應用程式架構，常常被用來描述使用 JSON 或 XML 等簡單介面的 Web 服務，而不是使用 SOAP 的傳統 Web 服務，基本上，符合 REST 原則的系統就稱為 RESTful。

REST API（即 RESTful API）是一種符合 REST 原則的 API 應用程式介面，這是透過 HTTP 方法的動作（Actions）來處理伺服端的資源（Resources）。關於 HTTP 方法的說明，如下表所示：

HTTP 方法	處理資源的操作
GET	取得伺服端的資源
POST	新增或更新資源，通常是新增資源
PUT	新增或更新資源，通常是更新資源
DELETE	刪除資源

我們準備在這一節實作資料庫 CRUD（Create、Read、Update 和 Delete）操作的 REST API，可以新增、讀取、更新和刪除記錄資料。

14-5-1　REST API 的程式架構

REST API 的程式架構是客戶端 AJAX、PHP 程式與 MySQL 資料庫所組成，MySQL 資料庫就是第 13-6 節的 shop 資料庫，測試 REST API 是使用 HTML 表單網頁，使用 jQuery 函式庫送出 REST API 的 AJAX 請求，如下圖所示：

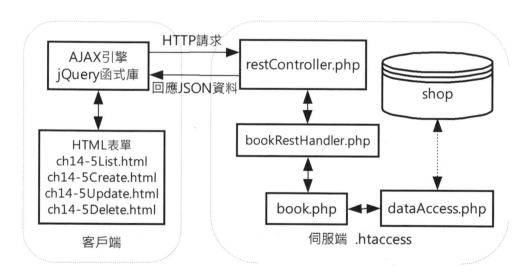

上述客戶端是使用 HTML 表單網頁來送出 AJAX 請求，在 Web 伺服器使用 .htaccess 檔建立 URL 網址的重寫對應至路由（Routes，在第 17 章有進一步的說明），如下所示：

```
RewriteRule ^book/list/$    restController.php?type=list [nc,qsa]
```

上述路由「book/list/」（類似 Windows 檔案路徑）對應 restController. php?type=list 的 PHP 程式，當 Web 伺服器接到此路由的 HTTP 請求，如下所示：

```
http://localhost:8080/ch14/restAPI/book/list/
```

上述 URL 網址在轉換後，就會重寫成呼叫 restController.php 來處理客戶端的 HTTP 請求，如下所示：

```
http://localhost:8080/ch14/restAPI/restController.php?type=list
```

PHP 程式 dataAccess.php 是 MySQL 資料庫存取類別，book.php 是透過 dataAccess.php 存取 shop 資料庫的 books 資料表，然後將取得的圖書記錄資料在 BookRestHandler.php 產生回應的 JSON 文件。

14-5-2 REST API 的使用

請先參考第 10-5-2 節執行第 13-6 節的 shop.sql 建立 shop 資料庫後，啟動 Google Chrome 執行 PHP 程式 ch14-5List.php 的網址：http://localhost:8080/ch14/ch14-5List.php，可以顯示 HTML 表單，如下圖所示：

請輸入書號，按**查詢圖書**鈕，可以查詢單筆圖書資料，這是在背景使用 AJAX 技術送出 REST API 的 HTTP 請求，可以取得回傳的 JSON 圖書資料，「book/list」路由的最後是 P703 書號，如下所示：

```
http://localhost:8080/ch14/restAPI/book/list/P703
```

上述回傳 JSON 資料內容因為中文編碼問題，所以顯示亂碼。如果沒有輸入書號，就是查詢全部的圖書資料，如下圖所示：

書號：

查詢圖書

- F036：Visual Basic程式設計範例教本：陳會安：490
- EP684：資料結構理論與實務-C語言實作：陳會安：490
- EP696：資料結構理論與實務-Java語言實作：陳會安：520
- P679：Java SE程式設計範例教本：陳會安：650
- P689：ASP.NET網頁設計範例教本：陳會安：580
- P697：JSP網頁設計範例教本：陳會安：650
- P703：C語言程式設計範例教本：陳會安：490

REST API 的 URL 網址，如下所示：

```
http://localhost:8080/ch14/restAPI/book/list/
```

{"output":[{"bookid":"F036","booktitle":"Visual Basic\u7a0b\u5f0f\u8a2d\u8a08\u7bc4\u4f8b\u6559\u672c","bookauthor":"\u9673\u6703\u5b89","bookprice":"490"},
{"bookid":"EP684","booktitle":"\u8cc7\u6599\u7d50\u69cb\u7406\u8ad6\u8207\u5be6\u52d9-C\u8a9e\u8a00\u5be6\u4f5c","bookauthor":"\u9673\u6703\u5b89","bookprice":"490"},
{"bookid":"EP696","booktitle":"\u8cc7\u6599\u7d50\u69cb\u7406\u8ad6\u8207\u5be6\u52d9-Java\u8a9e\u8a00\u5be6\u4f5c","bookauthor":"\u9673\u6703\u5b89","bookprice":"520"},
{"bookid":"P679","booktitle":"Java SE\u7a0b\u5f0f\u8a2d\u8a08\u7bc4\u4f8b\u6559\u672c","bookauthor":"\u9673\u6703\u5b89","bookprice":"650"},
{"bookid":"P689","booktitle":"ASP.NET\u7db2\u9801\u8a2d\u8a08\u7bc4\u4f8b\u6559\u672c","bookauthor":"\u9673\u6703\u5b89","bookprice":"580"},
{"bookid":"P697","booktitle":"JSP\u7db2\u9801\u8a2d\u8a08\u7bc4\u4f8b\u6559\u672c","bookauthor":"\u9673\u6703\u5b89","bookprice":"650"},
{"bookid":"P703","booktitle":"C\u8a9e\u8a00\u7a0b\u5f0f\u8a2d\u8a08\u7bc4\u4f8b\u6559\u672c","bookauthor":"\u9673\u6703\u5b89","bookprice":"490"}]}

PHP 程式 ch14-5Create.php 可以新增圖書記錄；ch14-5Update.php 是更新圖書記錄；ch14-5Delete.php 是刪除圖書記錄。

14-5-3　REST API 的程式說明

PHP 實作的 REST API 本身是位在「restAPI」目錄，共有 .haccess 檔和 4 個 PHP 程式檔案，除 restController.php 外，都是 PHP 類別宣告，如右圖所示：

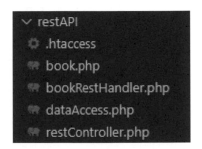

測試 PHP 程式的 HTML 表單網頁是位在「ch14」目錄，共有 4 個檔案：ch14-5List.php、ch14-5Create.php、ch14-5Update.php 和 ch14-5Delete.php。

定義路由：.htaccess 檔案

在「restAPI」目錄的 .htaccess 檔案是一個特殊檔案，這是 Apache HTTP Server 伺服器對於系統目錄進行權限設定的文件，其說明如下所示：

```
https://httpd.apache.org/docs/2.4/mod/mod_rewrite.html
```

我們可以在 .htaccess 檔案定義路由，這是使用重寫規則將路由對應
至 PHP 程式 restController.php 的不同 type 和 id 參數。5 種路由對應的
HTTP 方法（本節範例 REST API 只使用 GET 和 POST 方法），如下表
所示：

HTTP	路由	type 參數	說明
GET	book/list	list	取得所有圖書
GET	/book/list/< 書號 >	list	取得參數指定圖書
POST	/book/create/	create	新增圖書
POST	/book/update/< 書號 >	update	更新參數指定圖書
GET	/book/delete/< 書號 >	delete	刪除參數指定圖書

PHP 程式：restController.php

在 restController.php 使用 URL 參數 type 值決定所需操作，PHP 程
式是使用 switch 多選一條件判斷來處理使用者的 HTTP 請求，$type 變數
值就是 URL 參數 type 的值，依序是查詢、新增、刪除和更新操作，如下
所示：

```php
switch($type){
    case "list":
        // 處理 REST URL: /book/list/
        // 處理 REST URL: /book/list/<row_id>
        $bookRestHandler = new BookRestHandler();
        $result = $bookRestHandler->getBooks();
        break;
    case "create":
        // 處理 REST URL: /book/create/
        $bookRestHandler = new BookRestHandler();
        $bookRestHandler->addBook();
        break;
    case "delete":
        // 處理 REST URL: /book/delete/<row_id>
        $bookRestHandler = new BookRestHandler();
        $result = $bookRestHandler->deleteBookById();
```

```
            break;
    case "update":
        // 處理 REST URL: /book/update/<row_id>
        $bookRestHandler = new BookRestHandler();
        $bookRestHandler->editBookById();
        break;
}
```

PHP 程式：bookRestHandler.php

在 bookRestHandler.php 的 BookRestHandler 類別是使用 book.php 的 Book 類別方法來查詢、新增、更新和刪除圖書記錄資料，回傳的是 JSON 格式的資料，其相關方法的說明，如下表所示：

方法名稱	說明
getBooks()	回傳查詢結果的單筆或全部圖書的 JSON 資料
addBook()	新增圖書記錄和回傳影響記錄數的 JSON 資料
deleteBookById()	刪除 URL 參數書號的圖書記錄，和回傳影響記錄數的 JSON 資料
editBookById()	更新 URL 參數書號的圖書記錄，和回傳影響記錄數的 JSON 資料

PHP 程式：book.php

在 book.php 的 Book 類別是使用 dataAccess.php 的 DataAccess 類別來查詢、新增、更新和刪除圖書記錄資料，相關方法的說明，如下表所示：

方法名稱	說明
getBooks()	建立 SQL 指令取得 URL 參數書號的單筆圖書資料，如果沒有參數，就是取回全部的圖書資料
addBook()	建立 SQL 指令 INSERT 來新增圖書記錄
deleteBook()	建立 SQL 指令 DELETE 來刪除 URL 參數書號的圖書記錄
editBook()	建立 SQL 指令 UPDATE 來更新 URL 參數書號的圖書記錄

在 dataAccess.php 的 DataAccess 類別負責存取 MySQL 資料庫，使用相關屬性來設定資料庫連接參數，如下所示：

```
private $host = "localhost";
private $user = "root";
private $password = "A12345678";
private $database = "shop";
```

上述 $password 是密碼；$database 是使用的資料庫。其相關方法的說明，如下表所示：

方法名稱	說明
connectDB()	建立資料庫連接來連接 shop 資料庫
executeQuery($query)	執行參數 SQL 操作指令 INSERT、UPDATE 和 DELETE，可以回傳影響的記錄數
executeSelectQuery($query)	執行參數 SQL 查詢指令 SELECT，這是呼叫 mysql_fetch_assoc() 函數，可以回傳查詢結果記錄資料的結合陣列

學習評量

選擇題

(　　) 1. 請問下列關於 AJAX 技術的說明，哪一個是不正確的？

A. 非同步 JavaScript 和 XML 技術

B. AJAX 技術的 HTTP 請求是在背景處理

C. AJAX 引擎是位在 Web 伺服器

D. AJAX 可以建立快速、更佳和容易使用的操作介面

( ) 2. 請問 AJAX 是使用下列哪一個物件來送出 HTTP 請求？

    A. XMLHttpRequest   B. HTMLHttpRequest
    C. HttpRequest   D. Request

( ) 3. 請問下列哪一個 jQuery 方法可以使用 AJAX 載入和執行 JavaScript 程式檔案？

    A. ajax()   B. load()

    C. getJSON()   D. getScript()

( ) 4. 雖然 jQuery 提供多種 AJAX 方法，但是它們都是呼叫下列哪一個方法來送出 HTTP 請求。？

    A. ajax()   B. load()

    C. getJSON()   D. getScript()

( ) 5. 請問 JSON 物件是在下列哪一符號之中定義成對的鍵和值（Key-value Pairs）？

    A.「( )」   B.「{ }」
    C.「[ ]」   D.「# #」

( ) 6. 請問 JSON 陣列是在下列哪一符號之中定義陣列元素？

    A.「( )」   B.「{ }」
    C.「[ ]」   D.「# #」

( ) 7. 請問下列哪一個 PHP 函數可以將 PHP 索引陣列、結合陣列和物件轉換成 JSON 字串？

    A. json_encode()   B. json_decode()
    C. getJSON()   D. json_last_error()

( ) 8. 請問下列哪一個 PHP 函數可以將合法 JSON 字串轉換成 PHP 陣列或物件？

    A. json_encode()   B. json_decode()
    C. getJSON()   D. json_last_error()

1. 請簡單說明什麼是 AJAX 技術？AJAX 應用程式架構？

2. 請說明非同步 HTTP 請求和同步 HTTP 請求的差異？

3. 請簡單說明 jQuery 函式庫支援的 AJAX 方法有哪些？

4. 請問什麼是 JSON？PHP 處理 JSON 的函數有哪些？

5. 請問 PHP 程式如何從伺服器傳回 JSON 資料？如何處理 JSON 剖析錯誤？

6. 請舉例說明何謂 RESTful？什麼是 REST API？

實作題

1. 請使用 PHP 建立同學資料查詢的 AJAX 應用程式，只需輸入學號，就可以從 myschool 資料庫的 students 資料表取得和顯示學生詳細資料。

2. 請試著自行使用 Windows 記事本建立 JSON 文件，如下所示：

   ▶音樂 CD 的目錄：包含專輯名稱、歌手、上市日期、售價、唱片公司等。

   ▶筆記型電腦的商品清單：包含型號、CPU、記憶體、硬碟、光碟機、廠商、售價等。

   ▶電視節目單：包含編號、頻道、節目名稱、主持人、播出時段等。

3. 請修改第 14-3-4 節的 PHP 程式範例，改用第 10 章實作題 2 的 library 資料庫為例，可以回傳 books 資料表全部圖書的 JSON 資料。

4. 請參考第 14-5 節的說明與範例，使用第 12-5 節通訊錄管理的資料庫來建立 REST API。

15

專案開發：
CMS 內容管理系統

本章學習目標

15-1　認識內容管理系統

15-2　內容管理系統的結構

15-3　內容管理系統的使用

15-4　內容管理系統的資料庫

15-5　內容管理系統的程式說明

15-1 認識內容管理系統

內容管理系統（Content Management System，CMS）是在 1990 年出現的一種管理和編輯網站內容的網站管理系統，允許使用者出版、編輯、更新、組織、刪除和維護自己的網站內容，和提供相關介面來幫助使用者管理自己的網頁內容，或合作出版網頁內容。

一般來說，內容管理系統大多是用來建立部落格、新聞和購物等網站，可以讓沒有網頁程式設計基礎的使用者，一樣可以建立和擁有自己的網站。目前市面上有相當多公司的主要業務就是提供 CMS 網站，例如：WordPress，如下圖所示：

上述內容管理系統不只提供網頁管理，更提供登入管理，可以讓使用者註冊成使用者後，快速建立自己的網站。在本章的專案開發範例是一個非常簡單版本的內容管理系統，其來源是筆者修改和中文化 WebMatrix 工具**入門網站**的 PHP 範本。

內容管理系統使用的 PHP 功能

在本章內容管理系統使用的 PHP 功能，如下所示：

● PHP 狀態管理的交談期追蹤，和登入管理。

● MySQL 資料庫存取的網頁資料庫。

● 使用 ext/mysqli 物件方式存取 MySQL 資料庫。

因為內容管理系統是 PHP 技術網頁資料庫的應用，系統需求包含 PHP 開發環境和 MySQL 資料庫系統，在本書是使用 XAMPP。

設定 MySQL 資料庫

請開啟「Includes」資料夾下名為 simplecms-config.php 的 PHP 程式檔案，可以看到資料庫設定的 PHP 原始程式碼，如下圖所示：

```php
<?php
    define('DB_NAME', 'simplecms');
    define('DB_USER', 'root');
    define('DB_PASSWORD', 'A12345678');
    define('DB_HOST', 'localhost');

    define('DEFAULT_ADMIN_USERNAME', 'root');
    define('DEFAULT_ADMIN_PASSWORD', 'A12345678');
?>
```

上述程式碼定義資料庫相關常數，依序是 MySQL 伺服器主機（DB_HOST）、使用者名稱（DB_USER）、使用者密碼（DB_PASSWORD）和資料庫名稱（DB_NAME），如果有更改 MySQL 管理者 root 的密碼，請更改 DB_PASSWORD 常數值成為更改的密碼。

在完成 PHP 資料庫設定後，就可以在 MySQL 伺服器建立專案開發的範例資料庫，資料庫名稱是在 simplecms-config.php 設定的 **simplecms**。

請使用 phpMyAdmin 管理工具執行「Sql」資料夾下 simplecms.sql 的 SQL 指令碼檔案，可以建立 simplecms 資料庫和新增相關資料表與測試記錄。

15-2 內容管理系統的結構

本章專案開發的 CMS 內容管理系統是使用 PHP+MySQL 資料庫儲存網頁內容，可以新增、編輯和刪除網頁內容的頁面，這就是一套類似 WordPress 的簡化版內容管理系統。

內容管理系統網站的目錄結構

內容管理系統網站的根目錄是「ch15\CMS」，在之下的相關檔案和資料夾，如右圖所示：

上述網站結構各子目錄的說明，如下表所示：

目錄	說明
Functions	資料庫存取的 database.php
Images	網站的 PNG 格式圖檔
Includes	網站使用的引入檔，包含頁首區塊（header.php）和頁尾區塊（footer.php），處理交談期（session.php），連接和關閉資料庫（connectDB.php 和 closeDB.php），和網站設定的 simplecms-config.php（包含管理者密碼，資料庫連接資訊）
Sql	建立 simplecms 資料庫的 SQL 指令碼檔案
Styles	網站套用的 CSS 樣式

上述「Includes」目錄的 header.php 包含頁面上方的功能按鈕，即登入和登出鈕，或新增、編輯和刪除頁面鈕。

根目錄的 PHP 程式檔案

內容管理系統根目錄的相關 PHP 程式檔案的簡單說明，如下表所示：

程式檔案	說明
addpage.php	新增頁面的 HTML 表單和處理程式
deletepage.php	刪除頁面的 HTML 表單和處理程式
editpage.php	編輯頁面的 HTML 表單和處理程式
index.php	內容管理系統的首頁
logoff.php	登出內容管理系統
logon.php	登入表單和處理程式
page.php	顯示頁面內容的 PHP 程式，可以從資料庫取得儲存頁面來顯示頁面內容
register.php	註冊表單和處理程式
selectpagetoedit.php	選擇編輯頁面的表單和處理程式，選擇後，轉址至 edit.php 來編輯選擇的頁面

15-3 內容管理系統的使用

　　讀者只需自行使用 phpMyAdmin 管理工具執行 simplecms.sql 建立 MySQL 資料庫後，就可以執行本書的 CMS 內容管理系統。

網站首頁

　　請啟動 Google Chrome 執行 PHP 程式 index.php，其網址為：http:// localhost:8080/ch15/CMS/index.php，可以看到內容管理系統的網站首頁，如下圖所示：

　　在上述首頁右上方提供登入和註冊兩個按鈕，可以登入網站，或註冊新使用者。

登入內容管理系統

　　我們準備直接使用管理者 admin 登入內容管理系統，請按右上方**登入**鈕，可以看到登入表單（logon.php），如下圖所示：

　　請輸入使用者名稱 **admin**，預設密碼是 **123456**，按登入鈕，就可以成功登入內容管理系統，看到右上方歡迎使用者 admin 的訊息文字，和新增功能按鈕來新增、編輯和刪除頁面，如下圖所示：

新增頁面

　　當成功登入內容管理系統後，請按右上方**新增頁面**鈕，可以看到新增頁面的 HTML 表單（addpage.php），如下圖所示：

在輸入標籤頁標題，即選單標題文字後，輸入頁面內容，按**新增**鈕新增頁面，在回到 index.php 首頁後，可以看到新增此頁面的標籤頁，點選標籤，可以顯示新增頁面的內容，如下圖所示：

編輯頁面

　　按右上方**編輯頁面**鈕，可以看到一個下拉式清單方塊選擇欲編輯的頁面（selectpagetoedit.php），如右圖所示：

在選擇 **PHP 8** 後，按**編輯**鈕，可以看到編輯選擇頁面的表單介面，如右圖所示：

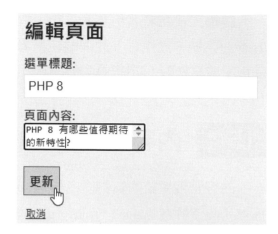

在輸入更新的頁面標題和內容後，**按更新**鈕，可以更新頁面（editpage.php）。

刪除頁面

按右上方**刪除頁面**鈕，可以看到一個下拉式清單方塊選擇欲刪除的頁面（deletepage.php），如右圖所示：

在選擇後，按**刪除**鈕刪除選擇頁面（其功能並沒有確認對話方塊，而是直接馬上刪除）。

註冊使用者

如果已經登入，請按右上方**登出**鈕登出（logoff.php）後，就可以看到**註冊**鈕，按此按鈕可以看到註冊表單（register.php），如下圖所示：

註冊帳戶

使用者名稱:

> hueyan

使用者密碼:

> ●●●●●

註冊

取消

請輸入使用者名稱和密碼後，**按註冊**鈕註冊使用者，和自動登入內容管理系統。請注意！註冊的使用者並沒有任何權限，目前只有管理者 admin 擁有權限來新增、編輯和刪除頁面。

15-4 內容管理系統的資料庫

內容管理系統的資料庫名稱是 simplecms，擁有 4 個資料表：pages、roles、users、和 users_in_roles，如右圖所示：

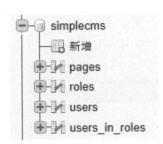

pages 資料表

pages 資料表是儲存頁面內容，包含頁面編號 id、標題 menulabel 和內容 content 欄位，其欄位定義資料如下表所示：

欄位名稱	MySQL 資料類型	大小	欄位說明
id	INT	11	頁面編號（主鍵）
menulabel	VARCHAR	50	頁面標題
content	TEXT	N/A	頁面內容

roles 資料表

roles 資料表儲存使用者能夠指派的角色種類，包含角色編號 id 和名稱 name 欄位，其欄位定義資料如下表所示：

欄位名稱	MySQL 資料類型	大小	欄位說明
id	INT	11	角色編號（主鍵）
name	VARCHAR	50	角色名稱

在上述資料表預設新增 admin 和 user 兩種角色。

users 資料表

users 資料表儲存註冊的使用者資料，包含使用者編號 id、使用者名稱 username 和密碼 password 欄位，其欄位定義資料如下表所示：

欄位名稱	MySQL 資料類型	大小	欄位說明
id	INT	11	使用者編號（主鍵）
username	VATCHAR	50	使用者名稱
password	CHAR	40	使用者密碼

在上述資料表預設新增管理者 admin 和 root 的使用者。

users_in_roles 資料表

在 users_in_roles 資料表定義使用者所屬的角色，包含使用者編號 user_id 和角色編號 role_id 欄位，其欄位定義資料如下表所示：

欄位名稱	MySQL 資料類型	大小	欄位說明
id	INT	11	編號（主鍵）
user_id	INT	11	使用者編號
role_id	INT	11	角色編號

上述資料表的使用者 admin 的 user_id 值是 1，對應角色 role_id 值 1，即管理者，所以 admin 是管理者；如果對應值 2 的使用者，其角色是使用者。

15-5 內容管理系統的程式說明

內容管理系統的 PHP 程式檔案分別位在根目錄和 2 個子資料夾。

15-5-1　根目錄的程式說明

內容管理系統各功能的網頁是根目錄的 9 個 PHP 程式，首頁是 index.php 程式。

PHP 程式：index.php

PHP 程式 index.php 是內容管理系統的首頁，在頁首插入 header.php；頁尾插入 footer.php。

PHP 程式：addpage.php

PHP 程式 addpage.php 是新增頁面的 HTML 表單和處理程式，在 HTML 表單欄位是文字方塊 menulabel 和 content。處理程式在取得 2 個欄位值後，執行下列 SQL 指令來新增頁面的記錄資料，如下所示：

```
$query = "INSERT INTO pages (menulabel, content) VALUES (?, ?)";
```

上述變數 $query 值是 Prepared Statement 的 SQL 指令字串，擁有 2 個參數。

PHP 程式：deletepage.php

PHP 程式 deletepage.php 是刪除頁面的 HTML 表單和處理程式，在 HTML 表單欄位是下拉式清單 <select> 標籤 menulabel，<option> 標籤的項目是執行下列 SQL 指令來取得標題清單，如下所示：

```
SELECT id, menulabel FROM pages
```

在處理程式取得使用者選擇的頁面後，執行下列 SQL 指令來刪除頁面的記錄資料，如下所示：

```
$query = "DELETE FROM pages WHERE id = ?";
```

上述變數 $query 值是 Prepared Statement 的 SQL 指令字串，擁有 1 個參數。

PHP 程式：editpage.php

PHP 程式 editpage.php 是編輯頁面的 HTML 表單和處理程式，在 HTML 表單欄位是文字方塊 menulabel 和 content。處理程式在取得 2 個欄位值後，執行下列 SQL 指令來更新頁面的記錄資料，如下所示：

```
$query = "UPDATE pages SET menulabel = ?, content = ? WHERE Id = ?";
```

上述變數 $query 值是 Prepared Statement 的 SQL 指令字串，擁有 3 個參數。

PHP 程式：logoff.php

PHP 程式 logoff.php 是登出內容管理系統，程式碼就是刪除 Session 變數和 Cookie 來登出系統。

PHP 程式：logon.php

PHP 程式 logon.php 是登入表單和處理程式，在 HTML 表單欄位是文字方塊 username 和 password。處理程式在取得 2 個欄位值後，執行下列 SQL 指令來查詢使用者和密碼是否存在，如下所示：

```
$query = "SELECT id, username FROM users WHERE username = ? AND
  password = SHA(?) LIMIT 1";
```

上述變數 $query 值是 Prepared Statement 的 SQL 指令字串，擁有 2 個參數，如果找到記錄，表示使用者和密碼正確，就會轉址至 index.php。

PHP 程式：page.php

PHP 程式 page.php 是顯示指定頁面內容的 PHP 程式，在從資料庫取得 URL 參數 pageid 的頁面編號，和顯示頁面內容，使用的 SQL 指令字串，如下所示：

```
$query = 'SELECT menulabel, content FROM pages WHERE id = ? LIMIT 1';
```

上述變數 $query 值是 Prepared Statement 的 SQL 指令字串，擁有 1 個參數，最後的 LIMIT 1 限制傳回的記錄資料只有 1 筆。

PHP 程式：register.php

PHP 程式 register.php 是註冊使用者的表單和處理程式，在 HTML 表單欄位是文字方塊 username 和 password。處理程式在取得 2 個欄位值後，執行下列 SQL 指令來新增使用者，如下所示：

```
$query = "INSERT INTO users (username, password) VALUES (?, SHA(?))";
```

上述變數 $query 值是 Prepared Statement 的 SQL 指令字串，擁有 2 個參數，SHA() 函數是密碼字串編碼。

PHP 程式：selectpagetoedit.php

PHP 程式 selectpagetoedit.php 是選擇編輯頁面的表單和處理程式，選擇後，轉址至 edit.php 來編輯選擇頁面，其程式結構類似 deletepage.php。

15-5-2　Funcitons 子目錄的程式說明

內容管理系統的 Funcitons 子目錄只有一個 database.php 的 PHP 程式。

PHP 程式：database.php

PHP 程式 database.php 是準備資料庫內容的相關函數，也就是建立資料庫的預設記錄資料，以便系統可以正確的運作，其函數的說明如下表所示：

函數	說明
prep_DB_content()	準備建立資料庫內容，就是呼叫之後的 3 個函數
create_tables()	如果 4 個資料表不存在，就建立 4 個資料表
create_roles()	如果記錄不存在，就新增預設 admin 和 user 共 2 個角色的記錄資料
create_admin()	如果記錄不存在，就新增系統管理者和指定所屬的角色

15-5-3　Includes 子目錄的程式說明

內容管理系統的 Includes 子目錄共有 6 個 PHP 程式，這是一些支援資料庫存取、頁首和頁尾和資料庫設定的相關 PHP 程式。

PHP 程式：connectDB.php

PHP 程式 connectDB.php 是含括 simplecms-config.php 程式，使用資料庫設定常數來建立 mysqli 物件，也就是建立 MySQL 資料庫連接。

PHP 程式：closeDB.php

PHP 程式 closeDB.php 是關閉資料庫連接，這是呼叫 mysqli_close() 函數來關閉 MySQL 資料庫連接。

PHP 程式：header.php

PHP 程式 header.php 是內容管理系統頁面一致的頁首。

PHP 程式：footer.php

PHP 程式 footer.php 是內容管理系統頁面一致的頁尾。

PHP 程式：session.php

PHP 程式 session.php 是內容管理系統交談期追蹤的相關函數，其說明如下表所示：

函數	說明
logged_on()	傳回 userid 的 Session 變數
confirm_is_admin()	確認是否是管理者，如果尚未登入，就轉址至 logon.php，然後呼叫 is_admin() 函數判斷是否是管理者，如果不是，就轉址至 index.php
is_admin()	使用關聯查詢 roles 和 users_in_roles 資料表，以便確認是否是管理者角色的使用者

PHP 程式：simplecms-config.php

PHP 程式 simplecms-config.php 的內容是資料庫設定的相關常數，在本章第 15-1 節已經說明過此檔案的內容。

16

專案開發：
航空公司訂票系統

16-1 認識航空公司訂票系統

　　航空公司訂票系統（Air Alliance Sample Application）是 AirAlliance 航空公司的線上訂票網站，一間虛擬的印度廉價航空公司，可以讓搭機客戶直接在線上進行訂票，和查詢訂票資訊，如下圖所示：

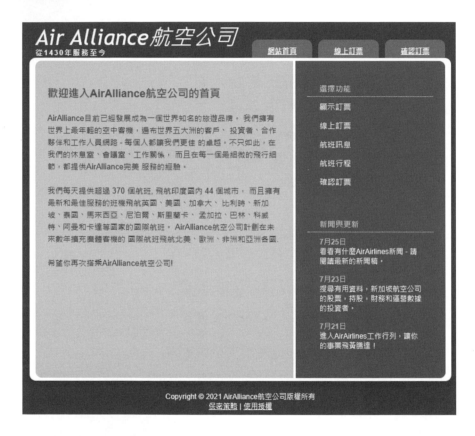

　　上述英文介面的網站原來是 NetBeans IDE 整合開發環境的內建範例專案，這是 Frank Jennings 使用 PHP 技術開發的 Web 網站（原始版本是英文介面）。筆者已經中文化使用介面和修改成 ext/mysqli 擴充程式。

航空公司訂票系統使用的 PHP 功能

　　在本章航空公司訂票系統使用的 PHP 功能，如下所示：

● PHP 狀態管理的交談期追蹤。

● MySQL 資料庫存取的網頁資料庫。

● 使用 ext/mysqli 擴充程式來執行 SQL 語言。

● PHP 物件導向程式設計。

因為航空公司訂票系統是 PHP 技術網頁資料庫的應用，系統需求包含 PHP 開發環境和 MySQL 資料庫系統，在本書是使用 XAMPP。

設定 MySQL 資料庫

請開啟「conf」資料夾下名為 conf.php 的程式檔案，可以看到資料庫設定的 PHP 原始程式碼，如下圖所示：

```
 6
 7   class AAConf{
 8       private $databaseURL = "localhost";    // 主機
 9       private $databaseUName = "root";        // 使用者
10       private $databasePWord = "A12345678";   // 密碼
11       private $databaseName = "AirAlliance";  // 資料庫名稱
12
```

上述 AAConf 類別的成員變數 $database??? 分別是 MySQL 伺服器主機、使用者名稱、使用者密碼和資料庫名稱，如果有更改 MySQL 管理者 root 的密碼，請更改 $databasePWord 成員變數值成為更改的密碼。

建立 MySQL 資料庫

在完成 PHP 資料庫設定後，我們就可以在 MySQL 伺服器建立範例專案的資料庫，資料庫名稱是在 conf.php 設定的 **AirAlliance**。

請使用 phpMyAdmin 管理工具執行「sql」資料夾下 airalliance.sql 的 SQL 指令碼檔案，就可以建立 AirAlliance 資料庫和新增相關資料表與測試記錄。

16-2 航空公司訂票系統的結構

航空公司訂票系統的程式架構是由多個子資料夾和 PHP 程式檔案所組成，包含 PHP 程式檔、引入檔、類別檔、CSS 檔、圖片檔和 SQL 指令碼檔案等。

16-2-1 航空公司訂票系統的專案資料夾

航空公司訂票系統專案的資料夾結構，如右圖所示：

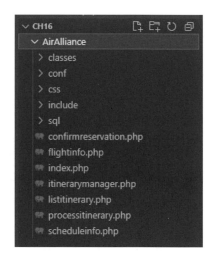

上述「AirAlliance」是範例專案的根資料夾，在之下各子資料夾是 PHP 網站的相關支援檔案，其說明如下表所示：

資料夾	說明
classes	系統支援的相關 PHP 類別檔
conf	設定 MySQL 資料庫連接相關參數的 conf.php 系統設定檔
css	系統的 CSS 樣式檔案和圖片檔案
include	系統插入的標題、註腳和導覽的 PHP 程式檔
sql	建立系統 MySQL 資料庫的 sql 檔

16-2-2 航空公司訂票系統的程式結構

航空公司訂票系統是 PHP 網站的 Web 應用程式，系統使用 MySQL 資料庫儲存客戶、航班、航點和訂票資料，我們可以執行 PHP 程式查詢航班、線上訂票和確認訂票，其程式結構如下圖所示：

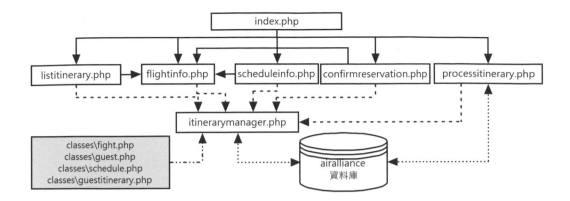

上述 index.php 是網站首頁，提供超連結來連接其他 PHP 程式，itinerarymanager.php 程式是系統函式庫，提供相關函數來存取 MySQL 資料庫 airalliance，可以查詢航班、確認和處理訂票，其回傳值是「classes」子資料夾的 PHP 類別所建立的物件。

PHP 程式 listitinerary.php 呼叫位在 itinerarymanager.php 的 getItinerary(0) 函數取得訂票清單。flightinfo.php 是呼叫 getFlightInfo() 函數顯示航班資訊。scheduleinfo.php 也是呼叫 getItinerary(0) 函數顯示航班行程，和訂票清單的差異只在欄位不同。

線上訂票是執行 processitinerary.php 程式的 HTML 表單處理，在輸入旅程資訊後，呼叫 getAvailableFlights() 函數取得可用的航班後，新增訂票記錄。confirmreservation.php 也是表單處理，在輸入訂票編號後，呼叫 getItinerary() 函數確認訂票；cancelReservation() 函數取消訂票。

16-3 航空公司訂票系統的使用

在執行航空公司訂票系統前，請先使用 phpMyAdmin 管理工具建立名為 **airalliance** 的 MySQL 範例資料庫、資料表與測試記錄。

請啟動 Google Chrome 執行 PHP 程式 index.php，其網址為：http://localhost:8080/ch16/AirAlliance/index.php，可以看到航空公司訂票系統的網站首頁，如下圖所示：

上述首頁是使用 CSS 搭配 <div> 標籤格式化建立的網頁內容（沒有使用 HTML5 結構標籤），點選右上方標籤頁的超連結，可以顯示網站首頁、線上訂票和確認訂票網頁。右邊紅色框部分分成上下兩大部分，在上方是網站導覽列的功能選單；下方是新聞與更新資訊。

顯示訂票

在右邊網站導覽列點選**顯示訂票**超連結，可以顯示目前所有航班的訂票情況，如下圖所示：

上述表格顯示客戶姓名、航班名稱、出發地點、目的地點和出發日期，點選 **AA056** 航班名稱超連結，可以顯示航班資訊，如下圖所示：

線上訂票

在網站導覽列點選**線上訂票**超連結，或**線上訂票**標籤頁，都可以看到 HTML 表單，可以讓我們輸入旅程資料來處理線上訂票，如下圖所示：

在欄位依序輸入客戶姓、客戶名，選擇出發和目的地後，按**處理訂票**鈕，可以看到目前可用航班清單的選擇鈕，如下圖所示：

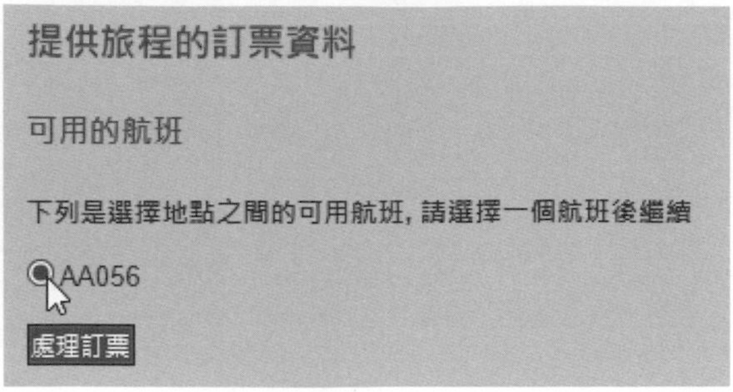

提供旅程的訂票資料

可用的航班

下列是選擇地點之間的可用航班, 請選擇一個航班後繼續

○AA056

處理訂票

上述選擇鈕顯示可用航班 AA056，在選擇後，按**處理訂票**鈕即可完成線上訂票，顯示訂票成功的訊息文字，如下圖所示：

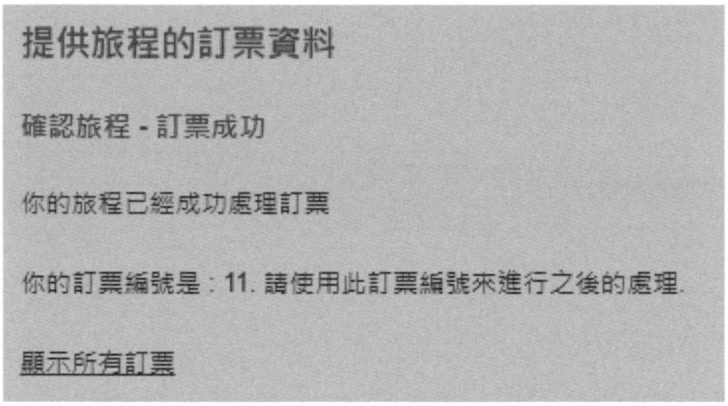

提供旅程的訂票資料

確認旅程 - 訂票成功

你的旅程已經成功處理訂票

你的訂票編號是：11. 請使用此訂票編號來進行之後的處理.

顯示所有訂票

上述訊息包含訂票編號，我們可以使用此編號在網站查詢訂票狀態和取消訂票，點選下方**顯示所有訂票**超連結，可以顯示目前所有客戶的訂票清單。

航班訊息

在網站導覽列點選**航班訊息**超連結，可以顯示目前 Air Alliance 航空公司開航的航班資訊，如下圖所示：

顯示航班資訊

您可以透過我們廣泛舒適的航班，了解我們航班可以到達的城市。

航班編號	航班名稱	起飛地點	降落地點
1	AA056	台北	香港
2	AA032	大阪	新加坡
3	AA087	墨爾本	東京
4	AA003	雪梨	柏林
5	AA004	孟買	洛杉磯
6	AA045	高雄	大阪
7	AA033	上海	吉隆坡
8	AA089	首爾	北京
9	AA099	曼谷	倫敦
10	AA098	巴黎	舊金山

選擇功能

顯示訂票

線上訂票

航班訊息

航班行程

確認訂票

新聞與更新

7月25日
看看有什麼AirAirlines新聞 - 請閱讀最新的新聞稿。

航班行程

在網站導覽列點選**航班行程**超連結，可以顯示目前 Air Alliance 航空公司有人訂票，會依行程飛行的航班，因為 Air Alliance 航空公司是廉價航空，有客戶訂票，該日期的航班才會飛行，如下圖所示：

顯示航班行程

在下列表格顯示航班行程，這是所有會飛的航班清單.

出發日期	航班名稱	出發地點	目的地點
2021-10-20	AA045	高雄	大阪
2021-10-15	AA098	巴黎	舊金山
2021-11-01	AA056	台北	香港
2021-10-04	AA089	首爾	北京
2021-10-04	AA087	墨爾本	東京
2021-10-07	AA003	雪梨	柏林
2021-10-21	AA033	上海	吉隆坡
2021-10-03	AA099	曼谷	倫敦
2021-11-04	AA004	孟買	洛杉磯
2021-10-17	AA032	大阪	新加坡
2021-11-15	AA056	台北	香港

按一下航班名稱可以顯示進一步資訊

選擇功能

顯示訂票

線上訂票

航班訊息

航班行程

確認訂票

新聞與更新

7月25日
看看有什麼AirAirlines新聞 - 請閱讀最新的新聞稿。

7月23日
搜尋有用資料，新加坡航空公司

確認訂票

在網站導覽列點選**確認訂票**超連結，或**確認訂票**標籤頁，都可以使用訂票編號查詢訂票狀態和取消訂票，如下圖所示：

在輸入訂票編號後，按**送出**鈕，可以顯示訂票狀態的相關資訊，如下圖所示：

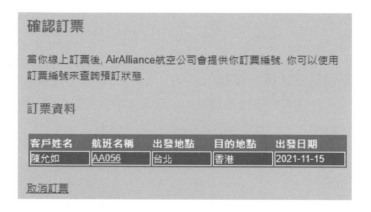

點選下方**取消訂票**超連結，即可取消此訂票編號的訂票，顯示成功取消訂票的訊息文字，如下圖所示：

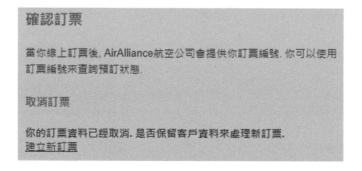

上述訊息指出，雖然訂票已經取消，但在客戶資料仍然會保留在客戶資料表，點選下方**建立新訂票**超連結，可以馬上執行線上訂票。

16-4 航空公司訂票系統的資料庫

航空公司訂票系統的 MySQL 資料庫是 **airalliance**，使用 utf8_general_ci 校對。在資料庫擁有 5 個資料表：flights、guest、itinerary、schedule 和 sectors，資料表的關聯性圖表，如下圖所示：

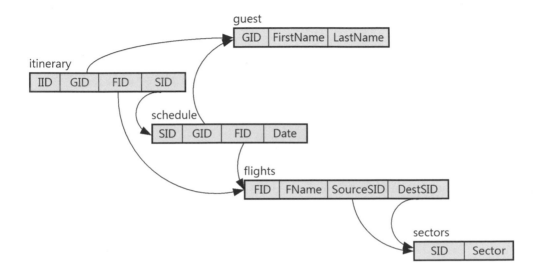

flights 資料表

在 flights 資料表儲存航班資料，其欄位說明如下表所示：

欄位名稱	MySQL 資料類型	大小	欄位說明
FID	INT	11	航班編號（主鍵）
FName	VARCHAR	10	航班名稱
SourceSID	INT	11	出發地點的航點編號
DestSID	INT	11	目的地點的航點編號

上表 flights 資料表的 FID 欄位和 itinerary 與 schedule 資料表建立關聯性；SourceSID 和 DestSID 欄位和 sectors 資料表的 SID 欄位建立關聯性。

guest 資料表

在 guest 資料表儲存客戶資料，其欄位說明如下表所示：

欄位名稱	MySQL 資料類型	大小	欄位說明
GID	INT（自動編號）	10	客戶編號（主鍵）
FirstName	VARCHAR	20	客戶名
LastName	VARCHAR	20	客戶姓

上表 guest 資料表的 GID 欄位和 itinerary 與 schedule 資料表建立關聯性。

itinerary 資料表

在 itinerary 資料表儲存旅程的訂票資料，其欄位說明如下表所示：

欄位名稱	MySQL 資料類型	大小	欄位說明
IID	INT（自動編號）	11	訂票編號（主鍵）
GID	INT	11	客戶編號
FID	INT	11	航班編號
SID	INT	11	行程編號

上表 itinerary 資料表的 GID 欄位和 guest 資料表建立關聯性；FID 欄位和 flights 資料表建立關聯性；SID 欄位和 schedule 資料表建立關聯性。

schedule 資料表

在 schedule 資料表儲存航班的行程資料，即哪一天有哪些航班會飛航，其欄位說明如下表所示：

欄位名稱	MySQL 資料類型	大小	欄位說明
SID	INT（自動編號）	11	行程編號（主鍵）
GID	INT	11	客戶編號
FID	INT	11	航班編號
Date	DATE	N/A	出發日期

上表 schedule 資料表的 GID 欄位和 guest 資料表建立關聯性；FID 欄位和 flights 資料表建立關聯性。

sectors 資料表

在 sectors 資料表儲存航點資料，其欄位說明如下表所示：

欄位名稱	MySQL 資料類型	大小	欄位說明
SID	INT（自動編號）	11	航點編號（主鍵）
Sector	VARCHAR	10	航點名稱

上表 sectors 資料表的 SID 欄位（與 schedule 資料表的主鍵同名）和 flights 資料表的 SourceSID 和 DestSID 欄位建立關聯性。

16-5 航空公司訂票系統的程式說明

航空公司訂票系統的 PHP 程式檔案分別位在根目錄和 3 個子資料夾。在「sql」子資料夾的 airalliance.sql 是建立 airalliance 資料庫。「css」子資料夾是網站外部 CSS 樣式檔案和圖片檔案。

16-5-1 根目錄的程式說明

航空公司訂票系統各功能的網頁就是根目錄的 7 個 PHP 程式，首頁是 index.php，在導覽列的 6 個超連結分別執行其他 6 個 PHP 程式。

PHP 程式：index.php

PHP 程式 index.php 是航空公司訂票系統的首頁，可以顯示航空公司簡介的訊息文字來歡迎使用者進入網站。

PHP 程式：itinerarymanager.php

PHP 程式 itinerarymanager.php 是系統使用的 PHP 函式庫，提供存取 MySQL 資料庫的相關函數，其說明如下表所示：

函數	說明
initDB()	在建立 AAConf 物件取得 MySQL 伺服器連接資訊後，建立和回傳資料庫連接，和更新航點資訊的 Session 變數
closeDB($connection)	關閉參數的資料庫連接
cancelReservation($IID)	取消參數訂票編號的訂票，函數在取得行程編號後，建立 SQL 指令刪除 schedule 和 itinerary 資料表的記錄資料
processReservation($fname, $lname, $sourcelist, $destlist, $flight, $sdate)	處理線上訂票，在取得客戶輸入的旅程資訊後，新增或更新 guest 資料表的客戶記錄，然後檢查訂票是否重複，如果沒有，就新增 schedule 和 itinerary 資料表的訂票資訊，回傳值是訂票編號；失敗回傳 -1
getAvailableFlights($source, $dest)	取得可用的航班，函數在取得出發和目的地的航點編號後，建立 SQL 指令查詢 flights 資料表來取得能夠從 $source 飛到 $dest 參數的航班，回傳值是可用的航班陣列
getFlightInfo($FID)	回傳航班資訊，函數使用航班編號查詢 flight 資料表的航班資訊，和 sectors 資料表的航點資訊 ，函數參數是航班編號；如果為 0 就取得所有航班資訊，回傳值是 Flight 物件陣列的航班資訊
getItinerary($IID)	回傳訂票資料，函數使用訂票編號查詢 itinerary 資料表的訂票資訊，guest 資料表的客戶姓名，schedule 資料表的日期，flights 資料表的名稱、出發地點和目的地點，然後查詢 sectors 資料表的航點資訊。函數參數是訂票編號；如果為 0 就取得所有訂票資訊，回傳值是 GuestItinerary 物件陣列的訂票資訊

PHP 程式：listitinerary.php

PHP 程式 listitinerary.php 呼叫 getItinerary(0) 函數取得所有訂票資料的 GuestItinerary 物件陣列後，使用表格顯示訂票資料，包含：客戶姓名、航班名稱、出發地點、目的地點和出發日期。

PHP 程式：flightinfo.php

PHP 程式 flightinfo.php 呼叫 getFlightInfo($FID) 函數取得參數的航班資訊，即 Flight 物件陣列（此陣列只有 1 個元素），然後使用表格顯示航班資訊，包含：航班編號、航班名稱、起飛地點和降落地點。

PHP 程式：processitinerary.php

PHP 程式 processitinerary.php 是二個步驟的表單處理，首先檢查航點資訊的 Session 變數是否存在，如果不存在，就建立和更新航點資訊的 Session 變數，以便在下拉式清單選擇出發與目的地的航點。

在步驟一的表單輸入客戶姓名、選擇出發與目的地點，和輸入出發日期後，執行本身的表單處理程式碼，即呼叫 getAvailableFlights() 函數取得可用航班的陣列，和使用 PHP 程式建立步驟二的選擇鈕來選擇欲搭乘的航班，PHP 程式是使用隱藏欄位傳遞訂票資料至步驟二。

步驟二在選擇航班後，按下按鈕就是呼叫 processReservation() 函數新增訂票資訊，並且顯示訂票成功的訊息文字。

PHP 程式：scheduleinfo.php

PHP 程式 scheduleinfo.php 呼叫 getItinerary(0) 函數取得所有航班的行程資訊，這是 GuestItinerary 物件陣列，然後使用表格顯示航班的行程，包含：出發日期、航班名稱、出發地點和目的地點。

PHP 程式：confirmreservation.php

PHP 程式 confirmreservation.php 是表單處理程式，在取得輸入的訂票編號後，呼叫 getItinerary($IID) 函數取得參數訂票編號的訂票資料，即 GuestItinerary 物件陣列（此陣列只有 1 個元素），然後使用表格顯示一筆訂票資訊，包含：客戶姓名、航班名稱、出發地點、目的地點和出發日期。

在訂票資訊表格下提供超連結執行本身 confirmreservation.php 程式，這是使用 URL 參數傳遞 action 參數值 cancel 和 IID 參數來取消訂票，即呼叫 cancelReservation($IID) 函數來取消訂票。

16-5-2　classes 子資料夾的程式說明

在 classes 子資料夾的 PHP 程式都是類別宣告的類別檔，主要是用來支援 itinerarymanager.php 函式建立所需的物件，可以使用 Flight 和 GuestItinerary 物件作為相關函數的回傳值。

PHP 程式：flight.php

PHP 程式 flight.php 是儲存航班資訊的 Flight 類別宣告，這是 getFlightInfo() 函數的回傳值，內含 4 個成員變數儲存 flights 資料表的 4 個欄位值，4 個 set 和 get 開頭的存取方法可以存取此 4 個成員變數。

PHP 程式：guest.php

PHP 程式 guest.php 是儲存客戶資料的 Guest 類別宣告，內含 3 個成員變數儲存 guest 資料表的 3 個欄位值，3 個 set 和 get 開頭的存取方法可以存取此 3 個成員變數。

PHP 程式：guestitinerary.php

PHP 程式 guestitinerary.php 是繼承 Guest 類別的 GuestItinerary 類別宣告，可以儲存客戶的旅程資訊，這是 getItinerary() 函數的回傳值。

在類別宣告除了繼承自 Guest 類別的 3 個成員變數外，新增 6 個成員變數儲存 flights 資料表 FID 和 FName 欄位值，schedule 資料表的 SID 和 Date 欄位值，其中 flights 資料表的 SourceSID 和 DestSID 欄位會再查詢 sectors 資料表取得關聯的 Sector 欄位值。

類別除了建構子方法外，6 個 set 和 get 開頭的存取方法來存取 6 個成員變數。

PHP 程式：schedule.php

PHP 程式 schedule.php 是儲存行程資訊的 Schedule 類別宣告，內含 3 個成員變數儲存 schedule 資料表的 3 個欄位值 SID、FID 和 Date，3 個 set 和 get 開頭的存取方法可以存取此 3 個成員變數。雖然 PHP 程式 itinerarymanager.php 有插入此類別檔，但並沒有使用。

16-5-3 conf 子資料夾的程式說明

在 conf 子資料夾只有一個 conf.php 程式，可以設定連接 MySQL 資料庫的相關連接資訊。

PHP 程式：conf.php

PHP 程式 conf.php 是 PHP 類別 AAConf 的宣告，包含 4 個成員變數的主機名稱、使用者名稱、使用者密碼和資料庫名稱。內含 4 個成員方法可以回傳 MySQL 資料庫的連接資訊，其說明如下表所示：

方法	說明
get_databaseURL()	回傳 MySQL 伺服器名稱
get_databaseUName()	回傳資料庫的使用者名稱
get_databasePWord()	回傳資料庫的使用者密碼
get_databaseName()	回傳使用的資料庫名稱

16-5-4 include 子資料夾的程式說明

在 include 子資料夾的 PHP 程式是網站每一頁網頁共同部分的引入檔，即上方標題文字、下方版權宣告、導覽列和新聞與更新訊息。根目錄的每一個 PHP 程式都是使用 include() 來插入這些 PHP 程式。

PHP 程式：header.php

PHP 程式 header.php 可以顯示每頁網頁上方的標題文字，和三個主功能標籤頁的超連結。

PHP 程式：footer.php

PHP 程式 footer.php 顯示每頁網頁下方的版權宣告和 2 個超連結，請注意！這 2 個超連接並沒有作用。

PHP 程式：nav.php

PHP 程式 nav.php 就是每頁網頁右方導覽列的功能表，這是使用 <ul> 清單標籤顯示的 6 個超連結。

PHP 程式：updates.php

PHP 程式 updates.php 的內容就是導覽列下方顯示的新聞與更新訊息，這是使用清單方式顯示的文字訊息，其中超連結並沒有作用。

17

專案開發：使用 Laravel 的 MVC 框架

17-1 MVC 設計模式與 Laravel

「MVC 設計模式」（Model-View-Controller design pattern）是一種物件導向設計模式，可以將應用程式的資料模型、使用介面和控制邏輯分割成 Model、View 和 Controller 三種元件。

17-1-1 認識 MVC 設計模式

「設計模式」（design pattern）是經過嚴格測試和開發能夠有效率解決特定種類問題的一組物件集合，和這些物件之間的關係。程式設計者在解決問題時，如果發現某種設計模式可以套用，就馬上可以使用設計模式來快速建立出經測試過且可靠的應用程式架構。

「MVC 設計模式」（Model-View-Controller design pattern）最早是在 1979 年由 Trygve Reenskaug 在 Xerox 實驗室研究提出的應用程式架構，其主要的目的在解決下列問題，如下所示：

- 維護儲存在「長存儲存媒體」（Persistent Storage）的資料，例如：資料庫。

- 維護應用程式執行流程的邏輯控制，例如：使用者能夠檢視什麼資料？哪些資料允許使用者執行操作？

- 顯示使用者所需的資訊和使用介面。

上述問題就是傳統程式設計的輸入（Input）、處理（Processing）和輸出（Output）問題，對應 MVC 設計模式就是 Model、Controller 和 View 三種元件，如下圖所示：

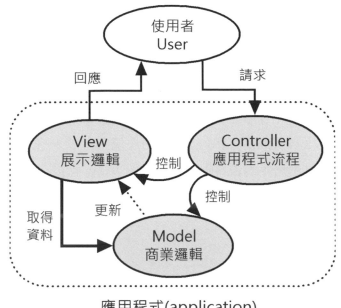

應用程式(application)

上述圖例在 Web 應用程式來說，使用者提出 HTTP 請求，當 Controller 元件收到使用者的請求後，負責控制應用程式的執行，即控制 Model 和 View 元件的狀態變更，Model 元件提供資料讓 View 元件建立回應資料，即 HTTP 回應，例如：HTML 網頁。

Model 元件

在 MVC 的 Model 元件是實作儲存應用程式的資料，包含資料和其規則。Model 元件之所以命名為「模型」，因為這是一組模擬真實世界的物件集合。請注意！ Model 元件是系統中唯一可以存取長存儲存媒體（Persistent Storage）的元件，例如：資料庫。

Web 應用程式的 Model 元件負責 Web 應用程式的資料存取和處理，即存取和處理儲存在資料庫、文字檔案和 XML 檔案等資料。

View 元件

在 MVC 的 View 元件是實作展示邏輯（Presentation Logic）的物件，Web 應用程式就是建立使用者在瀏覽器看到的執行結果，即 HTTP 回應訊息，通常就是 HTML 網頁。

基本上，View 元件是使用 Model 物件儲存的資料來產生 HTML 網頁，可以將 Model 元件的資料庫資料，透過 View 轉換成有用的資訊呈現給使用者。

Controller 元件

MVC 的 Controller 元件是整個應用程式的中心，連接 View 和 Model 元件來協調和控制應用程式的執行，Web 應用程式的 Controller 元件就是控制資料處理流程的控制器，負責接收使用者的 HTTP 請求。

Controller 元件可以依請求執行所需操作，即下達指令給 Model 取出所需資料，然後送至 View 元件來產生顯示結果的 HTML 網頁。

17-1-2　PHP 的 MVC 框架 Laravel

目前市面上支援 PHP 技術的 MVC 框架和函式庫非常的多，其目的是為了讓開發者能夠建立良好結構的 Web 應用程式，比較常用的 MVC 框架或函式庫有：CodeIgniter、Zend Framework 和 Laravel 等。

認識 Laravel

Laravel 是一個 Web 應用程式的免費開源框架，這是 Taylor Otwell 所建立實作 MVC 架構的 PHP Web 框架，提供強大功能來快速開發 PHP 技術的 Web 應用程式，其官方網址：https://laravel.com/。

　　Laravel 是目前當紅的 PHP 框架，支援使用者身分驗證和授權，提供模組化套件系統，可以輕鬆存取關聯式資料庫和提供相關工具來部署和維護 Web 應用程式。

　　Laravel 使用 Blade 模板系統將 PHP 程式碼與 HTML 網頁分離，讓我們可以專注於 HTML 網頁的頁面設計，實作 ORM（Object-relational Mapping），可以使用 Eloquent ORM 將 PHP 類別對應 MySQL 資料庫，和支援資料驗證功能，我們不用撰寫任何 SQL 指令就可以存取資料庫，Migration 工具可以讓資料庫遷移不再成為惱人的工作。

Laravel 框架的基本開發步驟

　　Laravel 是定義 Model、Controller 類別和 View 範本來動態產生網頁內容，我們需要使用 PHP 物件導向語法來宣告 Model 和 Controller 類別，使用 HTML 標籤建立 View 的模板，然後整合從 Model 取得的資料來產生回應的 HTML 網頁內容。

　　Laravel 的 Web 應用程式開發是一種請求導向的 Web 應用程式開發，我們是針對 Web 伺服器需要處理的請求來進行開發，需要哪一個 HTTP 請求，就在 Controller 類別建立處理此請求的對應方法，和對應的 View。Laravel 的基本開發步驟，如下所示：

Step 1：建立 MySQL 資料庫和對應的 Model 類別，詳見第 17-5 節的說明，如果不需要儲存資料，請直接從 Step 2 開始。

Step 2：在 Controller 類別定義 HTTP 請求對應的方法，即在瀏覽器輸入的 URL 網址（Laravel 是使用路由），每一個 HTTP 請求對應 1 個方法，其工作是依請求從 Model 取出資料後，將取出資料傳遞給 View 來產生 HTTP 回應的 HTML 網頁，即回傳瀏覽器顯示的網頁內容，詳見第 17-4-1 節。

Step 3：針對 Controller 類別的方法建立對應的 View 視圖，即套用 Controller 傳遞的 Model 資料來產生 HTML 網頁回應，詳見第 17-4-2~17-4-3 節。

17-2 安裝 Laravel 開發環境

我們準備在 Windows 電腦的 XAMPP 安裝 Laravel 框架，需要使用 Composer 來安裝 Laravel，Composer 是 PHP 專案的套件管理工具，可以管理 PHP 專案所需的套件和函式庫。

步驟一：下載與安裝 XAMPP

Laravel 開發環境是架構在 PHP 開發環境之上，我們首先需要安裝 PHP 開發環境，在本書已經安裝 XAMPP，詳細說明請參閱第 1 章。

步驟二：下載與安裝 Composer

Composer 可以在官方網站免費下載，其 URL 網址如下所示：

```
https://getcomposer.org/download/
```

Download Composer Latest: v2.1.5

Windows Installer

The installer - which requires that you have PHP already installed - will download Composer for you and set variable so you can simply call `composer` from any directory.

Download and run Composer-Setup.exe - it will install the latest composer version whenever it is executed.

請點選 **Composer-Setup.exe** 超連結下載同名的安裝程式檔案。 Composer 的安裝步驟，如下所示：

Step 1：請雙擊執行下載的 **Composer-Setup.exe** 檔案，首先選擇安裝模式是全部使用者和目前使用者，選 **Install for me only** 是目前使用者。

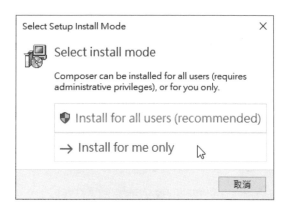

Step 2：選擇安裝類型，可勾選開發者類型（Developer mode），預設沒有勾選，不用更改，按 **Next >** 鈕。

Step 3：選擇 PHP 的安裝目錄，預選 XAMPP 安裝目錄下的 php.exe，按 **Next >** 鈕。

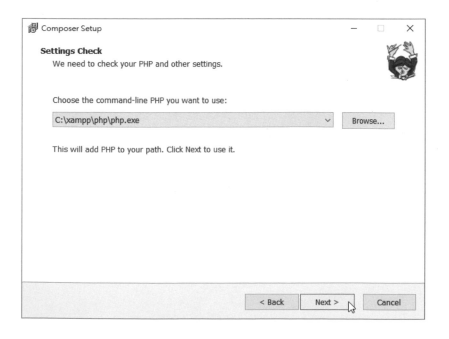

Step 4：選擇是否是使用 Proxy 伺服器連線 Internet，如果有，請自行設定，預設沒有勾選，不用更改，按 **Next >** 鈕。

Step 5：按 **Install** 鈕開始安裝 Composer，可以看到一個安裝訊息，指出需開啟全新「命令提示字元」視窗來執行 Composer，請按 **Next >** 鈕開始安裝。

Step 6：稍等一下，等到安裝完成，在安裝完成的精靈畫面可勾選是否檢視線上說明文件，按 **Finish** 鈕完成安裝。

步驟三：測試 Composer 工具

請在 Windows 下方工具列的欄位輸入 cmd 搜尋和開啟「命令提示字元」視窗，然後輸入下列指令來顯示 Composer 版本，如下所示：

```
composer -v Enter
```

　　在上述圖例可以看到 Composer 工具的版本是 2.1.5 版，表示我們已經成功安裝 Composer。

步驟四：使用 Composer 安裝 Laravel Installer

　　雖然我們可以直接使用 Composer 新增 Laravel 專案，在本書是安裝 Laravel Installer，然後使用 laravel 指令來新增 Laravel 專案。

　　請在 Windows 下方工具列的欄位輸入 cmd 搜尋和開啟「命令提示字元」視窗，然後輸入下列指令來安裝 Laravel Installer，如下所示：

```
composer global require "laravel/installer" Enter
```

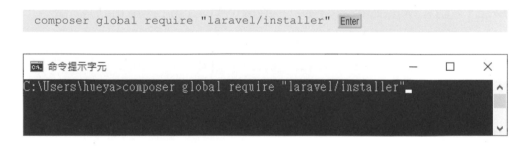

　　安裝 Laravel Installer 需花費一些時間，等到再次看到提示字元，而且沒有錯誤訊息，就表示已經成功安裝 Laravel Installer，如下圖所示：

```
CⁿM 命令提示字元                                    —   □   ×
- Installing psr/container (1.1.1): Extracting archive
- Installing symfony/service-contracts (v2.4.0): Extracting archive
- Installing symfony/polyfill-php73 (v1.23.0): Extracting archive
- Installing symfony/deprecation-contracts (v2.4.0): Extracting archive
- Installing symfony/console (v5.3.4): Extracting archive
- Installing laravel/installer (v4.2.7): Extracting archive
6 package suggestions were added by new dependencies, use `composer suggest` to see
 details.
Generating autoload files
11 packages you are using are looking for funding.
Use the `composer fund` command to find out more!

C:\Users\hueya>
```

17-3　建立 Laravel 專案

在 成 功 安 裝 Composer 和 Laravel Installer 後，我 們 就 可 以 在 XAMPP 建立 Laravel 專案，然後了解 Laravel 專案的目錄結構與路由。

17-3-1　新增 Laravel 專案

我們準備在 XAMPP 根目錄的「ch17」子目錄，新增名為 ch17-3 的 Laravel 專案，其步驟如下所示：

Step 1：請在 Windows 下方工具列的欄位輸入 cmd 搜尋和開啟「命令提示字元」視窗（請使用系統管理身份來啟動），然後輸入 cd 指令切換至「C:\xampp\htdocs\ch17」目錄（需自行建立「ch17」目錄）。

```
cd \xampp\htdocs\ch17  Enter
```

Step 2：然後輸入下列 laravel 指令來新增 Laravel 專案，參數 new 是新增，最後的 ch17-3 是專案名稱，如下所示：

```
laravel new ch17-3  Enter
```

Step 3：等到成功建立專案，因為會新增專案名稱的同名子目錄「ch17-3」，請先輸入 cd 指令切換至「ch17-3」專案目錄後，即可輸入下列 artisan 指令來啟動伺服器（預設埠號是 8000），如下所示：

```
php artisan serv  Enter
```

```
系統管理員: 命令提示字元 - php  artisan serv                                         —    □    ×

C:\WINDOWS\system32>cd \xampp

C:\xampp>cd htdocs

C:\xampp\htdocs>cd ch17

C:\xampp\htdocs\ch17>cd ch17-3

C:\xampp\htdocs\ch17\ch17-3>php artisan serv
Starting Laravel development server: http://127.0.0.1:8000
[Tue Jul 27 17:10:39 2021] PHP 8.0.8 Development Server (http://127.0.0.1:8000) started
```

Step 4：等到成功啟動伺服器，就可以在瀏覽器輸入下列網址來顯示 Laravel 專案的首頁，如下所示：

```
http://localhost:8000
```

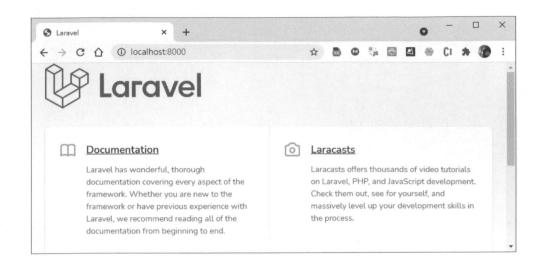

17-3-2 Laravel 目錄結構與路由

在成功建立 Laravel 專案後，接著我們需要了解 Laravel 專案的目錄
結構，以便了解是在哪些目錄建立所需的 PHP 檔案，和如何使用路由來
定義瀏覽 Web 應用程式的 URL 網址。

Laravel 目錄結構

請使用 Visual Studio Code 開啟
「\xampp\htdocs\ch17\ch17-3」資料夾，
可以看到 Laravel 專案的目錄結構，如
右圖所示：

右述目錄結構的各子目錄都有特定
功能，其簡單說明如下所示：

● app 目錄：應用程式核心的 PHP 程式檔，在「Http/Controllers」子目
錄是 Controller 控制器的類別檔；「Models」子目錄是應用程式模型的
Model 類別檔。

- bootstrap 目錄：應用程式啟動的腳本程式檔案和快取檔。

- config 目錄：應用程式設定檔。

- database 目錄：資料庫檔案。

- public 目錄：公開的資源檔和 index.php 等。

- resources 目錄：前端 JavaScript 和 CSS 等資源檔，在「views」子目錄是 View 元件的 Blade 模版檔案。

- routes 目錄：路由設定檔。

- storages 目錄：應用程式的暫存檔、Session 檔、Views 編譯的腳本檔和記錄檔。

- tests 目錄：應用程式的測試和單元測試檔。

- vendor 目錄：使用 Composer 安裝其他第三方廠商的 PHP 函式庫。

路由：讓 URL 找到對應的 Controller 方法

對於 Laravel 建立的 Web 應用程式來說，每一個瀏覽器送出的 HTTP 請求是對應一個路由，每一個路由是對應 Controller 類別的一個方法。「路由」（Routes）就是類似 Windows 檔案的路徑，如下所示：

```
/
/hello
/list
/user/{id}
```

上述第 1 個路由是根路由，最後一個路由 user 有大括號括起的 id 參數，加上網域名稱後即可建立 URL 網址，如下所示：

```
http://localhost:8080/
http://localhost:8080/hello
http://localhost:8080/list
http://localhost:8080/user/joe
```

上述最後 1 個 URL 網址的路由「user/joe」，最後的 joe 就是 id 參數值。Laravel 專案的路由是定義在「routes」目錄下的 PHP 檔案，如右圖所示：

上述 api.php 定義 Web API 的路由、web.php 定義瀏覽器 HTTP 請求的路由，我們主要是使用 web.php 檔案，其內容如下所示：

```php
<?php

use Illuminate\Support\Facades\Route;

...

Route::get('/', function () {
    return view('welcome');
});
```

上述程式碼使用 Route::get() 類別方法定義自訂路由，get 是 HTTP GET 請求，第 1 個參數「/」是根路由，因為沒有使用 Controller，回應就是執行之後的回撥函數，使用 return 回傳模版檔案，view() 參數就是模版檔名稱，這是位在「resources\views」目錄下的 welcome.blade.php 檔案。

如果建立名為 Hello 的 Controller，然後使用 hello() 方法來回應「/hello」路由，如下所示：

```php
Route::get('/hello', 'HelloController@hello')->name('hello');
```

上述 get() 方法的第 2 個參數指明執行 HelloController.php 程式檔案的 hello() 方法，最後的 name() 方法指定名稱，以方便之後進行轉址。

> **說明** 請注意！ Laravel 8 因為沒有在 RouteServiceProvider.php 指定控制器的命名空間，所以執行 Laravel 專案會出現找不到控制器的錯誤，請參閱第 17-4-1 節 Step 5 的說明來解決此問題。

17-4 建立 Controller 與 View

我們準備從建立 Controller 控制器開始，新增回應 HTTP 請求的方法（稱為動作）後，建立對應動作的 View 視圖，最後說明如何傳遞陣列資料至 View。

17-4-1　建立 Controller 控制器

我們準備在此節建立名為 ch17-4-1 的 Laravel 專案，擁有名為 BooksController 的控制器類別，在類別擁有 index() 與 sum() 兩個方法，對應「/」和「/sum」路由，其建立步驟如下所示：

Step 1：請參閱第 17-3-1 節的說明，在「ch17」目錄新增名為 ch17-4-1 的 Laravel 專案。

Step 2：開啟「routes」目錄下的 web.php，刪除原來的路由後，在最後新增 2 個路由「/」和「/sum」，第 2 個路由有 2 個參數 a 和 b，在參數 b 後有「?」符號表示允許是 NULL，可以只傳入參數 a，如下所示：

```
Route::get('/', 'BooksController@index')->name('index');
Route::get('/sum/{a}/{b?}', 'BooksController@sum')->name('sum');
```

Step 3：請切換至「ch17-4-1」專案目錄，執行下列 artisan 指令新增名為 BooksController.php 控制器的 PHP 檔案，如下所示：

```
php artisan make:controller BooksController  Enter
```

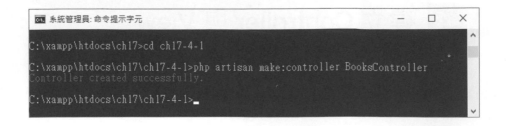

Step 4：請修改位在「Http/Controllers」子目錄下，名為 BooksController 類別的 PHP 程式碼，新增 index() 和 sum() 兩個方法，如下所示：

程式內容：BooksController.php

```
01: <?php
02:
03: namespace App\Http\Controllers;
04:
05: use Illuminate\Http\Request;
06:
07: class BooksController extends Controller
08: {
09:     // index()方法
10:     public function index() {
11:         return "Books控制器的預設行為...";
12:     }
13:     // sum()方法
14:     public function sum($a, $b = 5) {
15:         $total = $a + $b;
16:         return $a . " + " . $b . " = " . $total;
17:     }
18: }
```

程式說明

● 第 7~18 列：BooksController 類別是繼承自 Controller 類別，Controller 是所有 Controller 控制器的父類別。

- 第 10~12 列：index() 方法在第 11 列回傳一個訊息字串，換句話說，在瀏覽器顯示的就是這段訊息文字。

- 第 14~17 列：sum() 方法可以計算 2 個參數的總和，第 2 個參數 b 有預設值 5，在第 15 列計算總和，第 16 行回應運算結果的運算式子串。

Step 5：Laravel 8 因為沒有在 RouteServiceProvider.php 指定控制器的命名空間，所以找不到 Controller 控制器，請開啟位在「\app\Providers」子目錄下的 PHP 程式檔案 RouteServiceProvider.php 後，找到 boot() 方法，然後在方法最後的 Route::middleware('web')，修改之後 namespace() 方法的參數，將原來 $this->namespace 改成 'App\Http\Controllers'，如下所示：

```
public function boot()
{
    $this->configureRateLimiting();
    ...
        Route::middleware('web')
            // ->namespace($this->namespace)
            ->namespace('App\Http\Controllers')
            ->group(base_path('routes/web.php'));
    });
}
```

Step 6：然後就可以在專案目錄，輸入下列 artisan 指令來啟動伺服器，如下所示：

```
php artisan serv Enter
```

Step 7：請啟動 Google Chrome 瀏覽器輸入網址 http://localhost:8000/，可以看到 index() 方法回傳的字串，這是根路由對應的方法，如下圖所示：

Step 8：測試 sum() 方法，請在 URL 網址的「/sum」路由加上參數（15 是 a 參數的值；7 是 b 參數的值），如下所示：

```
http://localhost:8000/sum/15/7
```

15 + 7 = 22

同樣方式，讀者可以自行測試下列 URL 網址的執行結果，即可進一步了解路由是如何轉換 URL 網址和傳入參數，如下所示：

```
http://localhost:8000/sum/15
http://localhost:8000/sum/5/10
```

17-4-2 建立 View 視圖

在第 17-4-1 節建立的 BooksController.php 控制器類別並沒有使用 Model，而且 2 個方法都是直接回應字串內容，沒有建立對應的 View 視圖，在 Laravel 可以使用 Blade 模板來建立 View 視圖，PHP 檔名格式：**< 視圖名稱 >.blade.php**。

這一節筆者準備替 BooksController 類別的 index() 和 sum() 方法建立對應的 View 視圖（Model 的使用請參閱第 17-5 節），即與方法同名的 index.blade.php 和 sum.blade.php 兩個模板檔案，並且將資料從 Controller 傳遞至 View 來顯示，其建立步驟如下所示：

Step 1：請自行複製「\ch17\ch17-4-1」目錄的所有檔案至「\ch17\ch17-4-2」目錄來建立 Laravel 專案。

Step 2：開啟「app\Http\Controllers\BooksController.php」的 PHP 檔案後，修改 index() 方法的程式碼，如下所示：

程式內容：index()

```
01: public function index() {
02:     return view('index');
03: }
```

程式說明

● 第 1~2 行：index() 方法回傳名為 index 的 Blade 模板檔，位置是在「resources\views」目錄下，檔名是 index.blade.php。

Step 3：請使用 Visual Studio Code 在「resources\views」目錄下，新增名為 index.blade.php 的 PHP 程式檔案，然後在檔案輸入 HTML 網頁內容，如下所示：

```
<!DOCTYPE html>
<html>
<head>
<meta charset="utf-8" />
<title>index.html</title>
</head>
<body>
<h2>Books控制器的預設行為</h2>
</body>
</html>
```

Step 4：在儲存後，可以在專案目錄，輸入下列 artisan 指令來啟動伺服器，如下所示：

```
php artisan serv Enter
```

Step 5：請啟動 Google Chrome 瀏覽器輸入網址 http://localhost:8000/，可以看到 index() 方法回傳的 HTML 網頁內容，如下圖所示：

Step 6：請在 BooksController 控制器類別修改上一節的 sum() 方法，可以將參數值傳遞至 View 視圖的 Blade 模板檔，如下所示：

程式內容：sum()

```
01: public function sum($a, $b = 5) {
02:     $total = $a + $b;
03:     return view('sum')->with('a', $a)
04:             ->with('b', $b)->with('total', $total);
05: }
```

程式說明

● 第 2 列：計算 2 個參數的總和。

● 第 3~4 列：呼叫 with() 方法將資料從 Controller 傳遞至 View，第 1 個參數是傳遞的變數名稱（在之前不用「$」符號），第 2 個參數是傳遞值，以此例是傳遞變數 $a、$b 和 $total 的值至 View。

Step 7：請使用 Visual Studio Code 在「resources\views」目錄下，新增名為 sum.blade.php 的 PHP 程式檔案，然後在檔案輸入 HTML 網頁內容，如下所示：

```
<!DOCTYPE html>
<html>
<head>
<meta charset="utf-8" />
<title>sum.html</title>
</head>
<body>
<h2>{{$a}} + {{$b}} = {{$total}}</h2>
</body>
</html>
```

上述 <h2> 標籤使用「{{」和「}}」括起的變數來顯示從 sum() 方法傳遞的 $a、$b 和 $total 變數值。

Step 8：測試 sum() 方法，請在 URL 網址加上參數，可以顯示計算結果，這是從 Controller 取得參數後，將運算元和運算結果傳入 View，如下所示：

```
http://localhost:8000/sum/10
```

17-4-3　傳遞陣列資料至 View

在第 17-4-2 節是從 Controller 傳遞單一變數值至 View，我們也可以傳遞整個結合陣列至 View。請繼續第 17-4-2 節的 Laravel 專案，首先在 ch17-4-2 專案的 web.php 新增「/list」路由，如下所示：

```
Route::get('/list', 'BooksController@list')->name('list');
```

然後，在 BooksController 類別新增 list() 方法，如下所示：

```
public function list() {
    $book = array(
            "id"=>"W0001",
            "title"=> "PHP程式設計",
            "author"=>"陳會安",
            "price"=>"550");
    return view('list')->with('title', '圖書資料')
                        ->with('book', $book); // 傳遞陣列資料
}
```

上述 $book 變數是結合陣列，第 1 個 with() 方法傳遞 title 變數，然後在第 2 個 with() 方法傳遞陣列資料，即 $book 陣列變數。

在 list() 方法對應的 list.blade.php 可以取出傳遞的變數和結合陣列資料，如下所示：

```
<h2>{{$title}}</h2>
<dl>
<dt>書號: </dt><dd>{{$book['id']}}</dd>
<dt>書名: </dt><dd>{{$book['title']}}</dd>
<dt>作者: </dt><dd>{{$book['author']}}</dd>
<dt>定價: </dt><dd>{{$book['price']}}</dd>
</dl>
```

上述 <h2> 標籤顯示傳遞的 $title 變數值，<dl> 標籤的清單顯示結合陣列內容，其執行結果（路由是「/list」）如下圖所示：

17-5 應用實例：建立 Model 的 產品資料管理

資料模型（Data Model）是應用程式的核心，在 Laravel 是使用 ORM（Object-relational Mapping）來處理資料庫與 Model（即資料模型）的對應。

在這一節我們準備建立產品資料管理的 Web 應用程式，包含完整資料庫的 CRUD 操作，MySQL 資料庫是使用第 13-6 節的 shop 資料庫，使用 Laravel 在此資料庫新增 products 資料表，這是一個完整 MVC 架構的 Web 應用程式。

步驟一：新增 Laravel 專案

請參閱第 17-3-1 節新增名為 ch17-5 的 Laravel 專案。因為 Laravel 8 沒有在 RouteServiceProvider.php 指定控制器的命名空間，請參閱第 17-4-1 節 Step 5 的說明來指定命名空間。

步驟二：資料庫設定檔 .env

請啟動 Visual Studio Code 開啟「ch17\ch17-5」目錄後，開啟此目錄下的 **.env** 檔案，請搜尋和更改 DB_DATABASE 成為 shop、DB_PASSWORD 改成 A12345678 來設定 MySQL 資料庫，如下所示：

```
DB_CONNECTION=mysql
DB_HOST=127.0.0.1
DB_PORT=3306
DB_DATABASE=shop
DB_USERNAME=root
DB_PASSWORD=A12345678
```

步驟三：使用遷移建立 products 資料表

遷移（Migration）是一種資料庫的版本控制，可以讓開發團隊輕鬆修改跟共享應用程式的資料庫結構。現在，我們準備使用遷移在 shop 資料庫新增建立 products 資料表，其步驟如下所示：

Step 1：請在 Windows 下方工具列的欄位輸入 cmd 搜尋和開啟「命令提示字元」視窗（請使用系統管理身份來啟動）後，使用 cd 指令切換至「\xampp\htdocs\ch17\ch17-5」專案目錄。

Step 2：執行下列 artisan 指令新增名為 create_products_table.php 的遷移檔，--create 參數是建立的資料表名稱，如下所示：

```
php artisan make:migration create_products_table --create=products
Enter
```

Step 3：請在 Visual Studio Code 開啟「database\migrations」子目錄下，使用日期開頭的 create_products_table.php 遷移檔，然後在 up() 方法輸入 products 資料表的欄位定義資料，預設擁有 id 主鍵（產品編號）和最後的 timestamps 欄位，請新增字串的 name 欄位（產品名稱）和整數的 price 欄位（產品定價），如下所示：

```
public function up()
{
    Schema::create('products', function (Blueprint $table) {
        $table->id();
        $table->string('name');
        $table->integer('price');
        $table->timestamps();
    });
}
```

Step 4：然後使用遷移建立 products 資料表，請執行下列 artisan 指令在 shop 資料庫建立所需的資料表，如下所示：

```
php artisan migrate  Enter
```

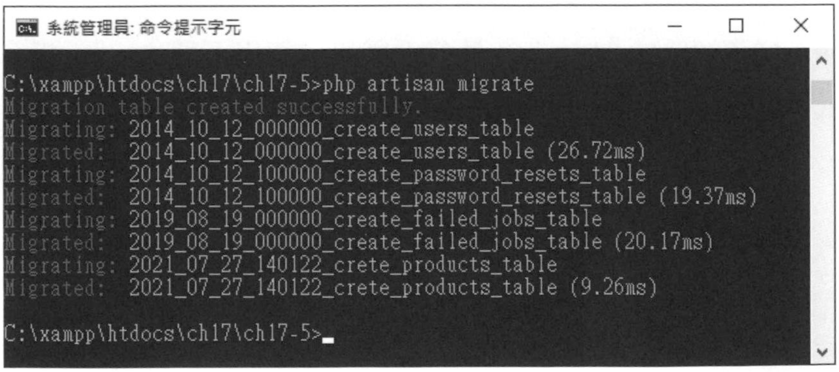

在 MySQL 的 shop 資料庫可以看到建立的 products 資料表（Laravel 預設會建立一些相關的資料表），其欄位定義資料如下圖所示：

#	名稱	類型	編碼與排序	屬性	空值(Null)	預設值	備註	額外資訊
☐	1 id 🔑	bigint(20)		UNSIGNED	否	無		AUTO_INCREMENT
☐	2 name	varchar(255) utf8mb4_unicode_ci			否	無		
☐	3 price	int(11)			否	無		
☐	4 created_at	timestamp			是	NULL		
☐	5 updated_at	timestamp			是	NULL		

步驟四：新增 Resource 資源的路由

資源控制器可以讓我們無痛建立與資源相關的 Controller 控制器。例如：資料庫的 CRUD 操作的控制器。請開啟「routes」目錄下的 web.php，在最後呼叫 Route::resource() 新增資源路由，如下所示：

```
Route::resource('products', ProductController::class);
```

上述程式碼自動依據 ProductController 控制器類別的方法來建立多個路由，可以用來處理資料庫的 CRUD 操作。

步驟五：建立 Controller 控制者和 Model 類別檔

在新增資源路由「/products」後，就可以使用下列 artisan 指令建立 ProductController.php 控制器，和 Model 類別檔 Product.php，如下所示：

```
php artisan make:controller ProductController --resource --model=Product
```
Enter

上述 artisan 指令會在「app/Http/Controllers」子目錄建立 Products Controller.php 控制器檔案，--model 參數會在「app/Models」子目錄建立 Model 類別檔 Product.php。

ProductsController.php 檔案因為使用 --resource 參數，預設會建立資源操作的相關方法：index()、create()、store()、show()、edit()、update() 和 destroy()。

接著我們需要修改 Model 類別檔 Product.php，指定 fillable 屬性值的欄位名稱陣列，這些是允許更改值的資料表欄位，以此例是 name 和 price 欄位，如下所示：

```
class Product extends Model
{
    use HasFactory;
    protected $fillable = [
        'name', 'price'
    ];
}
```

步驟六：建立 index() 和 show() 方法顯示記錄資料

在 ProductController.php 控制器讀取記錄有 2 個方法，其說明如下所示：

● index() 方法：讀取多筆記錄，路由是「/products」，可以使用 HTML 表格顯示產品清單，並且顯示單筆記錄、編輯和刪除記錄按鈕。

● show() 方法：讀取指定產品編號的單筆產品資料，路由是「/products/{id}」，id 就是產品編號。

index()方法

在 index() 方法讀取資料表的所有記錄資料後，傳遞 products 資料至 index.blade.php 模板檔（因為檔案位在「products」子目錄，所以是 products.index），以便使用 HTML 表格來顯示記錄資料，如下所示：

```
public function index() {
    $products = Product::latest()->paginate(5);
    return view('products.index',compact('products'));
}
```

上述程式碼的 Product::latest() 方法是使用日期／時間排序，然後呼叫 paginate() 方法以參數 5 個項目來分頁顯示記錄資料（即每頁 5 個項目），compact() 是另一種方法來傳遞資料至 View 視圖。

products/layout.blade.php模板檔

layout.blade.php 模板檔是讓其他模板檔繼承的父模板，在模板會匯入 Bootstrap 的 CSS 樣式檔，<body> 標籤的內容如下所示：

```
<p>
<div class="container">
    @yield('content')
</div>
</p>
```

上述 <div> 標籤的內容使用 @yield() 新增名為 'content' 的區段，在繼承模板只需建立同名區段，就可以將其內容插入 <div> 標籤的位置。

products/index.blade.php模板檔

index.blade.php 繼承 layout.blade.php 模板檔，這是對應 index() 方法回應的模板檔，其基本結構如下所示：

```
@extends('products.layout')

@section('content')
...
@endsection
```

上述第 1 列的 @extends() 繼承 'products.layout' 的父模板，即 layout.blade.php 模板檔，@section() 定義名為 'content' 的區段，其內容就是插入父模板同名 @yield() 的位置。

在 'content' 區段首先新增產品超連結（外觀是按鈕），href 屬性值是 route('products.create')，可以轉址至「/products/create」路由，即呼叫 create() 方法，如下所示：

```
<div class="pull-right">
<a class="btn btn-success" href="{{route('products.create')}}">新增
產品</a>
</div>
```

然後使用 @if 條件顯示訊息文字，訊息文字是儲存在 Session 變數 success，如果有，就顯示在 <p> 標籤，如下所示：

```
@if ($message = Session::get('success'))
    <div class="alert alert-success">
        <p>{{$message}}</p>
    </div>
@endif
```

接著使用分頁 HTML 表格方式來顯示產品清單，@foreach/@endforeach 迴圈可以顯示每一筆記錄資料，即取出從 Controller 傳遞 $products 變數的產品資料，其內容是資料表此分頁的所有記錄資料，如下所示：

```
@foreach ($products as $product)
<tr>
    <td>{{$product->id}}</td>
    <td>{{$product->name}}</td>
    <td>{{$product->price}}</td>
    <td>
      <form action="{{route('products.destroy',$product->id)}}"
method="post">
        <a class="btn btn-info"
           href="{{route('products.show',$product->id)}}">詳細</a>
        <a class="btn btn-primary"
           href="{{route('products.edit',$product->id)}}">編輯</a>
        @csrf
        @method('DELETE')
        <button type="submit" class="btn btn-danger">刪除</button>
      </form>
    </td>
</tr>
@endforeach
```

上述迴圈每執行一次可以取出一筆記錄的 $product 變數，然後依序取出 id、name 和 price 欄位值來建立表格列，最後的 <form> 標籤是三個功能鈕（<a> 超連結的外觀是按鈕），其說明如下所示：

- 詳細：轉址至路由「/products/{id}」，可以呼叫 show() 方法顯示 id 參數值的單筆記錄資料。

- 編輯：轉址至路由「/products/{id}/edit」，可以呼叫 edit() 方法顯示 id 參數值的單筆記錄資料的編輯表單。

- 刪除：<form> 標籤是針對刪除操作，@method() 更改方法成 DELETE，路由是「/products/{id}/destroy」，可以呼叫 destroy() 方法刪除 id 參數值的這筆記錄資料。

@csrf 是 Laravel 內建功能，可以保護 Web 應用程式避免跨網站偽造請求（Cross-site Request Forgery，CSRF）的攻擊。

show()方法

在 show() 方法的參數就是欲顯示的單筆記錄資料，可以傳遞 $product 資料至 show.blade.php 模板檔來顯示，如下所示：

```
public function show(Product $product) {
    return view('products.show',compact('product'));
}
```

products/show.blade.php模板檔

show.blade.php 是對應 show() 方法的模板檔，在 'content' 區段首先是返回產品清單的超連結（外觀是按鈕），route('products.index') 是轉址至「/products」路由，如下所示：

```
<div class="pull-right">
<a class="btn btn-primary" href="{{route('products.index')}}">返回</a>
</div>
```

然後顯示單筆產品資料的產品名稱和定價，如下所示：

```
<div class="col-xs-12 col-sm-12 col-md-12">
    <div class="form-group">
    <strong>產品名稱: </strong> {{$product->name}}
    </div>
</div>
<div class="col-xs-12 col-sm-12 col-md-12">
    <div class="form-group">
    <strong>產品定價: </strong> {{$product->price}}
    </div>
</div>
```

　　新增產品記錄的請求有 2 個，第 1 個是顯示新增記錄表單的路由「/products/create」，可以呼叫 create() 方法使用對應的 create.blade.php 來顯示 HTML 表單，第 2 個是表單處理的路由「/products/store」，可以呼叫 store() 方法新增一筆產品資料。

create()方法

　　create() 方法負責處理新增記錄的請求，可以回傳輸入新產品資料的 HTML 表單，即 create.blade.php 模板檔，如下所示：

```php
public function create() {
    return view('products.create');
}
```

products/create.blade.php模板檔

　　create.blade.php 模板檔的內容是輸入新產品資料的表單，action 屬性值是路由「/products/store」，可以呼叫 store() 方法來進行表單處理，如下所示：

```php
<form action="{{route('products.store')}}" method="post">
  @csrf
  <div class="row">
    <div class="col-xs-12 col-sm-12 col-md-12">
      <div class="form-group">
      <strong>產品名稱:</strong>
      <input type="text" name="name"
             class="form-control" placeholder="輸入產品名稱">
      </div>
    </div>
    <div class="col-xs-12 col-sm-12 col-md-12">
      <div class="form-group">
      <strong>產品定價:</strong>
```

```
    <input type="text" name="price"
        class="form-control" placeholder="輸入產品定價">
    </div>
  </div>
  <div class="col-xs-12 col-sm-12 col-md-12 text-center">
  <button type="submit" class="btn btn-primary">新增產品</button>
  </div>
 </div>
</form>
```

store()方法

　　store() 方法是新增記錄表單的表單處理，首先呼叫 Request 物件的 validate() 方法來驗證欄位資料，參數的結合陣列是驗證條件，以此例就是一定需要輸入資料，如下所示：

```
public function store(Request $request) {
    $request->validate([
        'name' => 'required',
        'price' => 'required',
    ]);
    Product::create($request->all());
    return redirect()->route('products.index')
                    ->with('success','產品新增成功...');
}
```

　　上述程式碼呼叫 create() 方法新增記錄，參數是輸入的所有欄位資料，回傳是呼叫 redirect() 方法轉址至產品清單，和傳遞產品新增成功的訊息文字。

步驟八：建立 edit() 和 update() 方法更新記錄

　　更新記錄的請求是 edit() 方法，參數就是欲編輯的哪一筆產品資料，可以回應編輯產品資料的 HTML 表單，update() 方法是表單處理來更新記錄資料。

edit()方法

edit() 方法類似 show() 方法，參數就是此筆記錄資料，可以傳遞 $product 資料至 edit.blade.php 模板檔來顯示表單，如下所示：

```php
public function edit(Product $product) {
    return view('products.edit',compact('product'));
}
```

products/edit.blade.php模板檔

因為 edit.blade.php 模板的內容和 create.blade.php 模板十分相似，筆者就不重複說明。

update()方法

update() 方法是更新記錄表單的表單處理，首先呼叫 Request 物件的 validate() 方法來驗證欄位資料，參數的結合陣列是驗證條件，以此例就是一定需要輸入資料，如下所示：

```php
public function update(Request $request, Product $product) {
    $request->validate([
        'name' => 'required',
        'price' => 'required',
    ]);
    $product->update($request->all());
    return redirect()->route('products.index')
                    ->with('success','產品更新成功...');
}
```

上述程式碼呼叫 update() 方法更新記錄，參數就是輸入的所有欄位資料，回傳是呼叫 redirect() 方法轉址至產品清單，和傳遞產品更新成功的訊息文字。

步驟九：建立 destroy() 方法刪除記錄

刪除記錄請求的路由是「/products/{id}/destory」，可以呼叫 destroy() 方法，參數就是欲刪除的這筆記錄資料，如下所示：

```php
public function destroy(Product $product) {
    $product->delete();
    return redirect()->route('products.index')
                    ->with('success','產品刪除成功...');
}
```

上述程式碼呼叫 delete() 方法刪除這筆記錄，回傳是呼叫 redirect() 方法轉址至產品清單，和傳遞產品刪除成功的訊息文字。

步驟十：執行 Laravel 的 Web 應用程式

在完成 Laravel 專案 ch17-5 的建立後，請輸入下列 artisan 指令來啟動伺服器（請注意！如果是直接執行書附範例的 Laravel 專案，請使用「ch17/shop.sql」的 SQL 指令碼檔來建立 shop 資料庫），如下所示：

```
php artisan serv [Enter]
```

然後啟動 Google Chrome 輸入網址 http://localhost:8000/products，可以看到使用 HTML 表格顯示的產品清單（如果沒有產品，請按**新增產品**鈕新增幾項產品資料），如下圖所示：

上述網頁是使用表格顯示的產品清單，按**詳細**鈕可以顯示此筆產品的資料；**編輯**鈕是編輯這筆記錄；**刪除**鈕就是刪除這筆記錄。

按右上方**新增產品**鈕，可以看到產品資料輸入表單來新增產品記錄（類似產品編輯表單），如下圖所示：

　　在欄位輸入產品名稱和定價後，按**新增產品**鈕，可以轉址至產品清單
來顯示成功新增記錄的訊息文字。如果沒有輸入欄位資料，就會在上方顯
示欄位驗證錯誤的訊息文字，例如：price 欄位沒有輸入資料，如下圖所
示：

錯誤!輸入資料有一些問題...

- The price field is required.

MEMO